수학 좀 한다면

디딤돌 초등수학 기본+유형 4-2
펴낸날 [개정판 1쇄] 2023년 12월 10일 │ **펴낸이** 이기열 │ **펴낸곳** (주)디딤돌 교육 │ **주소** (03972) 서울특별시 마포구 월드컵북로 122 청원선와이즈타워 │ **대표전화** 02-3142-9000 │ **구입문의**
02-322-8451 │ **내용문의** 02-323-9166 │ **팩시밀리** 02-338-3231 │ **홈페이지** www.didimdol.co.kr │ **등록번호** 제10-718호 │ 구입한 후에는 철회되지 않으며 잘못 인쇄된 책은 바꾸어
드립니다. 이 책에 실린 모든 삽화 및 편집 형태에 대한 저작권은 (주)디딤돌 교육에 있으므로 무단으로 복사 복제할 수 없습니다. Copyright ⓒ Didimdol Co. [2402800]

내 실력에 딱!
최상위로 가는 '맞춤 학습 플랜'

STEP 1 On-line
나에게 맞는 공부법은?
맞춤 학습 가이드를 만나요.

교재 선택부터 공부법까지! 디딤돌에서 제공하는 시기별
맞춤 학습 가이드를 통해 아이에게 맞는 학습 계획을 세워 주세요.
(학습 가이드는 디딤돌 학부모카페 '맘이가'를 통해 상시 공지합니다.
cafe.naver.com/didimdolmom)

STEP 2 Book
맞춤 학습 스케줄표
계획에 따라 공부해요.

교재에 첨부된 '맞춤 학습 스케줄표'에 맞춰 공부 목표를
달성합니다.

STEP 3 On-line
이럴 땐 이렇게!
'맞춤 Q&A'로 해결해요.

궁금하거나 모르는 문제가 있다면,
'맘이가' 카페를 통해 질문을 남겨 주세요.
디딤돌 수학쌤 및 선배맘님들이 친절히 답변해 드립니다.

STEP 4 Book
다음에는 뭐 풀지?
다음 교재를 추천받아요.

학습 결과에 따라 후속 학습에 사용할 교재를 제시해 드립니다.
(교재 마지막 페이지 수록)

 ★ 디딤돌 플래너 만나러 가기

수학 좀 한다면

초등수학
기본+유형

상위권으로 가는 유형반복 학습서

4
2

이 책의 **구성**과 **특징**

1 단계

교과서 **핵심 개념**을 자세히 살펴보고

필수 문제를 반복 연습합니다.

2 단계

문제를 이해하고 실수를 줄이는 연습을 통해

3 단계

문제해결력과 사고력을
높일 수 있습니다.

4 단계

수시평가를
완벽하게 대비합니다.

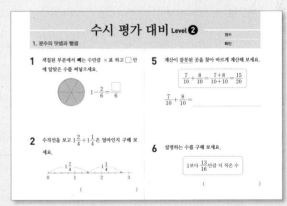

이 책의 **차례**

1 분수의 덧셈과 뺄셈

이번 단원에서
꼭 짚어야 할
핵심 개념을 알아보자.

핵심 1 진분수의 덧셈

진분수끼리 덧셈을 할 때는 □ 는 그대로
쓰고 □ 끼리 더한다.
분수의 계산이 가분수이면 □ 분수로 고쳐
나타낸다.

핵심 2 진분수의 뺄셈

진분수끼리 뺄셈을 할 때는 □ 는 그대로
쓰고 □ 끼리 뺀다.
자연수와 진분수의 뺄셈에서 자연수 1을
□ 분수로 고쳐서 나타낸다.

핵심 3 대분수의 덧셈

대분수끼리 덧셈을 할 때는 자연수는 자연
수끼리, 진분수는 진분수끼리 더한다.

$$1\frac{3}{5} + 3\frac{1}{5} = (1+\boxed{}) + (\frac{3}{5} + \frac{\boxed{}}{5})$$

$$= 4 + \frac{4}{5} = 4\frac{\boxed{}}{5}$$

핵심 4 대분수의 뺄셈 (1)

대분수끼리 뺄셈을 할 때는 자연수는 자연
수끼리, 진분수는 진분수끼리 뺀다.

$$4\frac{7}{10} - 2\frac{3}{10} = (4-\boxed{}) + (\frac{7}{10} - \frac{\boxed{}}{10})$$

$$= 2 + \frac{4}{10} = 2\frac{\boxed{}}{10}$$

핵심 5 대분수의 뺄셈 (2)

진분수끼리 뺄셈을 할 수 없을 때는 자연수
부분의 1을 받아내림하여 진분수를
□ 분수로 고친 후 계산한다.

답 1. 분모, 분자, 대 2. 분모, 분자, 가 3. 3, 1, 4 4. 2, 3, 4 5. 가

1. 분수의 덧셈(1)

● **합이 1보다 작은 진분수의 덧셈**

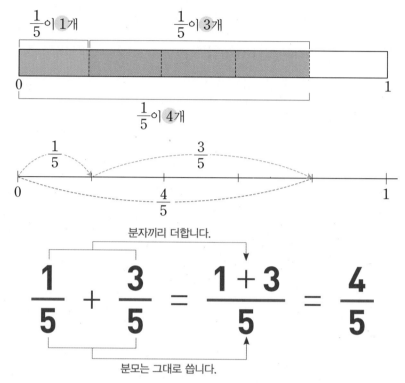

➡ 분모는 그대로 쓰고, 분자끼리 더합니다.

● **합이 1보다 큰 진분수의 덧셈**

➡ 분모는 그대로 쓰고, 분자끼리 더한 후 가분수이면 대분수로 바꿉니다.

○ 정답과 풀이 1쪽

1 $\dfrac{4}{6} + \dfrac{1}{6}$ 이 얼마인지 알아보세요.

① $\dfrac{4}{6} + \dfrac{1}{6}$ 을 그림에 나타내어 보세요.

$3 + 2 = 5$
→ $\dfrac{3}{6} + \dfrac{2}{6} = \dfrac{5}{6}$

② □ 안에 알맞은 수를 써넣으세요.

$$\frac{4}{6} + \frac{1}{6} = \frac{\boxed{} + \boxed{}}{6} = \frac{\boxed{}}{6}$$

2 수직선을 보고 □ 안에 알맞은 수를 써넣으세요.

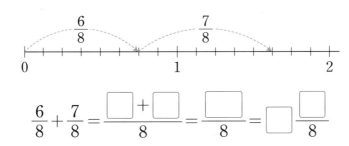

$$\frac{6}{8} + \frac{7}{8} = \frac{\boxed{} + \boxed{}}{8} = \frac{\boxed{}}{8} = \boxed{}\frac{\boxed{}}{8}$$

3학년 때 배웠어요

가분수를 대분수로 바꾸기

$\dfrac{12}{5}$

→ $2\dfrac{2}{5}$

3 □ 안에 알맞은 수를 써넣으세요.

$\dfrac{2}{7}$ 는 $\dfrac{1}{7}$ 이 2개, $\dfrac{3}{7}$ 은 $\dfrac{1}{7}$ 이 $\boxed{}$ 개이므로

$\dfrac{2}{7} + \dfrac{3}{7}$ 은 $\dfrac{1}{7}$ 이 $\boxed{}$ 개입니다.

→ $\dfrac{2}{7} + \dfrac{3}{7} = \dfrac{\boxed{} + \boxed{}}{7} = \dfrac{\boxed{}}{7}$

$\dfrac{1}{7}$ 이 2개
$+ \dfrac{1}{7}$ 이 3개
$\dfrac{1}{7}$ 이 (2+3)개

4 □ 안에 알맞은 수를 써넣으세요.

① $\dfrac{1}{4} + \dfrac{2}{4} = \dfrac{\boxed{} + \boxed{}}{4} = \dfrac{\boxed{}}{4}$

② $\dfrac{4}{6} + \dfrac{4}{6} = \dfrac{\boxed{} + \boxed{}}{6} = \dfrac{\boxed{}}{6} = \boxed{}\dfrac{\boxed{}}{6}$

진분수의 덧셈은 분자끼리만 더해요.

2. 분수의 뺄셈(1)

● **분모가 같은 진분수의 뺄셈**

$$\frac{5}{6} - \frac{3}{6} = \frac{5-3}{6} = \frac{2}{6}$$

분자끼리 뺍니다.

분모는 그대로 씁니다.

➡ 분모는 그대로 쓰고, 분자끼리 뺍니다.

● **1과 진분수의 뺄셈**

$$1 - \frac{3}{7} = \frac{7}{7} - \frac{3}{7} = \frac{7-3}{7} = \frac{4}{7}$$

진분수와 분모가 같은 가분수로 바꿉니다.

➡ 1을 가분수로 바꾼 후 분모는 그대로 쓰고, 분자끼리 뺍니다.

1 $\dfrac{4}{5}-\dfrac{2}{5}$가 얼마인지 알아보세요.

① $\dfrac{4}{5}-\dfrac{2}{5}$를 그림에 나타내어 보세요.

② □ 안에 알맞은 수를 써넣으세요.

$$\dfrac{4}{5}-\dfrac{2}{5}=\dfrac{\boxed{}-\boxed{}}{5}=\dfrac{\boxed{}}{5}$$

$$3-2=1$$
$$\Rightarrow \dfrac{3}{5}-\dfrac{2}{5}=\dfrac{1}{5}$$

2 수직선을 보고 □ 안에 알맞은 수를 써넣으세요.

$$1-\dfrac{5}{8}=\dfrac{\boxed{}}{8}-\dfrac{\boxed{}}{8}=\dfrac{\boxed{}-\boxed{}}{8}=\dfrac{\boxed{}}{8}$$

3 □ 안에 알맞은 수를 써넣으세요.

1은 $\dfrac{9}{9}$이므로 $\dfrac{1}{9}$이 $\boxed{}$개, $\dfrac{4}{9}$는 $\dfrac{1}{9}$이 $\boxed{}$개이므로

$1-\dfrac{4}{9}$는 $\dfrac{1}{9}$이 $\boxed{}$개입니다.

$$\Rightarrow 1-\dfrac{4}{9}=\dfrac{\boxed{}}{9}-\dfrac{\boxed{}}{9}=\dfrac{\boxed{}-\boxed{}}{9}=\dfrac{\boxed{}}{9}$$

$\dfrac{1}{9}$이 9개
$-\dfrac{1}{9}$이 4개
$\overline{}$
$\dfrac{1}{9}$이 (9−4)개

4 □ 안에 알맞은 수를 써넣으세요.

① $\dfrac{4}{5}-\dfrac{3}{5}=\dfrac{\boxed{}-\boxed{}}{5}=\dfrac{\boxed{}}{5}$

② $1-\dfrac{4}{6}=\dfrac{\boxed{}}{6}-\dfrac{\boxed{}}{6}=\dfrac{\boxed{}-\boxed{}}{6}=\dfrac{\boxed{}}{6}$

1은 $\dfrac{\blacksquare}{\blacksquare}$처럼 가분수로 나타낼 수 있어요.

3. 분수의 덧셈(2)

● **받아올림이 없는 대분수의 덧셈**

$$2\frac{1}{5} + 1\frac{2}{5} = (2 + 1) + (\frac{1}{5} + \frac{2}{5}) = 3\frac{3}{5}$$

➡ 자연수 부분끼리 더하고, 분수 부분끼리 더합니다.

● **받아올림이 있는 대분수의 덧셈**

방법 1 자연수 부분끼리 더하고 분수 부분끼리 더한 후 분수 부분을 더한 결과가 가분수이면 대분수로 바꿉니다.

$$1\frac{2}{4} + 1\frac{3}{4} = (1 + 1) + (\frac{2}{4} + \frac{3}{4}) \quad \to \frac{5}{4}=1\frac{1}{4}$$

$$= 2 + 1\frac{1}{4} = 3\frac{1}{4}$$

방법 2 대분수를 가분수로 바꾸어 분모는 그대로 쓰고, 분자끼리 더합니다.

$$1\frac{2}{4} + 1\frac{3}{4} = \frac{6}{4} + \frac{7}{4} = \frac{13}{4} = 3\frac{1}{4}$$

개념 자세히 보기

● **단위분수를 이용하여 분모가 같은 대분수의 덧셈을 할 수 있어요!**

$$1\frac{2}{4} = \frac{6}{4} \quad \Rightarrow \quad \frac{1}{4}\text{이 } 6\text{개}$$

$$1\frac{3}{4} = \frac{7}{4} \quad \Rightarrow \quad \frac{1}{4}\text{이 } 7\text{개}$$

$$1\frac{2}{4} + 1\frac{3}{4} \quad \Rightarrow \quad \frac{1}{4}\text{이 } 13\text{개}$$

$$\Rightarrow \quad 1\frac{2}{4} + 1\frac{3}{4} = \frac{13}{4} = 3\frac{1}{4}$$

● 정답과 풀이 1쪽

1 그림을 보고 ☐ 안에 알맞은 수를 써넣으세요.

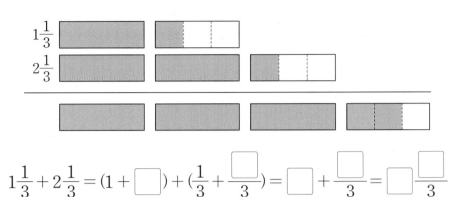

1과 2를 더하고,
$\frac{1}{3}$과 $\frac{1}{3}$을 더해요.

$$1\frac{1}{3} + 2\frac{1}{3} = (1 + \boxed{}) + (\frac{1}{3} + \frac{\boxed{}}{3}) = \boxed{} + \frac{\boxed{}}{3} = \boxed{}\frac{\boxed{}}{3}$$

2 수직선을 보고 ☐ 안에 알맞은 수를 써넣으세요.

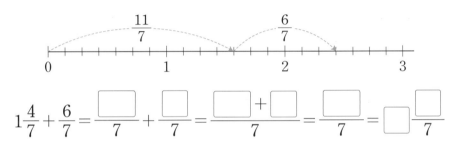

가분수로 바꾸어
계산해 봐요.

$$1\frac{4}{7} + \frac{6}{7} = \frac{\boxed{}}{7} + \frac{\boxed{}}{7} = \frac{\boxed{} + \boxed{}}{7} = \frac{\boxed{}}{7} = \boxed{}\frac{\boxed{}}{7}$$

3 ☐ 안에 알맞은 수를 써넣으세요.

$1\frac{5}{8}$ ➡ $\frac{1}{8}$이 ☐개

$1\frac{4}{8}$ ➡ $\frac{1}{8}$이 ☐개

$1\frac{5}{8} + 1\frac{4}{8}$ ➡ $\frac{1}{8}$이 ☐개

➡ $1\frac{5}{8} + 1\frac{4}{8} = \frac{\boxed{}}{8} = \boxed{}\frac{\boxed{}}{8}$

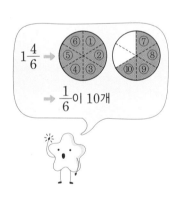

$1\frac{4}{6}$ ➡
➡ $\frac{1}{6}$이 10개

4 ☐ 안에 알맞은 수를 써넣으세요.

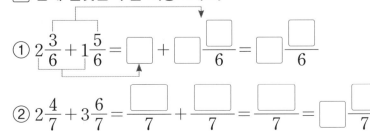

① $2\frac{3}{6} + 1\frac{5}{6} = \boxed{} + \boxed{}\frac{\boxed{}}{6} = \boxed{}\frac{\boxed{}}{6}$

② $2\frac{4}{7} + 3\frac{6}{7} = \frac{\boxed{}}{7} + \frac{\boxed{}}{7} = \frac{\boxed{}}{7} = \boxed{}\frac{\boxed{}}{7}$

①은 자연수 부분끼리,
분수 부분끼리 더하고,
②는 가분수로 바꾸어
더해요.

4. 분수의 뺄셈(2)

● **받아내림이 없는 대분수의 뺄셈**

$$3\frac{4}{5} - 1\frac{2}{5} = (3-1) + (\frac{4}{5} - \frac{2}{5})$$

$$= 2 + \frac{2}{5} = 2\frac{2}{5}$$

➡ 자연수 부분끼리 빼고, 분수 부분끼리 뺍니다.

● **자연수와 분수의 뺄셈**

$$3 - 1\frac{3}{4} = 2\frac{4}{4} - 1\frac{3}{4} = 1\frac{1}{4}$$

➡ 자연수에서 1을 가분수로 바꾸어 자연수 부분끼리 빼고, 분수 부분끼리 뺍니다.

● **받아내림이 있는 대분수의 뺄셈**

방법1 빼어지는 수의 자연수에서 1만큼을 가분수로 바꾸어 자연수 부분끼리 빼고, 분수 부분끼리 뺍니다.

$$3\frac{2}{7} - 1\frac{5}{7} = 2\frac{9}{7} - 1\frac{5}{7} = (2-1) + (\frac{9}{7} - \frac{5}{7})$$

3에서 1만큼을 가분수로 바꿉니다.

$$= 1 + \frac{4}{7} = 1\frac{4}{7}$$

방법2 대분수를 가분수로 바꾸어 분모는 그대로 쓰고, 분자끼리 뺀 후 가분수이면 대분수로 바꿉니다.

$$3\frac{2}{7} - 1\frac{5}{7} = \frac{23}{7} - \frac{12}{7} = \frac{11}{7} = 1\frac{4}{7}$$

1 그림을 보고 ☐ 안에 알맞은 수를 써넣으세요.

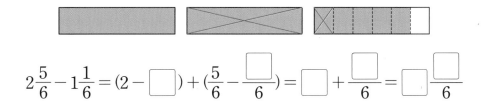

$$2\frac{5}{6} - 1\frac{1}{6} = (2 - \boxed{}) + (\frac{5}{6} - \frac{\boxed{}}{6}) = \boxed{} + \frac{\boxed{}}{6} = \boxed{}\frac{\boxed{}}{6}$$

2에서 1을 빼고, $\frac{5}{6}$에서 $\frac{1}{6}$을 빼요.

2 수직선을 이용하여 $3\frac{1}{3} - 1\frac{2}{3}$가 얼마인지 알아보세요.

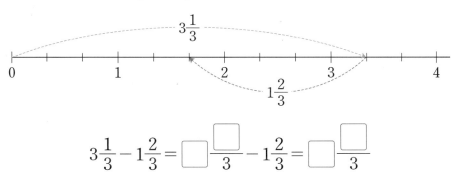

$$3\frac{1}{3} - 1\frac{2}{3} = \boxed{}\frac{\boxed{}}{3} - 1\frac{2}{3} = \boxed{}\frac{\boxed{}}{3}$$

$3\frac{1}{3} = 3 + \frac{1}{3}$
$\quad = 2 + 1 + \frac{1}{3}$
$\quad = 2 + \frac{3}{3} + \frac{1}{3}$
$\quad = 2\frac{4}{3}$

3 ☐ 안에 알맞은 수를 써넣으세요.

$7 \rightarrow \frac{1}{5}$이 $\boxed{}$개

$5\frac{3}{5} \rightarrow \frac{1}{5}$이 $\boxed{}$개

$\overline{7 - 5\frac{3}{5} \rightarrow \frac{1}{5}}$이 $\boxed{}$개

$\rightarrow 7 - 5\frac{3}{5} = \frac{\boxed{}}{5} = \boxed{}\frac{\boxed{}}{5}$

$1 = \frac{5}{5}$이니까
$5 = \frac{5}{5} + \frac{5}{5} + \frac{5}{5} + \frac{5}{5} + \frac{5}{5}$
$\underbrace{\phantom{5 = \frac{5}{5} + \frac{5}{5} + \frac{5}{5} + \frac{5}{5} + \frac{5}{5}}}_{5번}$
$\quad = \frac{25}{5}$야.

4 ☐ 안에 알맞은 수를 써넣으세요.

① $2\frac{5}{7} - 1\frac{3}{7} = (\boxed{} - \boxed{}) + (\frac{\boxed{}}{7} - \frac{\boxed{}}{7})$

$\qquad = \boxed{} + \frac{\boxed{}}{7} = \boxed{}\frac{\boxed{}}{7}$

② $4\frac{3}{10} - 2\frac{6}{10} = \frac{\boxed{}}{10} - \frac{\boxed{}}{10} = \frac{\boxed{}}{10} = \boxed{}\frac{\boxed{}}{10}$

1 분모가 같은 분수의 덧셈 (1)

1 더하는 수만큼을 색칠하고 ☐ 안에 알맞은 수를 써넣으세요.

$$\frac{3}{5}+\frac{1}{5}=\frac{\boxed{}}{5}$$

2 계산해 보세요.

$$\frac{4}{8}+\frac{3}{8}$$

$$\frac{5}{8}+\frac{3}{8}$$

뛰어 세기하면 수가 일정하게 커져.

준비 2씩 뛰어 세어 보세요.

$$\boxed{2}-\boxed{}-\boxed{6}-\boxed{}-\boxed{10}$$

3 $\frac{2}{7}$씩 뛰어 세어 보세요.

가분수로 적어줍니다.

4 합이 1이 되는 두 수를 묶고 ☐ 안에 알맞은 수를 써넣으세요.

(1) $\frac{2}{6}+\frac{4}{6}+\frac{5}{6}=1+\boxed{}=\boxed{}$

(2) $\frac{3}{8}+\frac{6}{8}+\frac{5}{8}=1+\boxed{}=\boxed{}$

5 소리의 높낮이는 진동수에 따라 달라지기 때문에 유리컵 안의 물의 양에 따라 다른 소리가 납니다. 그림을 보고 하늘색과 보라색 물을 섞으면 어떤 색 소리와 같을까요?

주황색　　노란색　　하늘색　　보라색

(　　　　　　　　)

6 단위분수의 합을 구해 보세요.

$$\frac{1}{5}+\frac{1}{5}+\frac{1}{5}+\frac{1}{5}+\frac{1}{5}$$

(　　　　　　　　)

7 ●의 값을 구해 보세요.

$$●+●=10 \;\Rightarrow\; \frac{●}{15}+\frac{●}{15}=\frac{10}{15}$$

(　　　　　　　　)

😊 내가 만드는 문제

8 가와 나에서 분수를 각각 하나씩 골라 계산해 보세요.

┌─ 가 ─────┐　　┌─ 나 ──────┐
$\frac{3}{16}, \frac{4}{16}, \frac{5}{16}$　　$\frac{12}{16}, \frac{13}{16}, \frac{14}{16}$

가＋나＝

2 분모가 같은 분수의 뺄셈 (1)

9 색칠된 부분에서 빼는 수만큼 ×표 하고 ◻ 안에 알맞은 수를 써넣으세요.

$$1 - \frac{4}{10} = \frac{\square}{10}$$

10 계산해 보세요.

$$\frac{11}{13} - \frac{5}{13}$$

$$\frac{10}{13} - \frac{5}{13}$$

$$\frac{9}{13} - \frac{5}{13}$$

새 교과 반영

11 오스트리아 국기를 보고 빨간색이 차지하는 부분과 흰색이 차지하는 부분의 차를 구해 보세요.

빨간색   흰색

$$\frac{\square}{\square} - \frac{\square}{\square} = \frac{\square}{\square}$$

12 $\frac{2}{6}$만큼 색칠하고 색칠하지 <u>않은</u> 부분을 분수로 나타내어 보세요.

색칠하지 않은 부분: $\frac{\square}{\square}$

서술형
13 두 분수의 차를 구하려고 합니다. 풀이 과정을 쓰고 답을 구해 보세요.

$\frac{1}{7}$이 6개인 수 $\frac{1}{7}$이 4개인 수

풀이 _____

_____

_____

답 _____

😊 내가 만드는 문제

14 보기 와 같이 계산 결과가 $\frac{3}{11}$인 뺄셈식을 만들어 보세요.

보기

$$\frac{6}{11} - \frac{3}{11} = \frac{3}{11}$$

식 _____

15 가로줄과 세로줄, 굵은 선을 따라 이루어진 분수를 더하면 항상 1이 되도록 빈칸에 알맞은 수를 써넣으세요.

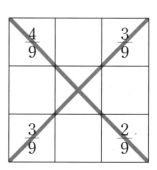

16 계산해 보세요.

$8\dfrac{7}{9}+1\dfrac{1}{9}$

$8\dfrac{7}{9}+1\dfrac{2}{9}$

$8\dfrac{7}{9}+1\dfrac{3}{9}$

■보다 ●만큼 더 큰 수는 ■+●야.

준비 설명하는 수를 구해 보세요.

123보다 57만큼 더 큰 수

(   )

17 설명하는 수를 구해 보세요.

$1\dfrac{3}{4}$보다 $2\dfrac{3}{4}$만큼 더 큰 수

(   )

18 ☐ 안에 알맞은 수를 써넣으세요.

$1\dfrac{3}{6}+3\dfrac{1}{6}=2\dfrac{\boxed{}}{6}+\boxed{}\dfrac{5}{6}$

19 ㉠과 ㉡의 합을 구해 보세요.

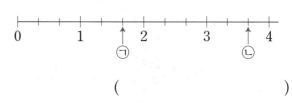

(   )

20 악보가 나타내는 박자를 구해 보세요.

21 두 종류의 과일을 모아 5 kg이 되도록 ☐ 안에 과일의 이름을 써넣으세요.

새 교과 반영

22 ■=1, ▲=$\dfrac{1}{5}$을 나타낼 때 계산해 보세요.

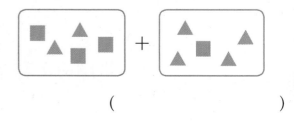

(   )

4 **분모가 같은 분수의 뺄셈 (2)**

23 계산해 보세요.

$3\frac{6}{7} - 2\frac{1}{7}$

$3\frac{5}{7} - 2\frac{1}{7}$

$3\frac{4}{7} - 2\frac{1}{7}$

24 ☐ 안에 알맞은 수를 써넣으세요.

$3\frac{5}{8} - 1\frac{2}{8} = \boxed{}$

$1\frac{2}{8} + \boxed{} = \boxed{}$

25 계산이 <u>잘못된</u> 곳을 찾아 바르게 계산해 보세요.

$$5\frac{9}{14} - 4\frac{3}{14} = (5-4) - \left(\frac{9}{14} - \frac{3}{14}\right)$$
$$= 1 - \frac{6}{14} = \frac{14}{14} - \frac{6}{14} = \frac{8}{14}$$

$5\frac{9}{14} - 4\frac{3}{14} =$

26 계산 결과에 맞는 길을 찾아 이어 보세요.

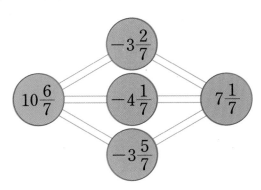

27 6학년인 현지가 '앉아 윗몸 앞으로 굽히기' 측정에서 $11\frac{7}{10}$ cm를 기록하여 2등급을 받았습니다. 5학년인 수영이의 기록이 현지보다 $4\frac{5}{10}$ cm만큼 짧았다면 수영이는 몇 등급을 받았는지 구해 보세요.

(단위: cm)

학년	4등급	3등급	2등급	1등급
5학년	$1 \sim 4\frac{9}{10}$	$5 \sim 6\frac{9}{10}$	$7 \sim 9\frac{9}{10}$	$10 \sim 22$
6학년	$2 \sim 4\frac{9}{10}$	$5 \sim 9\frac{9}{10}$	$10 \sim 13\frac{9}{10}$	$14 \sim 26$

(   )

1

28 계산해 보세요.

(1) $6\frac{15}{16} - 2\frac{3}{16} - 1\frac{6}{16}$

(2) $8\frac{17}{20} - 1\frac{10}{20} - 3\frac{5}{20}$

새 교과 반영

29 수를 가르기 했습니다. 빈칸에 알맞은 수를 써넣으세요.

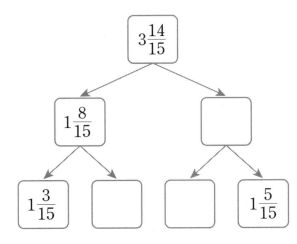

30 계산해 보세요.

$$5-1\frac{4}{5}$$

$$6-1\frac{4}{5}$$

$$7-1\frac{4}{5}$$

서술형

31 여러 가지 뺄셈 방법 중 한 가지 방법을 이용하여 $3-1\frac{1}{6}$ 을 계산해 보세요.

$$3-1\frac{1}{6}=$$

😊 내가 만드는 문제

32 물 3 L 중 마실 물의 양을 자유롭게 정하고, 마시고 남은 물의 양을 색칠하여 구해 보세요.

마실 물의 양: $\boxed{}\dfrac{\boxed{}}{4}$ L

남은 물의 양: $\boxed{}\dfrac{\boxed{}}{4}$ L

3 L
2 L
1 L
0

33 상자의 무게에 맞게 추를 놓으려고 합니다. ☐ 안에 알맞은 수를 써넣으세요.

2 kg

$\dfrac{11}{16}$ kg ☐ kg

34 $5<\boxed{}<6$ 에서 ☐ 안에 들어갈 수 있는 뺄셈을 찾아 ○표 하세요.

$7-1\frac{5}{9}$	$8-3\frac{4}{9}$	$6-1\frac{7}{9}$

새 교과 반영

35 ☐ 안에 알맞은 수를 써넣으세요.

(1) $4\,\text{m}-3\dfrac{1}{2}\,\text{m}=\boxed{}\,\text{cm}$

(2) $5\,\text{km}-4\dfrac{3}{4}\,\text{km}=\boxed{}\,\text{m}$

36 ☐ 안에 알맞은 수를 써넣으세요.

$$13-11\frac{8}{12}=15\frac{\boxed{}}{12}-\boxed{}\frac{1}{12}$$

37 계산 결과가 0이 아닌 가장 작은 값이 되도록 ☐ 안에 알맞은 수를 써넣으세요.

$$10-\boxed{}\frac{\boxed{}}{8}=\boxed{}$$

6 분모가 같은 분수의 뺄셈 (4)

38 계산해 보세요.

$5\dfrac{1}{12}-4\dfrac{6}{12}$

$5\dfrac{1}{12}-4\dfrac{7}{12}$

$5\dfrac{1}{12}-4\dfrac{8}{12}$

39 빈칸에 알맞은 수를 써넣으세요.

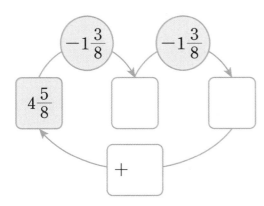

40 주어진 분수를 이용하여 덧셈식과 뺄셈식을 각각 만들어 보세요.

$$5\dfrac{2}{18} \qquad 3\dfrac{7}{18} \qquad 1\dfrac{13}{18}$$

덧셈식 ....

뺄셈식 ....

41 50원짜리 동전의 무게가 $4\dfrac{8}{50}\,\mathrm{g}$, 10원짜리 동전의 무게가 $1\dfrac{11}{50}\,\mathrm{g}$일 때, 두 동전의 무게의 차는 몇 g인지 구해 보세요.

(   )

덧셈과 뺄셈의 관계를 이용해.

1

준비 ☐ 안에 알맞은 수를 써넣으세요.

(1) $15+$ ☐ $=125$

(2) ☐ $+42=272$

42 ☐ 안에 알맞은 수를 써넣으세요.

(1) $1\dfrac{3}{9}+$ ☐ $=6\dfrac{1}{9}$

(2) ☐ $+\dfrac{8}{10}=8\dfrac{3}{10}$

☺ 내가 만드는 문제

43 $1\dfrac{8}{17}$을 여러 가지 뺄셈으로 나타내어 보세요.

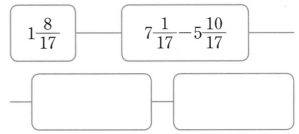

⚡ **받아올림과 받아내림이 있는 분수**

1 □ 안에 알맞은 수를 써넣으세요.

(1) $6\dfrac{4}{7}+1\dfrac{4}{7}=\boxed{}\dfrac{1}{7}$

(2) $3\dfrac{3}{5}+5\dfrac{3}{5}=\boxed{}\dfrac{1}{5}$

2 □ 안에 알맞은 수를 써넣으세요.

(1) $9\dfrac{5}{8}-\boxed{}\dfrac{7}{8}=1\dfrac{6}{8}$

(2) $\boxed{}\dfrac{8}{10}-7\dfrac{9}{10}=3\dfrac{9}{10}$

3 □ 안에 공통으로 들어갈 수 있는 수를 써 보세요.

$$5\dfrac{2}{4}+1\dfrac{\boxed{}}{4}=7\dfrac{1}{4}$$

$$8\dfrac{\boxed{}}{9}-2\dfrac{5}{9}=5\dfrac{7}{9}$$

(   )

⚡ **바르게 계산**

4 계산해 보세요.

(1) $4-1\dfrac{2}{9}$

(2) $6-2\dfrac{3}{6}$

5 계산이 <u>잘못된</u> 곳을 찾아 바르게 계산해 보세요.

$$8-7\dfrac{5}{7}=(8-7)+\dfrac{5}{7}=1\dfrac{5}{7}$$

$8-7\dfrac{5}{7}=$ ....

....

6 계산이 <u>잘못된</u> 곳을 찾아 바르게 계산해 보세요.

$$5-2\dfrac{10}{11}=(5-2)+\dfrac{10}{11}=3\dfrac{10}{11}$$

$5-2\dfrac{10}{11}=$ ....

....

⚡ 계산 결과가 가장 큰 계산식

7 가장 큰 수와 가장 작은 수의 차를 구해 보세요.

$$6\frac{3}{10} \quad 5\frac{9}{10} \quad 7\frac{1}{10} \quad 5\frac{5}{10}$$

(   )

8 분수 2개를 골라 계산 결과가 가장 큰 덧셈식을 만들어 보세요.

$$\frac{17}{3} \quad 7\frac{1}{3} \quad \frac{20}{3} \quad 6\frac{1}{3}$$

식 _____

9 분수 2개를 골라 계산 결과가 가장 큰 **뺄셈식**을 만들어 보세요.

$$4\frac{2}{5} \quad \frac{43}{5} \quad 8 \quad \frac{31}{5}$$

식 _____

⚡ 어림하여 계산

10 계산 결과가 8과 9 사이의 수인 것을 찾아 ○표 하세요.

$10\frac{1}{7}-\frac{6}{7}$	$5\frac{1}{7}+3\frac{3}{7}$	$7\frac{5}{7}+2\frac{3}{7}$

11 계산 결과가 5와 6 사이의 수인 것을 찾아 ○표 하세요.

$1\frac{1}{5}+3\frac{3}{5}$	$7\frac{4}{5}-1\frac{3}{5}$	$8\frac{2}{5}-2\frac{4}{5}$

12 계산 결과가 16과 17 사이의 수인 것을 찾아 기호를 써 보세요.

$$\begin{array}{ll} \bigcirc\ 10\frac{10}{12}+4\frac{5}{12} & \bigcirc\ 17\frac{1}{8}-1\frac{4}{8} \\ \bigcirc\ 20\frac{2}{6}-4\frac{5}{6} & \textcircled{2}\ 14\frac{1}{5}+2\frac{1}{5} \end{array}$$

(   )

⚡ 규칙 찾기

13 수를 규칙에 따라 늘어놓았습니다. 규칙을 찾아 써 보세요.

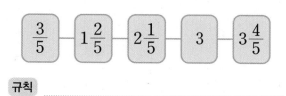

규칙 ....

14 수를 규칙에 따라 늘어놓았습니다. 빈칸에 알맞은 수를 써넣으세요.

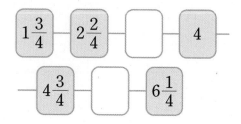

15 수를 규칙에 따라 늘어놓았습니다. 빈칸에 알맞은 수를 써넣으세요.

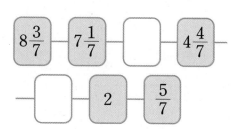

⚡ 받아올림과 받아내림이 있는 계산

16 □ 안에 알맞은 수를 써넣으세요.

(1) $5\dfrac{\Box}{3} + \Box\dfrac{2}{3} = 8\dfrac{1}{3}$

(2) $\Box\dfrac{3}{4} + 1\dfrac{\Box}{4} = 7\dfrac{2}{4}$

17 □ 안에 알맞은 수를 써넣으세요.

(1) $\Box\dfrac{2}{\Box} - 1\dfrac{\Box}{13} = 5\dfrac{10}{13}$

(2) $\Box\dfrac{8}{\Box} - 2\dfrac{\Box}{16} = 5\dfrac{10}{16}$

18 □ 안에 알맞은 수를 써넣으세요.

(1) $\Box\dfrac{5}{\Box} + 1\dfrac{\Box}{15} = 5\dfrac{2}{15}$

(2) $\Box\dfrac{1}{\Box} - 7\dfrac{\Box}{10} = 5\dfrac{8}{10}$

도전1 조건을 만족하는 수 구하기

1 분모가 5인 진분수들의 합을 구해 보세요.

(   )

핵심 NOTE
분모 ■인 진분수의 분자는 1, 2, 3, …, ■−1까지 있습니다.

2 분모가 8인 진분수 중에서 $\frac{4}{8}$보다 큰 분수들의 합을 구해 보세요.

(   )

3 분모가 15인 진분수 중에서 $\frac{7}{15}$보다 작은 분수들의 합을 구해 보세요.

(   )

4 분모가 12인 진분수 2개가 있습니다. 합이 $\frac{9}{12}$, 차가 $\frac{3}{12}$인 두 진분수를 구해 보세요.

(,   )

도전2 차지하는 양의 합과 차

5 주황색과 초록색이 차지하는 양의 차를 구해 보세요. (단, 전체 크기는 1입니다.)

(   )

핵심 NOTE
가장 작은 조각의 크기로 나누어 분수로 나타내어 봅니다.

6 파란색과 초록색이 차지하는 양의 차를 구해 보세요. (단, 전체 크기는 1입니다.)

(   )

7 칠교판에서 노란색 조각과 주황색 조각이 차지하는 양의 합을 구해 보세요. (단, 전체 크기는 1입니다.)

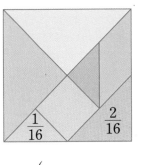

(   )

8 3장의 수 카드를 한 번씩 모두 사용하여 분모가 8인 대분수를 만들려고 합니다. 만들 수 있는 가장 큰 대분수와 가장 작은 대분수의 합을 구해 보세요.

$$\boxed{3} \quad \boxed{8} \quad \boxed{7}$$

(   )

핵심 NOTE

가장 큰 대분수는 자연수 부분을 가장 크게 만들고, 가장 작은 대분수는 자연수 부분을 가장 작게 만듭니다.

9 4장의 수 카드를 한 번씩 모두 사용하여 분모가 9인 대분수를 만들려고 합니다. 만들 수 있는 가장 큰 대분수와 가장 작은 대분수의 차를 구해 보세요.

$$\boxed{1} \quad \boxed{4} \quad \boxed{6} \quad \boxed{9}$$

(   )

10 5장의 수 카드를 한 번씩 모두 사용하여 분모가 13인 대분수를 만들려고 합니다. 만들 수 있는 가장 큰 대분수와 가장 작은 대분수의 차를 구해 보세요.

$$\boxed{1} \quad \boxed{8} \quad \boxed{3} \quad \boxed{7} \quad \boxed{5}$$

(   )

11 □ 안에 들어갈 수 있는 자연수를 모두 구해 보세요.

$$7\frac{9}{10} + 5\frac{4}{10} < 13\frac{\square}{10}$$

(   )

핵심 NOTE

$7\frac{9}{10} + 5\frac{4}{10}$ 의 계산 결과와 $13\frac{\square}{10}$ 의 자연수 부분이 같은 경우 (분자)$<\square$임을 이용합니다.

12 □ 안에 들어갈 수 있는 자연수는 모두 몇 개일까요?

$$5\frac{4}{9} - 3\frac{7}{9} > 1\frac{\square}{9}$$

(   )

도전 최상위

13 □ 안에 들어갈 수 있는 자연수는 모두 몇 개일까요?

$$1\frac{6}{13} + 1\frac{10}{13} < 3\frac{\square}{13} < 7\frac{5}{13} - 3\frac{11}{13}$$

(   )

도전5 **나타내는 값 구하기**

14 ●의 값을 구해 보세요. (단, 같은 모양은 같은 수를 나타냅니다.)

$$● + ● + ● = \frac{24}{25}$$

(   )

핵심 NOTE
분수의 계산은 분모는 그대로 두고 분자끼리 계산하므로 같은 수를 세 번 더했을 때 24가 되는 수를 찾아봅니다.

15 ◆의 값을 구해 보세요. (단, 같은 모양은 같은 수를 나타냅니다.)

$$● + ● = 2\frac{8}{17}$$

$$◆ + ◆ + ● = 3\frac{2}{17}$$

(   )

16 ▲의 값을 구해 보세요. (단, 같은 모양은 같은 수를 나타냅니다.)

$$■ + ■ = 4\frac{4}{12}$$

$$▲ + ▲ - ■ = 2\frac{6}{12}$$

(   )

도전6 **덧셈과 뺄셈이 섞여 있는 문제 해결하기**

17 민서는 색 테이프 $3\frac{2}{7}$ m를 가지고 있습니다. 선물 상자 1개를 포장하는 데 색 테이프 2 m가 필요하다면 상자 5개를 포장하기 위해서는 색 테이프 몇 m를 더 사야 할까요?

(   )

핵심 NOTE
먼저 필요한 색 테이프의 길이를 구합니다.

18 설탕 $2\frac{1}{5}$ kg이 있습니다. 케이크 1개를 만드는 데 $\frac{3}{5}$ kg의 설탕이 필요하다면 케이크 6개를 만들기 위해서는 설탕 몇 kg을 더 준비해야 할까요?

(   )

도전 최상위

19 쌀 $4\frac{5}{9}$ kg을 사 왔습니다. 가래떡 1개를 만드는 데 $1\frac{3}{9}$ kg의 쌀이 사용된다면 사 온 쌀로 만들 수 있는 가래떡은 모두 몇 개이고, 남는 쌀은 몇 kg일까요?

가래떡은 (   )개 만들 수 있고
쌀은 (   ) kg이 남습니다.

도전7 **시간을 분수로 나타내기**

20 서진이는 할머니 댁에 가는 데 버스를 $\dfrac{8}{12}$ 시간, 지하철을 $\dfrac{5}{12}$ 시간 동안 타고 갔습니다. 할머니 댁까지 가는 데 걸린 시간은 몇 시간 몇 분일까요?

( )

핵심 NOTE
$\dfrac{1}{12}$ 시간은 시계를 12칸으로 나눈 것 중에 1칸이므로 5분입니다.

21 예슬이는 3시간 동안 수학과 영어 공부를 했습니다. 수학을 공부한 시간이 $2\dfrac{1}{12}$ 시간이라면 영어를 공부한 시간은 몇 분일까요?

( )

22 현수가 $1\dfrac{11}{12}$ 시간 동안 운동을 했더니 오후 4시였습니다. 현수가 운동을 시작한 시각은 몇 시 몇 분일까요?

( )

도전8 **약속한 방법으로 계산하기**

23 가▲나＝가＋가－나일 때, 다음을 계산해 보세요.

$$\dfrac{4}{7} \; \blacktriangle \; \dfrac{5}{7}$$

( )

핵심 NOTE
가는 ▲ 앞의 수를 나타내고, 나는 ▲ 뒤의 수를 나타내므로 가에 $\dfrac{4}{7}$, 나에 $\dfrac{5}{7}$ 를 넣어 계산합니다.

24 가★나＝6－가－나일 때, 다음을 계산해 보세요.

$$3\dfrac{8}{11} \; \bigstar \; 1\dfrac{4}{11}$$

( )

도전 최상위

25 보기 와 같이 계산할 때, ㉠과 ㉡의 합을 구해 보세요.

보기

$$가◆나＝가－나＋4\dfrac{5}{9}$$

$$가◎나＝가＋나－1\dfrac{7}{9}$$

$$㉠ \; 10\dfrac{4}{9}◆7\dfrac{2}{9} \qquad ㉡ \; 5\dfrac{1}{9}◎6\dfrac{5}{9}$$

( )

1 그림을 보고 ☐ 안에 알맞은 수를 써넣으세요.

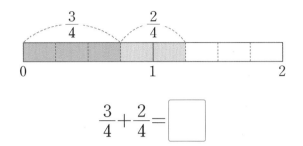

$$\frac{3}{4}+\frac{2}{4}=\boxed{}$$

2 계산해 보세요.

$$\frac{6}{7}-\frac{2}{7}$$

$$\frac{5}{7}-\frac{2}{7}$$

$$\frac{4}{7}-\frac{2}{7}$$

3 보기 와 같이 계산해 보세요.

보기

$$3-\frac{1}{3}=2\frac{3}{3}-\frac{1}{3}=2\frac{2}{3}$$

$$5-\frac{2}{5}=$$

4 단위분수의 합을 구해 보세요.

$$\frac{1}{6}+\frac{1}{6}+\frac{1}{6}+\frac{1}{6}+\frac{1}{6}+\frac{1}{6}$$

( )

5 계산해 보세요.

$$4\frac{5}{8}+2\frac{2}{8}$$

$$4\frac{6}{8}+2\frac{2}{8}$$

$$4\frac{7}{8}+2\frac{2}{8}$$

6 빨간색이 차지하는 부분과 파란색이 차지하는 부분의 차는 전체의 얼마인지 구해 보세요.

7 $\frac{1}{10}$이 3개인 수와 $\frac{1}{10}$이 6개인 수의 합을 구해 보세요.

( )

8 보기 와 같이 계산 결과가 $\frac{4}{13}$인 뺄셈식을 만들어 보세요.

보기

$$\frac{7}{13}-\frac{3}{13}=\frac{4}{13}$$

뺄셈식 _____

9 두 분수의 합과 차를 구해 보세요.

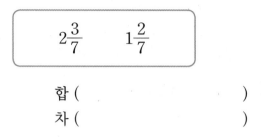
$$2\frac{3}{7} \qquad 1\frac{2}{7}$$

합 (   )

차 (   )

10 ☐ 안에 알맞은 수를 써넣으세요.

$$7\frac{1}{6}-5\frac{2}{6}=\boxed{}$$

$$\boxed{}+5\frac{2}{6}=7\frac{1}{6}$$

11 ▲$=1$, ●$=\frac{1}{4}$을 나타낼 때 계산해 보세요.

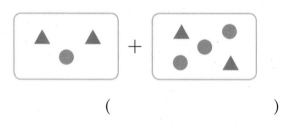

(   )

12 빈칸에 알맞은 수를 써넣으세요.

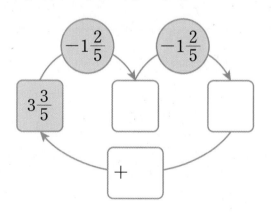

13 세 수의 합이 1이 되도록 ㉠에 알맞은 분수를 구해 보세요.

$$\boxed{\frac{1}{8}} \quad \boxed{㉠} \quad \boxed{\frac{5}{8}}$$

(   )

14 계산 결과를 비교하여 ◯ 안에 >, =, <를 알맞게 써넣으세요.

$$1\frac{7}{11}+1\frac{6}{11} \bigcirc 5\frac{1}{11}-1\frac{8}{11}$$

15 가장 큰 수와 가장 작은 수의 차를 구해 보세요.

$$3\frac{2}{9} \qquad \frac{26}{9} \qquad 4$$

(   )

16 분모가 7인 진분수가 2개 있습니다. 합이 $1\frac{3}{7}$ 이고 차가 $\frac{2}{7}$인 두 진분수를 구해 보세요.

(,   )

17 4장의 수 카드 중 3장을 한 번씩만 사용하여 분모가 8인 대분수를 만들려고 합니다. 만들 수 있는 대분수 중에서 가장 큰 수와 가장 작은 수의 합을 구해 보세요.

| 5 | 9 | 8 | 2 |

(   )

18 어떤 수에 $2\frac{7}{12}$을 더해야 할 것을 잘못하여 **뺐**더니 $1\frac{9}{12}$가 되었습니다. 바르게 계산하면 얼마일까요?

(   )

19 서술형

집에서 도서관까지의 거리는 $2\frac{4}{5}$ km이고, 집에서 소방서까지의 거리는 $4\frac{2}{5}$ km입니다. 집에서 도서관과 소방서 중 어느 곳이 몇 km 더 먼지 풀이 과정을 쓰고 답을 구해 보세요.

풀이 ....

....

....

....

답 .... , ...

20 서술형

☐ 안에 들어갈 수 있는 자연수 중에서 가장 큰 수는 얼마인지 풀이 과정을 쓰고 답을 구해 보세요.

$$1\frac{4}{9} + 1\frac{7}{9} > \frac{\square}{9}$$

풀이 ....

....

....

....

답 ....

수시 평가 대비 Level ❷

점수 _____

확인 _____

1 색칠된 부분에서 빼는 수만큼 ✕표 하고 □ 안에 알맞은 수를 써넣으세요.

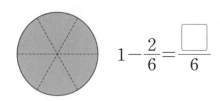

$$1 - \frac{2}{6} = \frac{\square}{6}$$

2 수직선을 보고 $1\frac{2}{4} + 1\frac{1}{4}$ 은 얼마인지 구해 보세요.

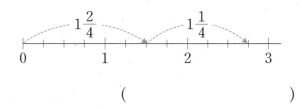

(   )

3 □ 안에 알맞은 수를 써넣으세요.

$$4\frac{3}{8} - 1\frac{2}{8} = (4 - \square) + \left(\frac{\square}{8} - \frac{2}{8}\right)$$

$$= \square + \frac{\square}{8}$$

$$= \square\frac{\square}{8}$$

4 계산해 보세요.

(1) $5\frac{4}{7} + 4\frac{5}{7}$

(2) $6\frac{1}{12} - 1\frac{7}{12}$

5 계산이 잘못된 곳을 찾아 바르게 계산해 보세요.

$$\boxed{\frac{7}{10} + \frac{8}{10} = \frac{7+8}{10+10} = \frac{15}{20}}$$

$$\frac{7}{10} + \frac{8}{10} = \underline{\hspace{4cm}}$$

6 설명하는 수를 구해 보세요.

$$\boxed{1보다 \frac{13}{16}만큼 더 작은 수}$$

(   )

7 직사각형의 가로는 세로보다 몇 cm 더 길까요?

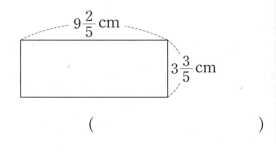

(   )

8 계산 결과가 5와 6 사이의 수인 덧셈을 찾아 ○표 하세요.

$3\frac{7}{11} + 1\frac{10}{11}$	$4\frac{5}{8} + 1\frac{6}{8}$	$5\frac{8}{9} + \frac{6}{9}$

9 수를 가르기 하였습니다. 빈칸에 알맞은 수를 써넣으세요.

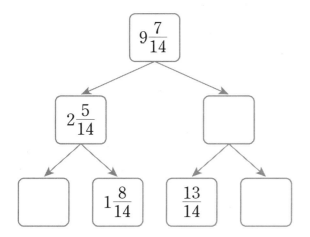

10 계산 결과가 더 큰 것에 ○표 하세요.

$$2\frac{4}{7}+3\frac{2}{7} \qquad 4\frac{5}{7}+1\frac{3}{7}$$

11 ㉠과 ㉡의 합과 차를 구해 보세요.

합 (   )

차 (   )

12 ☐ 안에 알맞은 수를 써넣으세요.

$$\boxed{}-3\frac{6}{11}=2\frac{6}{11}$$

13 ☐ 안에 들어갈 수 있는 자연수 중에서 가장 큰 수를 구해 보세요.

$$\frac{5}{13}+\frac{\boxed{}}{13}<\frac{12}{13}$$

(   )

14 분수 2개를 골라 계산 결과가 가장 큰 뺄셈식을 만들어 보세요.

$$7\frac{5}{7} \qquad \frac{36}{7} \qquad 3\frac{6}{7} \qquad 4\frac{3}{7}$$

식 ....

15 철인 3종 경기인 '제주 국제 아이언맨 대회'에서는 수영 $3\frac{8}{10}$ km, 사이클 $180\frac{2}{10}$ km, 마라톤 42.195 km를 쉬지 않고 이어서 17시간 내에 완주한 선수에게 철인이라는 칭호를 줍니다. 수영 구간과 사이클 구간의 거리는 몇 km 차이가 날까요?

수영   사이클   마라톤

(   )

16 □ 안에 들어갈 수 있는 자연수는 모두 몇 개일까요?

$$\frac{14}{13} + 1\frac{2}{13} > \frac{\square}{13} + 1\frac{7}{13}$$

(   )

17 길이가 각각 $3\frac{2}{8}$ m, $2\frac{4}{8}$ m인 끈 2개를 한 번 묶은 후 끈의 길이를 재었더니 $5\frac{1}{8}$ m였습니다. 두 끈을 묶은 후의 길이는 묶기 전의 두 끈의 길이의 합보다 몇 m 줄었을까요?

(   )

18 가 ♥ 나 $= 6 -$ 가 $+$ 나일 때, 다음을 계산해 보세요.

$$3\frac{9}{10} ♥ 6\frac{8}{10}$$

(   )

19 서술형 학교에서 소방서까지의 거리는 몇 km인지 구하려고 합니다. 풀이 과정을 쓰고 답을 구해 보세요.

집   학교   소방서
$1\frac{3}{5}$ km
5 km

풀이 _____

_____

_____

답 _____

20 서술형 하은이는 오늘 수학 공부를 $2\frac{5}{12}$시간, 영어 공부를 $1\frac{6}{12}$시간 하였습니다. 하은이가 오늘 공부한 시간은 모두 몇 시간 몇 분인지 풀이 과정을 쓰고 답을 구해 보세요.

풀이 _____

_____

_____

답 _____

2 삼각형

이번 단원에서 꼭 짚어야 할 **핵심 개념**을 알아보자.

핵심 1   이등변삼각형

두 변의 길이가 같은 삼각형을

[   ] 이라고 한다.

핵심 2   정삼각형

세 변의 길이가 같은 삼각형을 [   ] 이라고 하고, 정삼각형의 한 각의 크기는 [   ] 이다.

핵심 3   예각삼각형

세 각이 모두 예각인 삼각형을

[   ] 이라고 한다.

핵심 4   둔각삼각형

한 각이 둔각인 삼각형을 [   ] 이라고 한다.

핵심 5   삼각형 분류하기

삼각형은 변의 길이와 각의 크기에 따라 분류할 수 있다.

답 1. 이등변삼각형 2. 정삼각형, 60° 3. 예각삼각형 4. 둔각삼각형

1. 삼각형을 변의 길이에 따라 분류하기

● **삼각형을 변의 길이에 따라 분류하기**

길이가 같은 변이 있는 삼각형		길이가 같은 변이 없는 삼각형
두 변의 길이가 같은 삼각형	세 변의 길이가 모두 같은 삼각형	
△	△	△

● **이등변삼각형 알아보기**

　이등변삼각형: 두 변의 길이가 같은 삼각형

● **정삼각형 알아보기**

　정삼각형: 세 변의 길이가 같은 삼각형

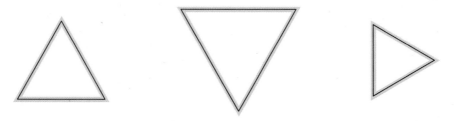

개념 다르게 보기

● **삼각형을 변의 길이에 따라 분류해 보아요!**

　→ 세 변의 길이가 같습니다.: 정삼각형

　→ 두 변의 길이가 같습니다.: 이등변삼각형

● **정삼각형은 이등변삼각형이라고 할 수 있어요!**

3cm　3cm

3cm

세 변의 길이가 같은 삼각형은 두 변의 길이가 같으므로 정삼각형은 이등변삼각형이라고 할 수 있습니다.

⭕ 정답과 풀이 11쪽

① **삼각형을 보고 ☐ 안에 알맞은 말을 써넣으세요.**

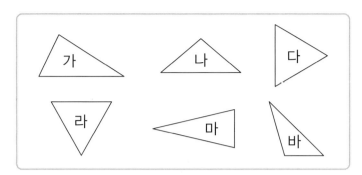

① 나, 다, 라, 마와 같이 두 변의 길이가 같은 삼각형을 ☐ 이 라고 합니다.

② 다, 라와 같이 세 변의 길이가 같은 삼각형을 ☐ 이라고 합니다.

② **이등변삼각형을 모두 찾아 기호를 써 보세요.**

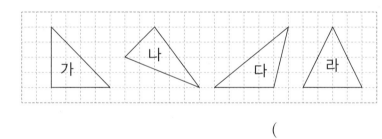

(   )

모눈의 칸을 보고 두 변의 길이가 같은 삼각형을 찾아봐요.

③ **이등변삼각형입니다. ☐ 안에 알맞은 수를 써넣으세요.**

①

②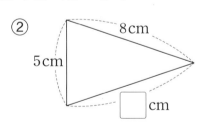

이등변삼각형은 두 변의 길이가 같아요.

④ **정삼각형입니다. ☐ 안에 알맞은 수를 써넣으세요.**

①

②

정삼각형은 세 변의 길이가 같아요.

2. 이등변삼각형의 성질, 정삼각형의 성질

● 이등변삼각형의 성질

• 이등변삼각형의 성질 ➡ 이등변삼각형은 길이가 같은 두 변과 함께 하는 두 각의 크기가 같습니다.

• 두 각의 크기가 30°인 삼각형 ㄱㄴㄷ 그리기

선분 ㄱㄴ을
긋습니다.

점 ㄱ, 점 ㄴ을 각각 각의 꼭짓점으로
하고 크기가 30°인 각을 그립니다.

(변 ㄷㄱ의 길이)
=(변 ㄷㄴ의 길이)

두 각의 변이 만나는
점을 점 ㄷ으로 합니다.

● 정삼각형의 성질

• 정삼각형의 성질 ➡ 정삼각형은 길이가 같은 세 변과 함께 하는 세 각의 크기가 같습니다.

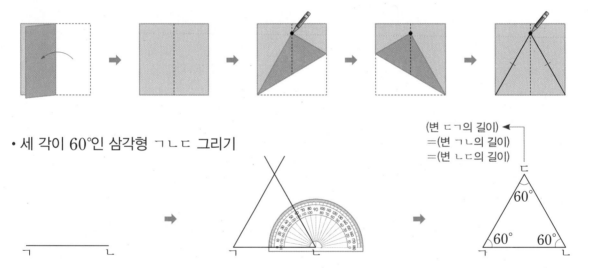

• 세 각이 60°인 삼각형 ㄱㄴㄷ 그리기

선분 ㄱㄴ을
긋습니다.

점 ㄱ, 점 ㄴ을 각각 각의 꼭짓점으로
하고 크기가 60°인 각을 그립니다.

(변 ㄷㄱ의 길이)
=(변 ㄱㄴ의 길이)
=(변 ㄴㄷ의 길이)

두 각의 변이 만나는
점을 점 ㄷ으로 합니다.

개념 자세히 보기

• 자를 사용하여 이등변삼각형을 그릴 수 있어요!

• 컴퍼스와 자를 사용하여 정삼각형을 그릴 수 있어요!

● 정답과 풀이 12쪽

1 색종이를 반으로 접은 후 선을 따라 잘라서 펼친 그림입니다. 물음에 답하세요.

색종이를 반으로 접어서 잘랐으므로 자른 부분의 길이는 같아요.

① 삼각형 ㄱㄴㄷ은 이등변삼각형일까요? 정삼각형일까요?

(   )

② 각 ㄱㄴㄷ의 크기가 55°이면 각 ㄱㄷㄴ의 크기는 몇 도일까요?

(   )

2 주어진 선분을 한 변으로 하는 정삼각형을 그리고, ☐ 안에 알맞은 수를 써넣으세요.

모눈의 한 칸은 정삼각형 모양이에요.

정삼각형은 세 각의 크기가 모두 ☐°로 같습니다.

3 이등변삼각형입니다. ☐ 안에 알맞은 수를 써넣으세요.

①

②

크기가 같은 두 각

4 정삼각형입니다. ☐ 안에 알맞은 수를 써넣으세요.

①

②

정삼각형은 크기는 달라도 모양은 모두 같아요.

3. 삼각형을 각의 크기에 따라 분류하기

● **예각삼각형 알아보기**

예각삼각형: 세 각이 모두 예각인 삼각형

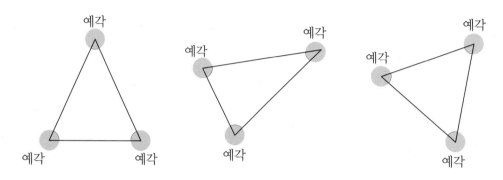

● **둔각삼각형 알아보기**

둔각삼각형: 한 각이 둔각인 삼각형

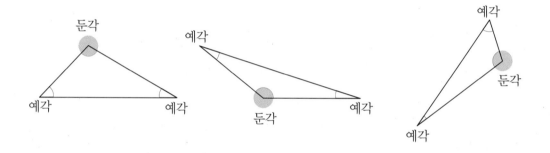

● **삼각형을 각의 크기에 따라 분류하기**

예각삼각형	둔각삼각형	직각삼각형
세 각이 모두 예각	한 각이 둔각	한 각이 직각

개념 자세히 보기

● **세 각 중 한 각의 크기만으로 삼각형을 분류하면 틀릴 수 있어요!**

세 각 중 한 각의 크기만으로 삼각형을 분류할 경우 한 예각만 보고 예각삼각형이라고 하면 틀릴 수 있습니다.

1 ☐ 안에 알맞은 말을 써넣으세요.

4학년 1학기 때 배웠어요
예각과 둔각 알아보기
• 0°< 예각< 90°

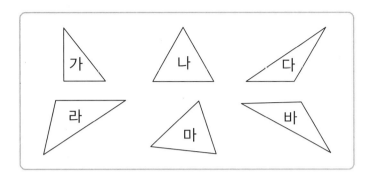

① 가와 같이 한 각이 직각인 삼각형을 ☐ 이라고 합니다.

② 나, 마와 같이 세 각이 모두 예각인 삼각형을 ☐ 이라고 합니다.

③ 다, 라, 바와 같이 한 각이 둔각인 삼각형을 ☐ 이라고 합니다.

2 예각삼각형은 '예', 둔각삼각형은 '둔', 직각삼각형은 '직'을 ☐ 안에 써넣으세요.

모눈에서 직각을 찾을 수 있어요.

3 점 종이에 예각삼각형, 직각삼각형, 둔각삼각형을 각각 1개씩 그려 보세요.

점 종이에 삼각형을 그리는 경우 세 꼭짓점을 먼저 정하고 꼭짓점을 연결하면 삼각형을 쉽게 그릴 수 있어요.

4. 삼각형을 두 가지 기준으로 분류하기

● 변의 길이와 각의 크기에 따라 삼각형 분류하기

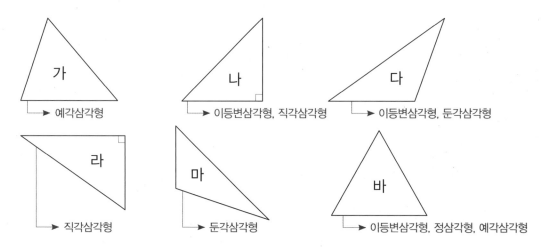

가 ➡ 예각삼각형

나 ➡ 이등변삼각형, 직각삼각형

다 ➡ 이등변각삼각형, 둔각삼각형

라 ➡ 직각삼각형

마 ➡ 둔각삼각형

바 ➡ 이등변삼각형, 정삼각형, 예각삼각형

• 변의 길이에 따라 삼각형 분류하기

이등변삼각형	나, 다, 바
세 변의 길이가 모두 다른 삼각형	가, 라, 마

• 각의 크기에 따라 삼각형 분류하기

예각삼각형	둔각삼각형	직각삼각형
가, 바	다, 마	나, 라

• 변의 길이와 각의 크기에 따라 삼각형 분류하기

	예각삼각형	둔각삼각형	직각삼각형
이등변삼각형	바	다	나
세 변의 길이가 모두 다른 삼각형	가	마	라

개념 자세히 보기

● 표를 이용하여 분류하지 않고 다른 방법으로 분류할 수 있어요!

🔴 정답과 풀이 12쪽

1 ☐ 안에 알맞은 삼각형의 이름을 써넣으세요.

① 두 변의 길이가 같으므로 [   ] 입니다.

② 세 각이 모두 예각이므로 [   ] 입니다.

삼각형을 변의 길이와 각의 크기에 따라 분류할 수 있어요.

2 ☐ 안에 알맞은 삼각형의 이름을 써넣으세요.

① 두 변의 길이가 같으므로 [   ] 입니다.

② 한 각이 둔각이므로 [   ] 입니다.

3 삼각형을 분류해 보세요.

명태처럼 삼각형도 다양한 이름이 있어요.

① 변의 길이에 따라 삼각형을 분류하여 빈칸에 기호를 써넣으세요.

이등변삼각형	
세 변의 길이가 모두 다른 삼각형	

② 각의 크기에 따라 삼각형을 분류하여 빈칸에 기호를 써넣으세요.

예각삼각형	둔각삼각형	직각삼각형

③ 변의 길이와 각의 크기에 따라 삼각형을 분류하여 빈칸에 기호를 써넣으세요.

	예각삼각형	둔각삼각형	직각삼각형
이등변삼각형			
세 변의 길이가 모두 다른 삼각형			

1 변의 길이에 따라 삼각형 분류하기

1 삼각형을 변의 길이에 따라 분류하고, 삼각형의 이름을 써 보세요.

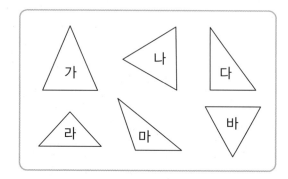

	두 변의 길이가 같은 삼각형	세 변의 길이가 같은 삼각형
기호		
이름		

2 정삼각형입니다. ☐ 안에 알맞은 수를 써넣으세요.

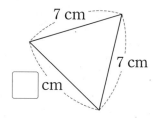

3 이등변삼각형입니다. 삼각형의 세 변의 길이의 합은 몇 cm인지 구해 보세요.

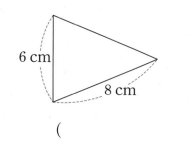

( )

4 이등변삼각형에 모두 색칠해 보세요.

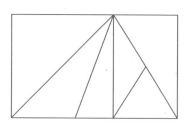

😊 내가 만드는 문제

5 보기 와 같이 정삼각형과 이등변삼각형으로 자유롭게 규칙을 만들어 보세요.

보기

6 같은 이름이 될 수 없는 하나의 삼각형을 찾아 ○표 하세요.

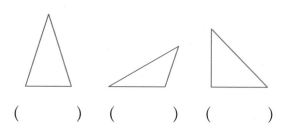

( ) ( ) ( )

서술형
7 정삼각형을 이등변삼각형이라고 할 수 있는지 설명해 보세요.

설명 ....

....

....

2 이등변삼각형의 성질 알아보기

이등변삼각형은 삼각형의 특징을 모두 가지고 있어.

준비 삼각형에 대한 설명으로 옳은 것을 찾아 기호를 써 보세요.

> ㉠ 4개의 선분으로 둘러싸여 있습니다.
> ㉡ 꼭짓점이 3개가 있습니다.
> ㉢ 변의 길이가 모두 같습니다.

( )

8 이등변삼각형에 대한 설명으로 옳은 것을 모두 찾아 기호를 써 보세요.

> ㉠ 두 변의 길이가 같습니다.
> ㉡ 꼭짓점이 4개가 있습니다.
> ㉢ 세 변의 길이가 모두 같습니다.
> ㉣ 두 각의 크기가 같습니다.

( )

9 피라미드는 고대 이집트를 대표하는 건축물로 주로 왕이나 왕족의 무덤으로 만들어졌습니다. 피라미드의 표시된 삼각형은 이등변삼각형입니다. ㉠과 ㉡의 각도를 구해 보세요.

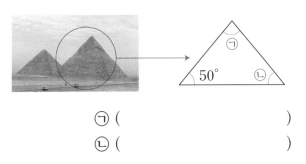

㉠ ( )
㉡ ( )

10 주어진 삼각형의 세 변의 길이의 합은 몇 cm 인지 구해 보세요.

( )

11 자를 이용하여 한 변의 길이가 2 cm인 서로 다른 이등변삼각형 2개를 그려 보세요.

새 교과 반영
12 오른쪽 도형에 선분을 그어 왼쪽 이등변삼각형으로 나누어 보세요.

13 한 각의 크기가 80°인 이등변삼각형이 있습니다. 나머지 두 각의 크기가 될 수 있는 각도를 모두 찾아 ○표 하세요.

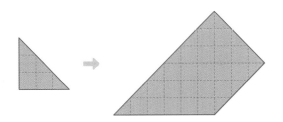

| 30°와 70° | 50°와 50° |
| 40°와 40° | 20°와 80° |

3 정삼각형의 성질 알아보기

14 정삼각형을 그리려고 합니다. 선분의 양 끝과 어느 점을 이어야 할까요? (   )

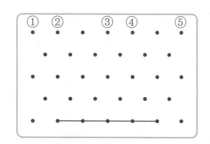

15 ☐ 안에 알맞은 수를 써넣으세요.

(1)

(2)

서술형
16 두 삼각형의 같은 점과 다른 점을 한 가지씩 써 보세요.

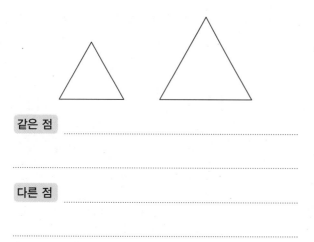

같은 점 _____

_____

다른 점 _____

_____

17 오른쪽 삼각형의 세 변의 길이의 합은 몇 cm인지 구해 보세요.

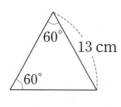

(   )

18 각도기와 자를 이용하여 주어진 선분을 한 변으로 하는 정삼각형을 그려 보세요.

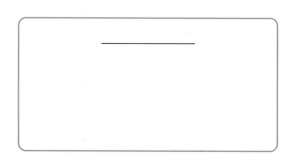

19 병아리가 모두 들어갈 수 있게 정삼각형 모양의 울타리를 그려 보세요.

새 교과 반영
20 정삼각형으로 만든 모양입니다. 규칙에 따라 빈칸에 알맞게 그려 보세요.

☺ 내가 만드는 문제
21 도형을 정삼각형으로 자유롭게 나누어 보세요.

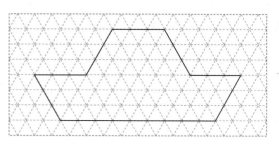

4 각의 크기에 따라 삼각형 분류하기

직각을 기준으로 예각, 둔각을 찾아.

준비 예각에 ○표, 직각에 △표, 둔각에 ×표 하세요.

(   ) (   ) (   )

22 각의 크기에 따라 삼각형을 분류해 보세요.

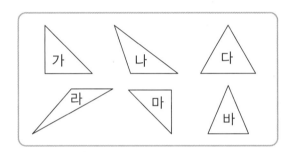

예각삼각형	직각삼각형	둔각삼각형

23 사고가 자주 일어나는 버뮤다 삼각지대는 다음과 같은 삼각형의 해역을 말합니다. 알맞은 말에 ○표 하세요.

버뮤다 삼각지대는 (한 , 두 , 세) 각이 예각이므로 (예각삼각형 , 둔각삼각형)입니다.

24 사각형에 선분을 한 개를 그어 둔각삼각형 2개를 만들어 보세요.

25 직사각형 모양의 종이를 점선을 따라 잘랐을 때 생기는 삼각형 중에서 예각삼각형을 모두 찾아 기호를 써 보세요.

(   )

새 교과 반영

26 빨간 점 2개가 모두 삼각형 안에 들어가도록 점 종이에 예각삼각형을 그려 보세요.

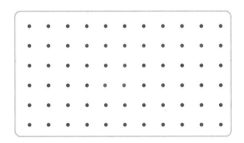

😊 내가 만드는 문제

27 세 점을 연결하여 예각삼각형과 둔각삼각형을 하나씩 그려 보세요.

5 두 가지 기준으로 분류하기

28 변의 길이와 각의 크기에 따라 삼각형을 분류해 보세요.

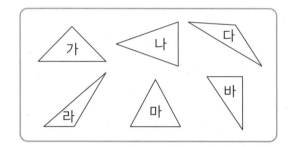

	예각 삼각형	직각 삼각형	둔각 삼각형
이등변 삼각형			
세 변의 길이가 모두 다른 삼각형			

29 그림에 대한 설명이 맞으면 ○표, 틀리면 ×표 하세요.

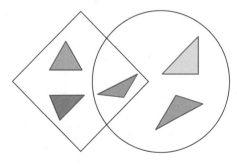

(1) 정삼각형은 원 안에 있습니다.
( )

(2) 사각형 안에 둔각삼각형이 있습니다.
( )

(3) 원 안에 이등변삼각형이 2개 있습니다.
( )

(4) 예각삼각형은 사각형과 원 안에 모두 있습니다. ( )

30 이등변삼각형이면서 예각삼각형인 삼각형의 기호를 써 보세요.

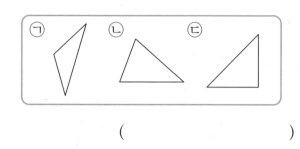

( )

31 삼각형의 일부가 지워졌습니다. 어떤 삼각형인지 이름을 모두 써 보세요.

( )

새 교과 반영
32 세 개의 이등변삼각형을 이어 붙여 삼각형을 만들었습니다. 이 삼각형은 어떤 삼각형인지 이름을 모두 써 보세요.

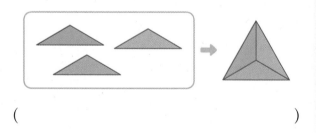

( )

내가 만드는 문제
33 점 종이에 삼각형을 자유롭게 그려 보고 삼각형의 이름을 모두 써 보세요.

( )

⚡ **삼각형의 두 각**

1 삼각형의 세 각 중 두 각의 크기를 나타낸 것입니다. 예각삼각형을 찾아 기호를 써 보세요.

> ㉠ 20°, 50°   ㉡ 40°, 40°
> ㉢ 55°, 40°   ㉣ 45°, 45°

(   )

2 삼각형의 세 각 중 두 각의 크기를 나타낸 것입니다. 둔각삼각형을 찾아 기호를 써 보세요.

> ㉠ 45°, 65°   ㉡ 60°, 60°
> ㉢ 50°, 40°   ㉣ 30°, 45°

(   )

3 삼가형의 세 각 중 두 각의 크기를 나타낸 것입니다. 이등변삼각형을 모두 찾아 기호를 써 보세요.

> ㉠ 80°, 55°   ㉡ 55°, 55°
> ㉢ 40°, 100°   ㉣ 45°, 105°

(   )

⚡ **삼각형의 이름**

4 오른쪽 삼각형의 이름이 될 수 있는 것을 모두 찾아 기호를 써 보세요.

> ㉠ 이등변삼각형   ㉡ 정삼각형
> ㉢ 예각삼각형   ㉣ 둔각삼각형

(   )

5 오른쪽 삼각형의 이름이 될 수 있는 것을 모두 찾아 ○표 하세요.

> 이등변삼각형   정삼각형
> 예각삼각형   둔각삼각형
>   직각삼각형

6 오른쪽 삼각형의 이름을 모두 써 보세요.

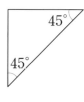

(   )

⚡ 이등변삼각형의 변의 길이

7 두 변의 길이가 다음과 같은 이등변삼각형을 그리려고 합니다. 나머지 한 변이 될 수 있는 길이를 모두 구해 보세요.

> 7 cm, 9 cm

(   )

8 두 변의 길이가 9 cm, 13 cm인 이등변삼각형을 그리려고 합니다. 나머지 한 변이 될 수 있는 길이를 모두 구해 보세요.

(   )

9 세 변의 길이가 다음과 같은 이등변삼각형을 그리려고 합니다. ☐ 안에 들어갈 수 있는 수를 모두 구해 보세요.

> 8 cm, 11 cm, ☐ cm

(   )

10 세 변의 길이의 합이 36 cm인 이등변삼각형의 한 변의 길이가 14 cm일 때, 다른 두 변이 될 수 있는 길이를 모두 구해 보세요.

(   )

⚡ 정삼각형의 한 변의 길이

11 크기가 같은 정삼각형 2개로 만든 도형입니다. 굵은 선의 길이가 24 cm일 때, 정삼각형의 한 변의 길이를 구해 보세요.

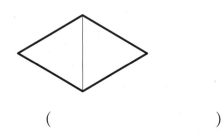

(   )

12 크기가 같은 정삼각형 3개로 만든 도형입니다. 굵은 선의 길이가 35 cm일 때, 정삼각형의 한 변의 길이를 구해 보세요.

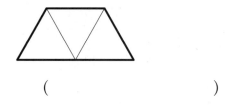

(   )

13 크기가 같은 정삼각형 6개로 만든 도형입니다. 굵은 선의 길이가 48 cm일 때, 정삼각형의 한 변의 길이를 구해 보세요.

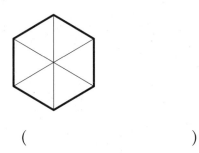

(   )

⚡ **도형 밖의 각도**

14 이등변삼각형입니다. ㉠의 각도를 구해 보세요.

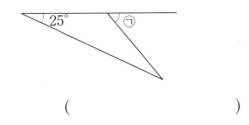

(   )

15 이등변삼각형입니다. ☐ 안에 알맞은 수를 써넣으세요.

16 삼각형 ㄱㄴㄷ은 이등변삼각형입니다. 각 ㄱㄴㄹ의 크기를 구해 보세요.

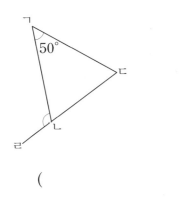

(   )

⚡ **세 변의 길이의 합이 같은 두 삼각형**

17 두 이등변삼각형의 세 변의 길이의 합은 같습니다. ☐ 안에 알맞은 수를 써넣으세요.

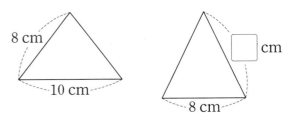

18 두 이등변삼각형의 세 변의 길이의 합은 같습니다. ☐ 안에 알맞은 수를 써넣으세요.

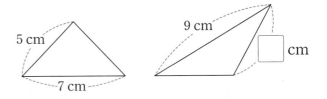

19 왼쪽 정삼각형과 오른쪽 이등변삼각형의 세 변의 길이의 합은 같습니다. ☐ 안에 알맞은 수를 써넣으세요.

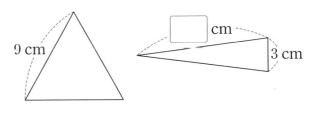

2

도전1 **삼각형 움직이기**

1 점 ㄱ을 오른쪽으로 2칸 움직였을 때의 삼각형을 그리고 이름을 써 보세요.

( )

핵심 NOTE
삼각형을 그린 후 삼각형의 세 각의 크기를 살펴봅니다.

2 점 ㄱ을 오른쪽으로 5칸 움직였을 때의 삼각형을 그리고 이름을 써 보세요.

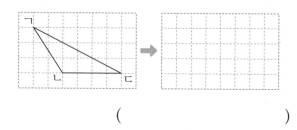

( )

3 점 ㄷ을 왼쪽으로 3칸 움직였을 때의 삼각형을 그리고 이름을 써 보세요.

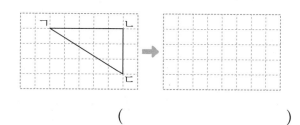

( )

도전2 **조건에 맞는 도형 그리기**

4 조건에 맞는 도형을 그려 보세요.

- 변이 3개이고, 각이 3개입니다.
- 세 변의 길이가 같습니다.

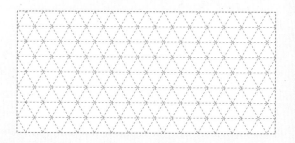

핵심 NOTE
조건에 맞는 도형이 어떤 삼각형인지 찾은 후 도형을 그려봅니다.

5 조건에 맞는 도형을 그려 보세요.

- 변이 3개이고, 각이 3개입니다.
- 두 변의 길이가 같습니다.
- 세 각이 모두 예각입니다.

6 조건에 맞는 도형을 그려 보세요.

- 변이 3개이고, 각이 3개입니다.
- 두 변의 길이가 같습니다.
- 한 각이 둔각입니다.

도전3 **직각삼각형 이어 붙이기**

7 같은 직각삼각형 2개를 이어 붙여 둔각삼각형을 만들었습니다. 둔각삼각형의 세 변의 길이의 합을 구해 보세요.

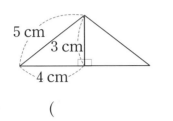

5 cm
3 cm
4 cm

( )

핵심 NOTE
길이가 같은 두 변을 이어 붙인 도형을 그린 후 만들어진 삼각형의 세 변의 길이의 합을 구해 봅니다.

8 오른쪽과 같은 직각삼각형 2개를 겹치지 않게 이어 붙여서 만들 수 있는 예각삼각형의 세 변의 길이의 합을 구해 보세요.

15 cm 12 cm
9 cm

( )

9 오른쪽과 같은 직각삼각형 2개를 겹치지 않게 이어 붙여서 만들 수 있는 둔각삼각형의 세 변의 길이의 합을 구해 보세요.

12 cm 13 cm
5 cm

( )

도전4 **삼각형을 접었을 때의 각도 구하기**

10 이등변삼각형 ㄱㄴㄷ을 접었습니다. 각 ㄹㅂㅁ의 크기를 구해 보세요.

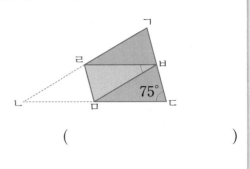

75°

( )

핵심 NOTE
접혀진 각의 크기가 같음을 이용합니다.

11 삼각형 ㄱㄴㄷ을 접었을 때 변 ㄱㄹ과 변 ㄱㅂ의 길이가 같습니다. 각 ㄹㅁㅂ의 크기를 구해 보세요.

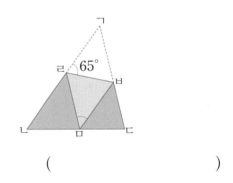

65°

( )

도전 최상위

12 정삼각형 ㄱㄴㄷ을 접었습니다. 각 ㄹㅁㅂ의 크기를 구해 보세요.

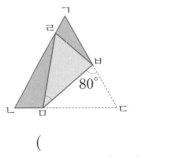

80°

( )

2

도전5 **이등변삼각형과 정삼각형의 각 활용**

13 이등변삼각형 2개를 그림과 같이 이어 붙였습니다. 각 ㄱㄴㄹ의 크기를 구해 보세요.

( )

핵심 NOTE

이등변삼각형은 두 각의 크기가 같다는 성질을 이용합니다.

14 이등변삼각형 2개를 그림과 같이 이어 붙였습니다. 각 ㄴㄱㅁ의 크기를 구해 보세요.

( )

15 정삼각형과 이등변삼각형을 그림과 같이 이어 붙였습니다. 각 ㄴㄷㄹ의 크기를 구해 보세요.

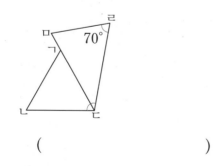

( )

도전6 **크고 작은 예각(둔각)삼각형 찾기**

16 도형에서 찾을 수 있는 크고 작은 예각삼각형은 모두 몇 개인지 구해 보세요.

( )

핵심 NOTE

삼각형 1개짜리, 2개짜리, 3개짜리, …로 이루어진 예각삼각형을 찾아봅니다.

17 도형에서 찾을 수 있는 크고 작은 둔각삼각형은 모두 몇 개인지 구해 보세요.

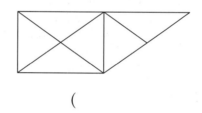

( )

도전 최상위

18 도형에서 찾을 수 있는 크고 작은 예각삼각형과 둔각삼각형의 개수의 차는 몇 개인지 구해 보세요.

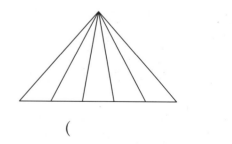

( )

[1~2] 그림을 보고 물음에 답하세요.

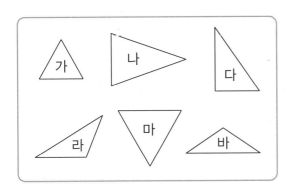

1 이등변삼각형을 모두 찾아 기호를 써 보세요.

( )

2 정삼각형을 모두 찾아 기호를 써 보세요.

( )

3 막대 3개를 변으로 하여 이등변삼각형을 만들려고 합니다. 이등변삼각형을 만들 수 있는 것을 찾아 ○표 하세요.

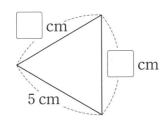

( ) ( ) ( )

4 정삼각형입니다. ☐ 안에 알맞은 수를 써넣으세요.

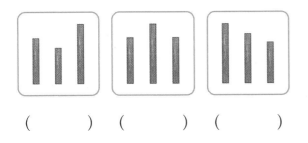

5 예각삼각형을 찾아 기호를 써 보세요.

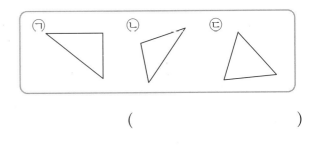

( )

6 이등변삼각형입니다. ☐ 안에 알맞은 수를 써넣으세요.

7 삼각형 모양의 종이를 점선을 따라 잘랐을 때 예각삼각형과 둔각삼각형을 각각 모두 찾아 기호를 써 보세요.

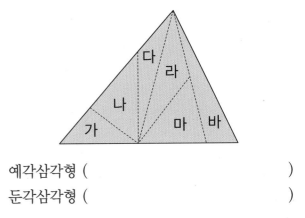

예각삼각형 ( )
둔각삼각형 ( )

8 점 ㄱ과 점 ㄴ을 한 점과 이어서 예각삼각형을 그리려고 합니다. 어느 점과 이을 수 있는지 모두 고르세요. (   )

9 이등변삼각형입니다. ☐ 안에 알맞은 수를 써 넣으세요.

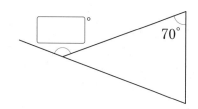

10 사각형에 선분을 한 개 그어 둔각삼각형을 2개 만들어 보세요.

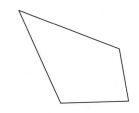

11 길이가 24 cm인 철사를 남기거나 겹치는 부분이 없이 구부려서 정삼각형을 한 개 만들었습니다. 정삼각형의 한 변의 길이는 몇 cm일까요?

(   )

12 도형을 정삼각형으로 나누어 보세요.

13 정삼각형에 대해 바르게 말한 사람의 이름을 써 보세요.

- 윤하: 모든 정삼각형은 변의 길이가 같아.
- 석진: 모든 정삼각형은 각의 크기가 같아.
- 주영: 모든 정삼각형은 둔각삼각형이야.

(   )

14 빨간 점 2개가 삼각형 안에 들어가도록 점 종이에 예각삼각형을 그려 보세요.

15 다음 삼각형의 이름이 될 수 있는 것을 모두 고르세요. (   )

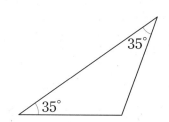

① 이등변삼각형　　② 정삼각형
③ 예각삼각형　　　④ 직각삼각형
⑤ 둔각삼각형

16 세 변의 길이의 합이 32 cm인 이등변삼각형이 있습니다. 이 삼각형의 한 변의 길이가 12 cm일 때 다른 두 변의 길이로 가능한 것을 모두 구해 보세요.

(   ), (   )

17 도형에서 ㉠의 각도를 구해 보세요.

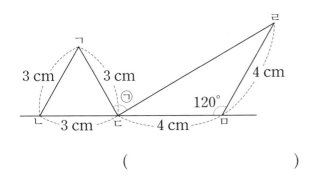

(   )

18 같은 직각삼각형 2개를 겹치지 않게 이어 붙여서 만들 수 있는 둔각삼각형의 세 변의 길이의 합을 구해 보세요.

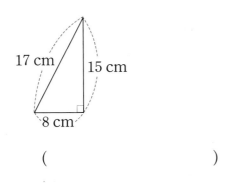

(   )

서술형
19 삼각형의 세 각 중 두 각의 크기를 나타낸 것입니다. 예각삼각형을 모두 찾아 기호를 쓰려고 합니다. 풀이 과정을 쓰고 답을 구해 보세요.

㉠ 55°, 15°	㉡ 60°, 60°
㉢ 30°, 50°	㉣ 75°, 20°

풀이

답

서술형
20 삼각형에서 각 ㄱㄷㄴ의 크기는 몇 도인지 풀이 과정을 쓰고 답을 구해 보세요.

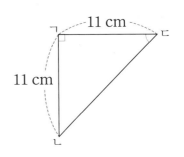

풀이

답

1 변의 길이에 따라 삼각형을 분류해 보세요.

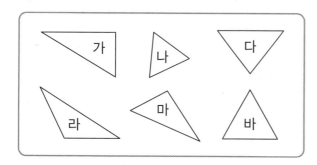

이등변삼각형	정삼각형

2 주어진 선분을 한 변으로 하는 이등변삼각형을 그려 보세요.

3 예각삼각형을 모두 찾아 기호를 써 보세요.

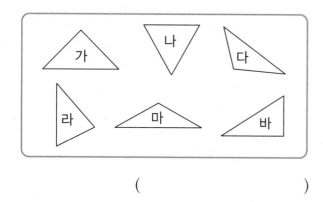

(   )

4 선분의 양 끝점과 다른 한 점을 이어서 둔각삼각형을 그리려고 합니다. 어느 점을 이어야 할까요? (   )

_____

5 ☐ 안에 알맞은 수를 써넣으세요.

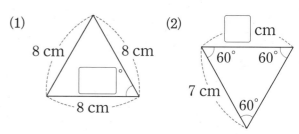

6 직사각형 모양의 종이를 점선을 따라 잘랐을 때 생기는 삼각형 중에서 둔각삼각형은 모두 몇 개인지 구해 보세요.

(   )

7 삼각형의 세 각을 나타낸 것입니다. 이등변삼각형을 만들 수 <u>없는</u> 것을 찾아 기호를 써 보세요.

㉠ 50°, 50°, 80°	㉡ 60°, 60°, 60°
㉢ 120°, 40°, 20°	㉣ 70°, 40°, 70°

(   )

8 이등변삼각형에 대한 설명으로 옳은 것을 모두 찾아 기호를 써 보세요.

> ㉠ 두 변의 길이가 같습니다.
> ㉡ 세 변의 길이가 같습니다.
> ㉢ 두 각의 크기가 같습니다.
> ㉣ 세 각의 크기가 같습니다.

( )

9 이등변삼각형입니다. ☐ 안에 알맞은 수를 써넣으세요.

10 두 변의 길이가 8 cm, 12 cm인 이등변삼각형이 있습니다. 나머지 한 변의 길이가 될 수 있는 길이를 모두 구해 보세요.

( )

11 사각형에 선분 한 개를 그어 예각삼각형 1개와 둔각삼각형 1개를 만들어 보세요.

12 삼각형의 세 각의 크기를 나타낸 것입니다. 예 각삼각형, 직각삼각형, 둔각삼각형 중에서 어떤 삼각형인지 써 보세요.

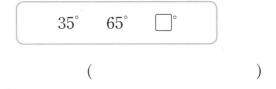

( )

13 이등변삼각형입니다. 세 변의 길이의 합은 몇 cm일까요?

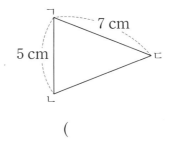

( )

14 정삼각형 2개를 그림과 같이 이어 붙였습니다. 각 ㄴㄷㄹ의 크기를 구해 보세요.

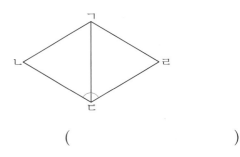

( )

15 주어진 이등변삼각형과 세 변의 길이의 합이 같은 정삼각형을 그리려고 합니다. 정삼각형의 한 변의 길이는 몇 cm로 해야 할까요?

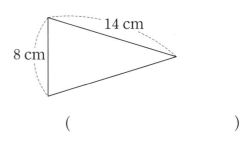

( )

16 정삼각형과 이등변삼각형을 그림과 같이 이어 붙였습니다. 이등변삼각형의 세 변의 길이의 합이 21 cm일 때 사각형 ㄱㄴㄷㄹ의 네 변의 길이의 합을 구해 보세요.

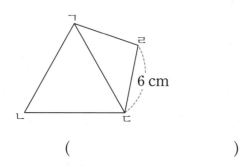

(   )

17 도형에서 찾을 수 있는 크고 작은 예각삼각형은 모두 몇 개인지 구해 보세요.

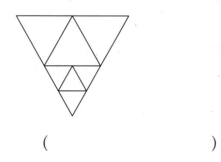

(   )

18 이등변삼각형 2개를 그림과 같이 이어 붙였습니다. 각 ㄱㄷㄹ의 크기를 구해 보세요.

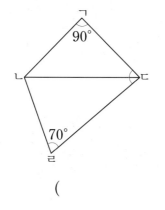

(   )

19
어떤 삼각형의 두 각의 크기를 재었더니 각각 55°, 70°였습니다. 이 삼각형의 이름이 될 수 있는 것을 모두 쓰려고 합니다. 풀이 과정을 쓰고 답을 구해 보세요.

풀이 _____

_____

_____

_____

답 _____

20
정삼각형과 이등변삼각형을 그림과 같이 이어 붙였습니다. 각 ㄴㄷㄹ의 크기는 몇 도인지 풀이 과정을 쓰고 답을 구해 보세요.

풀이 _____

_____

_____

_____

답 _____

3 소수의 덧셈과 뺄셈

핵심 1 소수 두 자리 수

분수 $\dfrac{1}{100}$ 은 소수로 ☐ 이라 쓰고

☐ 이라고 읽는다.

$$\dfrac{37}{100} = ☐$$

핵심 2 소수 세 자리 수

분수 $\dfrac{1}{1000}$ 은 소수로 ☐ 이라 쓰고

☐ 이라고 읽는다.

$$\dfrac{213}{1000} = ☐$$

핵심 3 소수의 덧셈

소수의 덧셈은 소수점의 자리를 맞추어 자연수의 덧셈과 같은 방법으로 계산하고 소수점을 그대로 내려 찍는다.

$$0.54 + 0.38 = ☐$$

핵심 4 소수의 뺄셈

소수의 뺄셈은 소수점의 자리를 맞추어 자연수의 뺄셈과 같은 방법으로 계산하고 소수점을 그대로 내려 찍는다.

$$0.75 - 0.49 = ☐$$

핵심 5 자릿수가 다른 소수의 계산

소수점 아래 자릿수가 다른 소수의 덧셈이나 뺄셈을 할 때에는 소수점 오른쪽 끝자리 뒤에 0이 있는 것으로 생각하고 자릿수를 맞추어 더하거나 뺀다.

$$1.88 + 5.3 = ☐$$

$$6.24 - 3.9 = ☐$$

답 1. 0.01, 영 점 영일, 0.37 2. 0.001, 영 점 영영일, 0.213 3. 0.92 4. 0.26 5. 7.18, 2.34

1. 소수 두 자리 수

● 1보다 작은 소수 두 자리 수 알아보기

	쓰기	읽기
$\dfrac{1}{100}$ →	0.01	영 점 영일

	쓰기	읽기
$\dfrac{74}{100}$ →	0.74	영 점 칠사

● 1보다 큰 소수 두 자리 수 알아보기

	쓰기	읽기
$1\dfrac{36}{100}$ →	1.36	일 점 삼육

일의 자리		소수 첫째 자리	소수 둘째 자리	
1	.	3	6	
1	.			→ 1
0	.	3		→ 0.3
0	.	0	6	→ 0.06

1.36 ⎧ 일의 자리 숫자 1 → 1이 1개 → **1**
        ⎨ 소수 첫째 자리 숫자 3 → 0.1이 3개 → **0.3**
        ⎩ 소수 둘째 자리 숫자 6 → 0.01이 6개 → **0.06**
                                                    └→ 나타내는 수

개념 자세히 보기

● 소수를 읽을 때 소수점 오른쪽의 수는 숫자만 하나씩 차례대로 읽어야 해요!

20.41 → 이십 점 사십일   20.41 → 이십 점 사일   ┌ 15.15 → 십오 점 십오   15.15 → 십오 점 일오

🔸 정답과 풀이 20쪽

1 전체 크기가 1인 모눈종이입니다. ☐ 안에 알맞은 수를 써넣으세요.

① 색칠된 부분의 크기를 분수로 나타내면 ☐ 입니다.

② 색칠된 부분의 크기를 소수로 나타내면 ☐ 입니다.

3학년 때 배웠어요

소수 알아보기

$\frac{1}{10}$

분수 $\frac{1}{10}$ 을 소수로 나타내기

$\frac{1}{10}$ → ┌ 쓰기: 0.1
　　　 └ 읽기: 영 점 일

2 ☐ 안에 알맞은 수나 말을 써넣으세요.

① 분수 $\frac{43}{100}$ 을 소수로 나타내면 ☐ 이고, ☐ (이)라고 읽습니다.

② 분수 $3\frac{58}{100}$ 을 소수로 나타내면 ☐ 이고, ☐ (이)라고 읽습니다.

3 4.56을 보고 빈칸에 알맞은 수를 써넣으세요.

	일의 자리	소수 첫째 자리	소수 둘째 자리
숫자	4		
나타내는 수		0.5	

6.58
=6+0.5+0.08

4 ☐ 안에 알맞은 소수를 써넣으세요.

$\frac{1}{100}$

5 6.95를 보고 ☐ 안에 알맞은 수나 말을 써넣으세요.

① 6은 일의 자리 숫자이고, ☐ 을/를 나타냅니다.

② 9는 소수 첫째 자리 숫자이고, ☐ 을/를 나타냅니다.

③ 5는 ☐ 자리 숫자이고, ☐ 을/를 나타냅니다.

■.▲●
↓

일의 자리 숫자	■
소수 첫째 자리 숫자	▲
소수 둘째 자리 숫자	●

● 1보다 작은 소수 세 자리 수 알아보기

쓰기	읽기
0.001	**영 점 영영일**

$\dfrac{1}{1000}$ →

$\dfrac{573}{1000}$ →

쓰기	읽기
0.573	**영 점 오칠삼**

● 1보다 큰 소수 세 자리 수 알아보기

$2\dfrac{758}{1000}$ →

쓰기	읽기
2.758	**이 점 칠오팔**

일의 자리		소수 첫째 자리	소수 둘째 자리	소수 셋째 자리
2	.	7	5	8

일의 자리		소수 첫째 자리	소수 둘째 자리	소수 셋째 자리	
2	.				→ 2
0	.	7			→ 0.7
0	.	0	5		→ 0.05
0	.	0	0	8	→ 0.008

2.758
┌ 일의 자리 숫자 2 → 1이 2개 → **2**
├ 소수 첫째 자리 숫자 7 → 0.1이 7개 → **0.7**
├ 소수 둘째 자리 숫자 5 → 0.01이 5개 → **0.05**
└ 소수 셋째 자리 숫자 8 → 0.001이 8개 → **0.008**
└→ 나타내는 수

◯ 정답과 풀이 21쪽

① 수직선을 보고 ☐ 안에 알맞은 수를 써넣으세요.

0.01을 똑같이 10으로 나눈 것 중의 하나는 0.001이에요.

① ㉠이 나타내는 소수는 ☐ 입니다.

② ㉡이 나타내는 소수는 ☐ 입니다.

② ☐ 안에 알맞은 수나 말을 써넣으세요.

① 분수 $\frac{213}{1000}$ 을 소수로 나타내면 ☐ 이고, ☐ (이)라고 읽습니다.

② 분수 $3\frac{108}{1000}$ 을 소수로 나타내면 ☐ 이고, ☐ (이)라고 읽습니다.

소수점 오른쪽의 수는 숫자만 하나씩 차례대로 읽어요.

3

③ ☐ 안에 알맞은 수를 써넣으세요.

① 0.513은 ⎡ 0.1이 5 개
⎢ 0.01이 ☐ 개
⎣ 0.001이 ☐ 개

② 4.237은 ⎡ 1이 4 개
⎢ 0.1이 ☐ 개
⎢ 0.01이 3 개
⎣ 0.001이 ☐ 개

0.304에서 0.01은 0개예요.

④ 9.568을 보고 ☐ 안에 알맞은 수나 말을 써넣으세요.

① 9는 ☐ 의 자리 숫자이고, ☐ 을/를 나타냅니다.

② 5는 소수 첫째 자리 숫자이고, ☐ 을/를 나타냅니다.

③ 6은 ☐ 자리 숫자이고, ☐ 을/를 나타냅니다.

④ 8은 소수 셋째 자리 숫자이고, ☐ 을/를 나타냅니다.

■.▲●★	
일의 자리 숫자	■
소수 첫째 자리 숫자	▲
소수 둘째 자리 숫자	●
소수 셋째 자리 숫자	★

3. 소수의 크기 비교, 소수 사이의 관계

● **소수의 크기 비교**

• 0.2와 0.20 비교하기

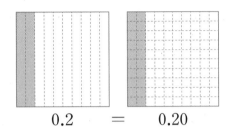

0.2 = 0.20

소수는 필요한 경우 오른쪽 끝자리에 0을 붙여서 나타낼 수 있습니다.

• 소수의 크기 비교하기

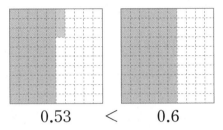

0.53 < 0.6

색칠한 칸 수가 0.6이 더 많으므로 0.53<0.6 입니다.

• 소수의 크기 비교하는 방법: 높은 자리부터 차례대로 같은 자리 숫자의 크기를 비교합니다.

0.45<0.69   1.74<1.78   2.69<3.14 3.515<3.518

자연수 부분	소수 첫째 자리 숫자	소수 둘째 자리 숫자	소수 셋째 자리 숫자
2.69<3.14	**0.69>0.45**	**1.74<1.78**	**3.518>3.515**

● **소수 사이의 관계**

• 1, 0.1, 0.01, 0.001 사이의 관계 알아보기

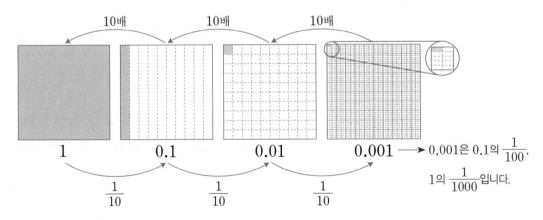

10배 10배 10배

1   0.1   0.01   0.001 ⟶ 0.001은 0.1의 $\frac{1}{100}$,

$\frac{1}{10}$ $\frac{1}{10}$ $\frac{1}{10}$

1의 $\frac{1}{1000}$입니다.

• 소수 사이의 관계 알아보기

소수점 왼쪽의 빈 자리에
0을 채웁니다.

소수의 $\frac{1}{10}$은 소수점을 기준으로 수가 **오른쪽으로 한 자리 이동합니**다.

소수를 **10배** 하면 소수점을 기준으로 수가 **왼쪽으로 한 자리 이동합**니다.

1 전체 크기가 1인 모눈종이에 두 소수를 나타내고, 두 수의 크기를 비교하여 ○ 안에 >, =, <를 알맞게 써넣으세요.

  0.44 ○ 0.39

> **3학년 때 배웠어요**
>
> 소수의 크기 비교
> • 자연수의 크기가 큰 소수가 더 큽니다.
> 예 3.1 > 2.8
>   └3 > 2┘
> • 자연수가 같으면 소수점 오른쪽의 수가 큰 소수가 더 큽니다.
> 예 5.4 < 5.9
>   └4 < 9┘

2 2.458과 2.475를 수직선에 화살표(↑)로 나타내고, 두 수의 크기를 비교하여 ○ 안에 >, =, <를 알맞게 써넣으세요.

2.458 ○ 2.475

3 두 수의 크기를 비교하여 ○ 안에 >, =, <를 알맞게 써넣으세요.

① 0.09 ○ 0.13

② 5.64 ○ 5.496

③ 4.012 ○ 7.001

④ 9.678 ○ 9.688

> 소수의 크기를 비교할 때 높은 자리부터 차례대로 크기를 비교해요.

3

4 빈칸에 알맞은 수를 써넣으세요.

	$\frac{1}{10}$	$\frac{1}{10}$	10배	10배
0.01		1	10	100
		0.7	7	
	4.95	49.5		

5 □ 안에 알맞은 수를 써넣으세요.

① 0.9의 10배는 [ ]이고, 100배는 [ ]입니다.

② 5.7의 $\frac{1}{10}$은 [ ]이고, $\frac{1}{100}$은 [ ]입니다.

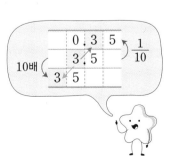

4. 소수 한 자리 수의 덧셈

● 받아올림이 없는 소수 한 자리 수의 덧셈

· 0.3+0.4의 계산

방법 1

$$0.3 + 0.4 = 0.7$$

방법 2

$$
\begin{array}{r}
0.3 \\
+\ 0.4 \\
\end{array}
$$
소수점의 자리를 맞추어 씁니다.

→

$$
\begin{array}{r}
0.3 \\
+\ 0.4 \\
\hline
7 \\
\end{array}
$$
자연수의 덧셈과 같은 방법으로 더합니다.

→

$$
\begin{array}{r}
0.3 \\
+\ 0.4 \\
\hline
0.7 \\
\end{array}
$$
0을 쓰고 소수점을 그대로 내려 찍습니다.

● 받아올림이 있는 소수 한 자리 수의 덧셈

· 0.7+0.6의 계산

방법 1

$$0.7 + 0.6 = 1.3$$

방법 2

$$
\begin{array}{llll}
0.7 & \rightarrow & 0.1이 & 7개 \\
+\ 0.6 & \rightarrow & 0.1이 & 6개 \\
\hline
1.3 & \leftarrow & 0.1이 & 13개 \\
\end{array}
$$

방법 3

$$
\begin{array}{r}
0.7 \\
+\ 0.6 \\
\end{array}
$$
소수점의 자리를 맞추어 씁니다.

→

$$
\begin{array}{r}
{\scriptstyle 1} \\
0.7 \\
+\ 0.6 \\
\hline
3 \\
\end{array}
$$
소수 첫째 자리의 합을 구합니다.

→

$$
\begin{array}{r}
{\scriptstyle 1} \\
0.7 \\
+\ 0.6 \\
\hline
1.3 \\
\end{array}
$$
받아올림한 1을 쓰고 소수점을 그대로 내려 찍습니다.

◐ 정답과 풀이 21쪽

1 0.2 + 0.6은 얼마인지 알아보세요.

① 전체 크기가 1인 모눈종이에 0.2만큼 **빨간색**으로 색칠하고, 이어서 0.6만큼 **파란색**으로 색칠해 보세요.

② 0.2 + 0.6은 얼마일까요?

(   )

모눈종이에 0.2만큼 색칠하고 이어서 0.6만큼 색칠하여 그 결과가 얼마인지 확인해요.

2 수직선을 보고 ☐ 안에 알맞은 수를 써넣으세요.

0.4 + ☐ = ☐

덧셈 ➡
뺄셈 ➡

3 ☐ 안에 알맞은 수를 써넣으세요.

①   0.2 ➡ 0.1이 ☐ 개
   + 0.5 ➡ 0.1이 ☐ 개
    ☐ ⬅ 0.1이 ☐ 개

②   0.3 ➡ 0.1이 ☐ 개
   + 2.8 ➡ 0.1이 ☐ 개
    ☐ ⬅ 0.1이 ☐ 개

4 ☐ 안에 알맞은 수를 써넣으세요.

```
    ☐              ☐              ☐
  0 . 5          0 . 5          0 . 5
+ 1 . 7   ➡    + 1 . 7   ➡    + 1 . 7
─────          ─────          ─────
                  ☐            ☐ . ☐
```

5 ☐ 안에 알맞은 수를 써넣으세요.

①   ☐
```
  0 . 3
+ 0 . 8
─────
  ☐ . ☐
```

②   ☐
```
  4 . 9
+ 2 . 3
─────
  ☐ . ☐
```

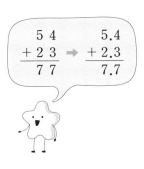

```
  5 4        5.4
+ 2 3   ➡  + 2.3
─────      ─────
  7 7        7.7
```

5. 소수 한 자리 수의 뺄셈

● 받아내림이 없는 소수 한 자리 수의 뺄셈
  · 0.6－0.4의 계산

방법 1

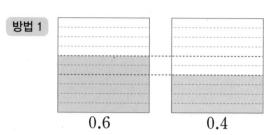

0.6   0.4

$$0.6 - 0.4 = 0.2$$

방법 2

$$\begin{array}{r} 0.6 \\ -\ 0.4 \\ \hline \end{array}$$

→

$$\begin{array}{r} 0.6 \\ -\ 0.4 \\ \hline 2 \end{array}$$

→

$$\begin{array}{r} 0.6 \\ -\ 0.4 \\ \hline 0.2 \end{array}$$

소수점의 자리를 맞추어   자연수의 뺄셈과 같은   0을 쓰고 소수점을
쓴니다.   방법으로 뺍니다.   그대로 내려 찍습니다.

● 받아내림이 있는 소수 한 자리 수의 뺄셈
  · 3.2－1.8의 계산

방법 1

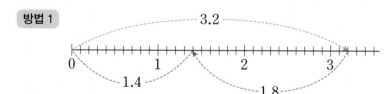

$$3.2 - 1.8 = 1.4$$

방법 2

$$\begin{array}{r} 3.2 \\ -\ 1.8 \\ \hline 1.4 \end{array}$$

→ 0.1이 32개
→ 0.1이 18개
← 0.1이 14개

방법 3

$$\begin{array}{r} 3.2 \\ -\ 1.8 \\ \hline \end{array}$$

→

$$\begin{array}{r} \overset{2}{\cancel{3}}.\overset{10}{2} \\ -\ 1.8 \\ \hline 4 \end{array}$$

→

$$\begin{array}{r} \overset{2}{\cancel{3}}.\overset{10}{2} \\ -\ 1.8 \\ \hline 1.4 \end{array}$$

소수점의 자리를 맞추어   소수 첫째 자리 계산에   자연수 부분을 계산하고
쓴니다.   서 받아내림하여 계산   소수점을 그대로 내려
                               합니다.   찍습니다.

⏺ 정답과 풀이 22쪽

1 수직선을 보고 ☐ 안에 알맞은 수를 써넣으세요.

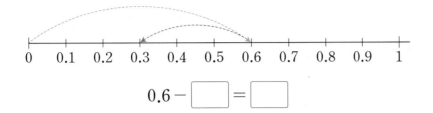

$$0.6 - \boxed{} = \boxed{}$$

2 전체 크기가 1인 모눈종이에 색칠된 그림을 보고 ☐ 안에 알맞은 수를 써 넣으세요.

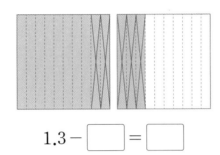

$$1.3 - \boxed{} = \boxed{}$$

1.3에서 ×로 지운 부분 만큼 빼요.

3 ☐ 안에 알맞은 수를 써넣으세요.

① 0.7 ➡ 0.1이 ☐ 개

$-\ 0.4$ ➡ 0.1이 ☐ 개

☐ ⬅ 0.1이 ☐ 개

② 5.6 ➡ 0.1이 ☐ 개

$-\ 2.9$ ➡ 0.1이 ☐ 개

☐ ⬅ 0.1이 ☐ 개

$\dfrac{1}{10}$이 8개

$-\ \dfrac{1}{10}$이 4개

$\dfrac{1}{10}$이 4개로 생각할 수도 있어요.

4 ☐ 안에 알맞은 수를 써넣으세요.

$$\begin{array}{r} 2\,.\,5 \\ -\ 0\,.\,9 \\ \hline \end{array} \Rightarrow \begin{array}{r} \boxed{}\ \boxed{} \\ 2\,.\,5 \\ -\ 0\,.\,9 \\ \hline \boxed{} \end{array} \Rightarrow \begin{array}{r} \boxed{}\ \boxed{} \\ 2\,.\,5 \\ -\ 0\,.\,9 \\ \hline \boxed{}\,.\,\boxed{} \end{array}$$

5 ☐ 안에 알맞은 수를 써넣으세요.

①
$$\begin{array}{r} 0\,.\,9 \\ -\ 0\,.\,2 \\ \hline \boxed{}\,.\,\boxed{} \end{array}$$

②
$$\begin{array}{r} \boxed{}\ \boxed{} \\ 7\,.\,4 \\ -\ 4\,.\,5 \\ \hline \boxed{}\,.\,\boxed{} \end{array}$$

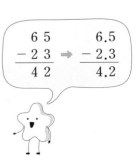

$$\begin{array}{r} 6\ 5 \\ -\ 2\ 3 \\ \hline 4\ 2 \end{array} \Rightarrow \begin{array}{r} 6.5 \\ -\ 2.3 \\ \hline 4.2 \end{array}$$

6. 소수 두 자리 수의 덧셈

● **받아올림이 없는 소수 두 자리 수의 덧셈**

· 0.13＋0.35의 계산

방법 1

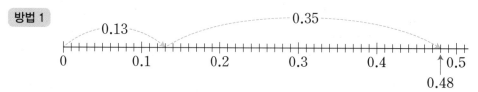

$$0.13 + 0.35 = 0.48$$

방법 2

	0 . 1	3
＋	0 . 3	5
		8

소수점의 자리를 맞추어 쓰고 소수 둘째 자리의 합을 구합니다.

→

	0 . 1 3
＋	0 . 3 5
	4 8

소수 첫째 자리의 합을 구합니다.

→

	0 . 1 3
＋	0 . 3 5
	0 . 4 8

0을 쓰고 소수점을 그대로 내려 찍습니다.

● **받아올림이 있는 소수 두 자리 수의 덧셈**

· 0.84＋0.39의 계산

방법 1

$$0.84 + 0.39 = 1.23$$

방법 2

$$0.84 → 0.01이 \ 84개$$
$$+ 0.39 → 0.01이 \ 39개$$
$$1.23 ← 0.01이 123개$$

방법 3

	1	
	0 . 8	4
＋	0 . 3	9
		3

→

1	1
0 . 8	4
＋ 0 . 3	9
	2 3

→

1	1
0 . 8	4
＋ 0 . 3	9
1 . 2	3

→ 정답과 풀이 22쪽

1 0.21 + 0.17은 얼마인지 알아보세요.

① 전체 크기가 1인 모눈종이에 0.21만큼 빨간색으로 색칠하고, 이어서 0.17만큼 파란색으로 색칠해 보세요.

② 0.21 + 0.17은 얼마일까요?

(   )

$0.25 \rightarrow \dfrac{25}{100}$
$\rightarrow$ 100칸 중 25칸

2 수직선을 보고 ☐ 안에 알맞은 수를 써넣으세요.

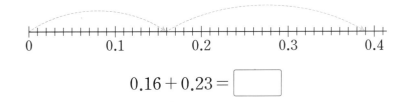

0   0.1   0.2   0.3   0.4

0.16 + 0.23 = ☐

3 ☐ 안에 알맞은 수를 써넣으세요.

①   0.42 ➡ 0.01이 ☐ 개
  + 0.54 ➡ 0.01이 ☐ 개
     ☐ ⬅ 0.01이 ☐ 개

②   2.71 ➡ 0.01이 ☐ 개
  + 5.46 ➡ 0.01이 ☐ 개
     ☐ ⬅ 0.01이 ☐ 개

0.01이 100개 ➡ 1.00
0.01이 101개 ➡ 1.01
0.01이 110개 ➡ 1.10

4 ☐ 안에 알맞은 수를 써넣으세요.

```
      ☐                    ☐
   1 . 5   3          1 . 5   3          1 . 5   3
 + 4 . 8   2    ➡   + 4 . 8   2    ➡   + 4 . 8   2
 ─────────          ─────────          ─────────
         ☐            ☐   ☐          ☐ . ☐   ☐
```

5 ☐ 안에 알맞은 수를 써넣으세요.

①
```
   0 . 7   3
 + 0 . 1   6
 ─────────
   ☐ . ☐   ☐
```

②
```
       ☐   ☐
   3 . 4   6
 + 4 . 5   9
 ─────────
   ☐ . ☐   ☐
```

```
  3 1 5          3 . 1 5
+ 2 3 4    ➡   + 2 . 3 4
───────          ───────
  5 4 9          5 . 4 9
```

7. 소수 두 자리 수의 뺄셈

● **받아내림이 없는 소수 두 자리 수의 뺄셈**

· 0.58−0.26의 계산

방법 1

$$0.58 - 0.26 = 0.32$$

방법 2

```
  0 . 5 8        0 . 5 8        0 . 5 8
- 0 . 2 6   →  - 0 . 2 6   →  - 0 . 2 6
        2            3 2      0 . 3 2
```

소수점의 자리를 맞추어 쓰고 소수 둘째 자리의 차를 구합니다.

소수 첫째 자리의 차를 구합니다.

0을 쓰고 소수점을 그대로 내려 찍습니다.

● **받아내림이 있는 소수 두 자리 수의 뺄셈**

· 1.2−0.37의 계산

방법 1

$$1.2 - 0.37 = 0.83$$

방법 2

```
  1.2    →  0.01이 120개
- 0.37   →  0.01이  37개
  0.83   ←  0.01이  83개
```

방법 3

```
     1  10            0  11 10           0  11 10
  1 . 2  0          1 . 2  0           1 . 2  0
- 0 . 3  7   →    - 0 . 3  7    →    - 0 . 3  7
        3                 8 3         0 . 8 3
```

1.2를 1.20으로 생각하여 뺍니다.

○ 정답과 풀이 22쪽

① 0.65 − 0.23은 얼마인지 알아보세요.

① 전체 크기가 1인 모눈종이에 0.65만큼 색칠하고, 색칠한 부분에서 0.23만큼을 ×로 지워 보세요.

② 0.65 − 0.23은 얼마일까요?

(   )

② 수직선을 보고 ☐ 안에 알맞은 수를 써넣으세요.

$$1.1 - 0.45 = \boxed{}$$

③ ☐ 안에 알맞은 수를 써넣으세요.

0.01이 몇 개인지 생각하여 계산해요.

①   1.21 ➡ 0.01이 ☐ 개   ②   6.26 ➡ 0.01이 ☐ 개

  − 0.65 ➡ 0.01이 ☐ 개   − 4.7 ➡ 0.01이 ☐ 개

  ☐ ⬅ 0.01이 ☐ 개   ☐ ⬅ 0.01이 ☐ 개

④ ☐ 안에 알맞은 수를 써넣으세요.

소수 오른쪽 끝자리에 0을 붙일 수 있어요.
$$1.3 = 1.30$$

⑤ ☐ 안에 알맞은 수를 써넣으세요.

①

$$
\begin{array}{r}
\boxed{\phantom0}\ \boxed{\phantom0}\ \boxed{\phantom0} \\
9\ .\ 2\ \ 3 \\
-\ 7\ .\ 6\ \ 8 \\
\hline
\boxed{\phantom0}\ .\ \boxed{\phantom0}\ \boxed{\phantom0}
\end{array}
$$

②

$$
\begin{array}{r}
\boxed{\phantom0}\ \boxed{\phantom0}\ \boxed{\phantom0} \\
6\ .\ 4 \\
-\ 1\ .\ 7\ \ 2 \\
\hline
\boxed{\phantom0}\ .\ \boxed{\phantom0}\ \boxed{\phantom0}
\end{array}
$$

$$
\begin{array}{r}
5\ 8\ 6 \\
-\ 2\ 3\ 1 \\
\hline
3\ 5\ 5
\end{array}
\ \Rightarrow\
\begin{array}{r}
5.8\ 6 \\
-\ 2.3\ 1 \\
\hline
3.5\ 5
\end{array}
$$

1 소수 두 자리 수

1 7.34를 보고 빈칸에 알맞은 수를 써넣으세요.

	일의 자리	소수 첫째 자리	소수 둘째 자리
숫자	7		4
나타내는 수		0.3	

😊 내가 만드는 문제

2 모눈에 색칠하고 싶은 만큼 색칠한 다음 색칠한 수가 나타내는 소수 두 자리 수를 쓰고 읽어 보세요.

전체 크기가 1입니다.

쓰기 _____

읽기 _____

3 분자의 오른쪽 끝에서부터 두 자리를 묶고, 분수를 소수로 나타내어 보세요.

(1) $\dfrac{2\boxed{15}}{100}$ (2) $\dfrac{307}{100}$

(3) $\dfrac{5061}{100}$ (4) $\dfrac{4810}{100}$

4 ☐ 안에 알맞은 소수를 써넣으세요.

$4\dfrac{70}{100}$ $4\dfrac{80}{100}$ $4\dfrac{90}{100}$

4.7   4.8   4.9

1 mm=0.1 cm, 1 cm=0.01 m

준비 ☐ 안에 알맞은 수를 써넣으세요.

$3\,cm\,8\,mm = 3\,cm + 8\,mm$

$= 3\,cm + \boxed{}\,cm$

$= \boxed{}\,cm$

5 ☐ 안에 알맞은 수를 써넣으세요.

(1) $6\,m\,74\,cm$

$= 6\,m + 70\,cm + 4\,cm$

$= 6\,m + \boxed{}\,m + \boxed{}\,m$

$= \boxed{}\,m$

(2) $26\,m\,58\,cm = \boxed{}\,m$

새 교과 반영

6 5.64를 만들기 위해 필요한 수를 모두 찾아 ○표 하세요.

5	0.05	0.70	0.6
0.4	7	0.04	0.50

7 전체 크기가 1인 모눈종이에 색칠된 부분과 같은 수를 찾아 모두 ○표 하세요.

0.76	일 점 칠육
0.1이 76개	0.01이 76개
$\dfrac{1}{100}$이 76개	$\dfrac{1}{1000}$이 76개

② 소수 세 자리 수

8 8.406을 보고 빈칸에 알맞은 수를 써넣으세요.

	일의 자리	소수 첫째 자리	소수 둘째 자리	소수 셋째 자리
숫자	8		0	6
나타내는 수		0.4		

9 관계있는 것끼리 이어 보세요.

| 3.045 | • | • | 삼 점 사영오 |

| 3보다 0.405만큼 더 큰 수 | • | • | 영 점 삼사오 |

| $\dfrac{345}{1000}$ | • | • | 삼 점 영사오 |

새 교과 반영

10 주어진 수와 가장 가까운 소수를 보기 에서 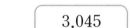 찾아 써 보세요.

보기
| 5.706 | 5.016 | 5.429 | 5.976 |

(1) 5 ➡ (   )

(2) 6 ➡ (   )

11 4.576보다 크고 4.58보다 작은 소수 세 자리 수를 모두 써 보세요.

(   )

12 ☐ 안에 알맞은 수를 써넣으세요.

$2.537 = 2 \ \square + \boxed{}$

$= 2.5 \ + \boxed{}$

$= 2.53 + \boxed{}$

13 누에고치란 누에가 스스로 실을 토한 후 몸을 감싸서 만든 집입니다. 1개의 고치에서 풀려나오는 실의 길이는 1 km 95 m입니다. 이 실의 길이는 몇 km인지 소수로 나타내어 보세요.

(   )

14 설명하는 수를 소수로 나타내어 보세요.

1이 8개, 0.1이 15개, 0.01이 7개, 0.001이 3개인 수

(   )

☺ 내가 만드는 문제

15 수 2개를 골라 두 수의 공통점을 써 보세요.

| 0.008 | 5.128 | 5.123 |

| 8.015 | 0.015 |

두 수 _____

공통점 _____

_____

3 소수의 크기 비교

소수는 0.1, 0.01이 몇 개인 수로 나타낼 수 있어.

준비 □ 안에 알맞은 수를 써넣고 ○ 안에 >, =, <를 알맞게 써넣으세요.

6.5는 0.1이 [ ]개

6.2는 0.1이 [ ]개

➡ 6.5 ○ 6.2

16 □ 안에 알맞은 수를 써넣고 ○ 안에 >, =, <를 알맞게 써넣으세요.

3.24는 0.01이 [ ]개

3.27은 0.01이 [ ]개

➡ 3.24 ○ 3.27

17 두 소수의 크기를 비교하여 ○ 안에 >, =, <를 알맞게 써넣으세요.

(1) 0.632 ○ 0.637

(2) 2.904 ○ 2.094

(3) 31.562 ○ 31.59

18 □ 안에 들어갈 수 있는 수에 ○표 하세요.

2.5 < □ < 2.6

2.50   2.530   2.060

서술형

19 $\frac{1}{10}$이 2개, $\frac{1}{100}$이 5개인 수와 영 점 일오칠 중 더 큰 소수를 구하려고 합니다. 풀이 과정을 쓰고 답을 소수로 써 보세요.

풀이 _____

_____

_____

_____

답 _____

20 보기 에서 수를 골라 □ 안에 알맞게 써넣으세요.

보기
3.06   2.597   4.931   5.84

3 < [ ] < [ ] < 5

새 교과 반영

21 빨간색 공은 노란색 공보다 더 무겁고, 노란색 공은 파란색 공보다 더 무겁습니다. 공에 알맞게 색칠해 보세요.

0.062 kg   0.041 kg   0.058 kg

22 보기 와 같이 크기에 맞게 숫자 사이에 소수점을 찍어 보세요.

보기
2 5 . 1 4 > 5 . 0 3 7

(1) 6 8 0 9 < 1 0 0 1

(2) 4 0 7 1 > 9 7 2 6

4 소수 사이의 관계

23 빈칸에 알맞은 수를 써넣으세요.

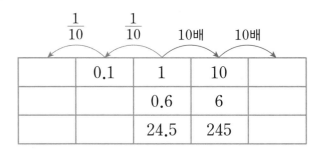

24 빈칸에 알맞은 글자를 찾아 써 보세요.

제: 0.043의 100배   형: 0.43의 100배

문: 4.3의 $\frac{1}{100}$ 유: 4.3의 $\frac{1}{10}$

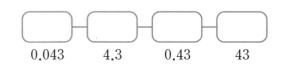

0.043	4.3	0.43	43

25 설탕이 한 봉지에 25 g씩 들어 있습니다. 작은 상자에는 설탕이 10봉지 들어 있고, 큰 상자에는 작은 상자가 10개 들어 있습니다. ☐ 안에 알맞은 수를 써넣으세요.

한 봉지 ☐ kg   작은 상자 ☐ kg   큰 상자 ☐ kg

26 설명하는 수가 다른 하나를 찾아 기호를 써 보세요.

ㄱ 0.512의 10배   ㄴ 5.12

ㄷ 5.12의 $\frac{1}{10}$ ㄹ 512의 $\frac{1}{100}$

(   )

새 교과 반영

27 보기 와 같은 규칙으로 빈칸에 알맞은 수를 써넣으세요.

보기

678 — 67.8 — 6.78 — 0.678

541 — ☐ — ☐ — ☐

28 빈칸에 알맞은 수를 써넣으세요.

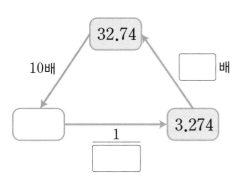

32.74
10배
☐ 배
☐
1
3.274

29 ☐ 안에 알맞은 수를 써넣으세요.

(1) 175는 0.175의 ☐ 배입니다.

(2) $\frac{9}{100}$는 9의 ☐ 입니다.

(3) 0.016은 $\frac{16}{100}$의 ☐ 입니다.

5 소수 한 자리 수의 계산

30 □ 안에 알맞은 수를 써넣으세요.

0.3은 0.1이 □개

+ 0.5는 0.1이 □개 ➡

0.1이 □개

$$\begin{array}{r} 0.3 \\ +\ 0.5 \\ \hline \square \end{array}$$

31 계산 결과가 같은 것끼리 이어 보세요.

0.2+0.6	•	•	3.6+2.7
1.7+0.9	•	•	0.6+0.2
2.7+3.6	•	•	0.9+1.7

32 빈칸에 알맞은 수를 써넣으세요.

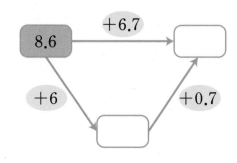

33 □ 안에 알맞은 수를 써넣으세요.

(1) □ +0.1+0.2+0.3+0.4=3

(2) □ −0.1−0.2−0.3−0.4=4

34 설명하는 수보다 2.7만큼 더 큰 수를 구해 보세요.

1이 8개, $\frac{1}{10}$이 25개인 수

( )

35 ㉠과 ㉡이 나타내는 수의 합을 구해 보세요.

㉠ 0.1이 34개인 수
㉡ 일의 자리 숫자가 6이고, 소수 첫째 자리 숫자가 2인 소수 한 자리 수

( )

😊 내가 만드는 문제

36 사과 한 개의 무게는 0.4 kg입니다. 수애가 산 사과의 개수를 1부터 9까지의 수 중에서 정하고 무게는 모두 몇 kg인지 구해 보세요.

수애는 사과를 □개 샀습니다.

( )

새 교과 반영

37 상자의 무게는 16.8 g입니다. 빨간 공 하나의 무게는 몇 g인지 구해 보세요.

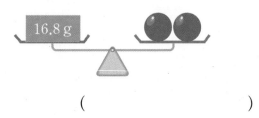

( )

38 □ 안에 알맞은 수를 써넣으세요.

0.8은 0.1이 □ 개

−0.6은 0.1이 □ 개 ➡ 0.8
− 0.6

0.1이 □ 개

39 계산이 <u>잘못된</u> 곳을 찾아 바르게 계산해 보세요.

7.5
− 4.6
7.1 6
➡

40 계산해 보세요.

(1) 6.9−1.2=□   (2) 5.2−1.3=□

6.9−1.4=□   5.4−1.3=□

6.9−1.6=□   5.6−1.3=□

6.9−1.8=□   5.8−1.3=□

새 교과 반영

41 두 수를 더해 1이 되어야 합니다. 빈칸에 알맞은 수를 써넣으세요.

1	
0.1	
	0.8
0.3	
	0.6

덧셈과 뺄셈은 한 가족이야.

준비 □ 안에 알맞은 수를 써넣으세요.

67 + □ = 86

86 − 67 = □

42 □ 안에 알맞은 수를 써넣으세요.

6.4 + □ = 9.3

9.3 − 6.4 = □

서술형

43 얼룩말은 1초에 17.8 m까지 달릴 수 있고 사자가 1초에 달릴 수 있는 거리는 얼룩말보다 1.2 m 짧습니다. 사자는 1초에 몇 m까지 달릴 수 있는지 풀이 과정을 쓰고 답을 구해 보세요.

풀이 ....

....

....

....

답 _____

내가 만드는 문제

44 수 카드를 자유롭게 골라 소수 한 자리 수를 2개 만들고, 두 수의 차를 구해 보세요.

1 2 3 4 5 6 7 8 9

□.□ − □.□ = (   )

3. 소수의 덧셈과 뺄셈 **79**

6 소수 두 자리 수의 계산

45 ☐ 안에 알맞은 수를 써넣으세요.

$$
\begin{array}{r}
2\ 3\ 2 \\
+\ 3\ 4\ 9 \\
\hline
\ \ \ \ \ \ \ \
\end{array}
\Rightarrow
\begin{array}{r}
2.3\ 2 \\
+\ 3.4\ 9 \\
\hline
\ \ \ \ \ \ \
\end{array}
$$

46 ☐ 안에 알맞은 수를 써넣으세요.

$12.42+35.27$
$=12+0.4+0.02+35+0.2+0.07$
$=47+\boxed{}+\boxed{}$
$=\boxed{}$

47 계산이 <u>잘못된</u> 곳을 찾아 바르게 계산해 보세요.

$$
\begin{array}{r}
6.8\ 2 \\
+\ 2.3\ 2 \\
\hline
8.1\ 4
\end{array}
\Rightarrow
$$

48 ☐ 안에 알맞은 수를 써넣으세요.

49 ■＝1, ▲＝0.1, ●＝0.01을 나타낼 때 다음을 계산해 보세요.

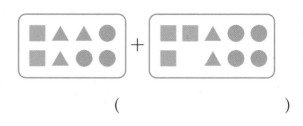

(   )

50 빈칸에 알맞은 수를 써넣으세요.

51 빨간색 페인트 1.04 L와 파란색 페인트 1.95 L 를 섞었더니 보라색 페인트가 되었습니다. 보라색 페인트는 모두 몇 L인지 풀이 과정을 쓰고 답을 구해 보세요.

서술형

풀이 _____

_____

_____

답 _____

52 규칙을 찾아 빈칸에 알맞은 수를 써넣으세요.

| 5.02 | 6.14 | | 8.38 | |

53 ☐ 안에 알맞은 수를 써넣으세요.

$$\begin{array}{r} 7\ 2\ 8 \\ -\ 2\ 5\ 3 \\ \hline \end{array}$$ ➡ $$\begin{array}{r} 7.2\ 8 \\ -\ 2.5\ 3 \\ \hline \end{array}$$

54 설명하는 수보다 1.94만큼 더 작은 수는 얼마인지 구해 보세요.

> 1이 3개, 0.1이 7개, 0.01이 5개

(   )

55 ☐ 안에 알맞은 수를 써넣으세요.

$3.16 +$ ☐ $= 8.35$

$5.19 +$ ☐ $= 8.35$

😊 내가 만드는 문제

56 수직선에서 두 수를 골라 두 수의 차를 계산해 보세요.

☐ $-$ ☐ $=$ ☐

57 결과에 맞도록 ☐ 안에 $+$ 또는 $-$를 써넣으세요.

(1) 2.53 ☐ $0.2 = 2.73$

   2.53 ☐ $0.2 = 2.33$

(2) 4.97 ☐ $2.28 = 2.69$

   4.97 ☐ $2.28 = 7.25$

58 주어진 길이의 차를 m로 나타내어 보세요.

(1) $5\,\text{m}\ 97\,\text{cm} - 1\,\text{m}\ 25\,\text{cm}$

(2) $7\,\text{m}\ 36\,\text{cm} - 99\,\text{cm}$

> 자연수와 소수 모두 같은 자리 수끼리
> 뺄 수 없으면 바로 윗자리에서 받아내림 해.

🐾 준비 ☐ 안에 알맞은 수를 써넣으세요.

$$\begin{array}{r} 8\ \ 3\ \ 9 \\ -\ \ ☐\ \ 7\ \ ☐ \\ \hline 4\ \ 6\ \ 6 \end{array}$$

59 ☐ 안에 알맞은 수를 써넣으세요.

$$\begin{array}{r} ☐\ .\ 6\ \ 5 \\ -\ 2\ .\ ☐\ \ 7 \\ \hline 3\ .\ 2\ \ ☐ \end{array}$$

3

⚡ **자릿수가 나타내는 값**

1 숫자 5가 나타내는 값이 가장 작은 수를 찾아 ○표 하세요.

| 5.03 | 6.75 | 2.51 | 52.88 |

2 숫자 7이 나타내는 값이 가장 큰 수를 찾아 ○표 하세요.

| 5.075 | 6.7 | 76.02 | 87.154 |

3 숫자 3이 나타내는 값이 두 번째로 큰 수를 찾아 ○표 하세요.

| 3.14 | 9.103 | 4.32 | 12.23 |

4 숫자 8이 나타내는 값이 큰 순서대로 써 보세요.

| 0.862 | 8.541 | 1.168 | 17.081 |

( )

⚡ **자릿수가 나타내는 값 비교**

5 ㉠이 나타내는 값은 ㉡이 나타내는 값의 몇 배인지 구해 보세요.

6.569
㉠ ㉡

( )

6 ㉡이 나타내는 값은 ㉠이 나타내는 값의 얼마인지 분수로 나타내어 보세요.

8.218
㉠ ㉡

( )

7 ㉠이 나타내는 값은 ㉡이 나타내는 값의 몇 배인지 구해 보세요.

11.874
㉠㉡

( )

8 ㉡이 나타내는 값은 ㉠이 나타내는 값의 얼마인지 분수로 나타내어 보세요.

62.031
㉠ ㉡

( )

⚡ 자릿수가 다른 소수의 계산

9 소수점끼리 맞추어 세로셈으로 나타내고 계산해 보세요.

$6.8+0.17$ ➡

10 소수점끼리 맞추어 세로셈으로 나타내고 계산해 보세요.

$7.95-2.3$ ➡

11 소수점의 자리를 맞추어 세로셈으로 나타내고 계산해 보세요.

$5.94+2.8$ ➡

12 소수점끼리 맞추어 세로셈으로 나타내고 계산해 보세요.

$32.9-4.6$ ➡

⚡ 단위가 다른 두 수의 크기 비교

13 시영이가 키우는 거북이의 무게는 $0.51\ kg$이고, 하진이가 키우는 거북이의 무게는 $730\ g$입니다. 누가 키우는 거북이가 더 무거울까요?

( )

14 수애의 줄넘기는 $1.54\ m$이고 석현이의 줄넘기는 $175\ cm$입니다. 누구의 줄넘기가 더 짧을까요?

( )

3

15 승희는 $1.12\ km$ 높이의 산을 올랐고, 수진이는 $1012\ m$ 높이의 산을 올랐습니다. 누가 오른 산이 더 높을까요?

( )

16 정민이는 주스를 $351\ mL$를 마셨고, 현석이는 주스를 $0.45\ L$를 마셨습니다. 누가 더 주스를 많이 마셨을까요?

( )

⚡ 계산하지 않고 크기 비교

17 계산하지 않고 크기를 비교하여 ◯ 안에 >, =, <를 알맞게 써넣으세요.

(1) 2.8+0.4 ◯ 2.8+0.9

(2) 5.1+9.4 ◯ 3.8+9.4

18 계산하지 않고 크기를 비교하여 ◯ 안에 >, =, <를 알맞게 써넣으세요.

(1) 10.5−3.5 ◯ 10.5−5.5

(2) 32.4−12.5 ◯ 34.2−12.5

19 계산하지 않고 크기를 비교하여 계산 결과가 큰 것부터 차례로 번호를 써 보세요.

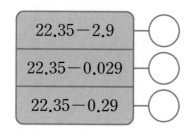

⚡ 수직선 위의 두 소수의 계산

20 ㉠과 ㉡이 나타내는 소수의 합을 구해 보세요.

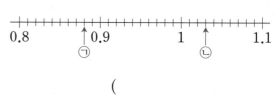

(   )

21 ㉠과 ㉡이 나타내는 소수의 합을 구해 보세요.

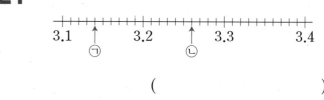

(   )

22 가와 나가 나타내는 소수의 차를 구해 보세요.

(   )

23 가와 나가 나타내는 소수의 차를 구해 보세요.

(   )

최상위 도전 유형

도전1 조건에 맞는 소수 구하기

1 조건을 만족하는 소수 두 자리 수를 써 보세요.

> • 4보다 크고 5보다 작습니다.
> • 소수 첫째 자리 숫자는 9입니다.
> • 소수 둘째 자리 숫자는 2입니다.

( )

핵심 NOTE

■보다 크고 ▲보다 작은 소수 두 자리 수는 ■.□□입니다.

2 조건을 만족하는 소수 세 자리 수를 써 보세요.

> • 7보다 크고 8보다 작습니다.
> • 소수 첫째 자리 숫자는 0입니다.
> • 소수 둘째 자리 숫자는 3입니다.
> • 소수 셋째 자리 숫자는 5입니다.

( )

3 조건을 만족하는 소수 세 자리 수를 써 보세요.

> • 6보다 크고 7보다 작습니다.
> • 소수 첫째 자리 숫자는 5입니다.
> • 소수 둘째 자리 숫자는 소수 셋째 자리 숫자 9보다 5만큼 더 작습니다.

( )

도전2 □ 안에 들어갈 수 있는 수 구하기

4 0부터 9까지의 수 중에서 □ 안에 들어갈 수 있는 수를 모두 구해 보세요.

$$0.64 > 0.\square 8$$

( )

핵심 NOTE

같은 자리의 숫자끼리 비교하여 □ 안에 들어갈 수 있는 수를 찾아 봅니다.

5 0부터 9까지의 수 중에서 □ 안에 들어갈 수 있는 수를 모두 구해 보세요.

$$5.\square 5 > 5.66$$

( )

6 0부터 9까지의 수 중에서 □ 안에 들어갈 수 있는 수를 모두 구해 보세요.

$$9.541 > 9.5\square 4$$

( )

도전 최상위

7 0부터 9까지의 수 중에서 □ 안에 들어갈 수 있는 수를 모두 구해 보세요.

$$4.436 < 4.\square 45 < 4.729$$

( )

8 ☐ 안에 알맞은 수를 써넣으세요.

$$0.9 + 0.9 = 2 - \boxed{}$$

$$1 - \boxed{} \quad + 1 - \boxed{}$$

핵심 NOTE
9 = 10 − 1이므로 0.9 = 1 − 0.1입니다.

9 ☐ 안에 알맞은 수를 써넣으세요.

$$0.98 + 0.98 = 2 - \boxed{}$$

$$1 - \boxed{} \quad + 1 - \boxed{}$$

10 ☐ 안에 알맞은 수를 써넣으세요.

$$3.7 + 4.7 = 9 - \boxed{}$$

$$4 - \boxed{} \quad + 5 - \boxed{}$$

11 ☐ 안에 알맞은 수를 써넣으세요.

$$2.8 + 1.97 = 5 - \boxed{}$$

$$3 - \boxed{} \quad + 2 - \boxed{}$$

12 ㉠과 ㉡이 나타내는 수의 합을 구해 보세요.

> ㉠ 0.1이 23개, 0.01이 7개인 수
> ㉡ 4.7의 $\frac{1}{10}$인 수

(   )

핵심 NOTE
0.1이 ■▲개인 수는 ■.▲입니다.

13 ㉠과 ㉡이 나타내는 수의 차를 구해 보세요.

> ㉠ 0.1이 5개, 0.01이 12개,
>   0.001이 10개인 수
> ㉡ 0.684의 10배인 수

(   )

14 ㉠과 ㉡이 나타내는 수의 합과 차를 구해 보세요.

> ㉠ 0.1이 45개, 0.001이 6개인 수
> ㉡ 5.2의 $\frac{1}{100}$인 수

합 (   )

차 (   )

3

도전5 **어떤 수 구하기**

15 어떤 수를 100배 하였더니 78이 되었습니다. 어떤 수를 구해 보세요.

( )

핵심 NOTE

㉠을 100배 한 수는 ㉡입니다.

➡ ㉠은 ㉡의 $\dfrac{1}{100}$입니다.

16 어떤 수의 $\dfrac{1}{100}$은 2.546입니다. 어떤 수를 구해 보세요.

( )

17 어떤 수를 100배 하였더니 1.3이 되었습니다. 어떤 수의 소수 셋째 자리 숫자를 구해 보세요.

( )

18 어떤 수의 $\dfrac{1}{100}$은 6.142가 되었습니다. 어떤 수의 소수 첫째 자리 숫자를 구해 보세요.

( )

도전6 **소수를 만들어 합과 차 구하기**

19 4장의 카드를 한 번씩 모두 사용하여 만들 수 있는 가장 큰 소수 한 자리 수와 가장 작은 소수 두 자리 수의 합을 구해 보세요.

3 . 5 7

( )

핵심 NOTE

만들 수 있는 소수 한 자리 수는 □□.□이고, 소수 두 자리 수는 □.□□입니다.

20 4장의 카드를 한 번씩 모두 사용하여 만들 수 있는 소수 한 자리 수 중에서 가장 큰 수와 가장 작은 수의 차를 구해 보세요.

1 5 . 8

( )

도전 최상위

21 5장의 카드를 한 번씩 모두 사용하여 만들 수 있는 소수 세 자리 수 중에서 가장 큰 수와 가장 작은 수의 합과 차를 구해 보세요.

3 7 . 2 8

합 ( )

차 ( )

도전7 **한 개의 높이 구하기**

22 블록 10개를 쌓은 높이는 23.5 cm입니다. 블록 한 개의 높이는 몇 cm일까요?

( )

핵심 NOTE

1개의 높이 ➡ 10개의 높이의 $\frac{1}{10}$

23 상자 500개를 쌓은 높이는 50 m입니다. 상자 1개의 높이는 몇 m일까요?

( )

24 종이 300장을 쌓은 높이는 3 cm입니다. 종이 1장의 높이는 몇 cm일까요?

( )

도전 최상위

25 지우개 200개를 쌓은 높이는 400 cm입니다. 지우개 1개의 높이는 몇 cm일까요?

( )

도전8 **거리 구하기**

26 가에서 라까지의 거리는 몇 km일까요?

( )

핵심 NOTE

(가~다)에 (나~라)를 더하면 (나~다)가 2번 더해지므로 1번을 빼야 합니다.

27 ㉡에서 ㉢까지의 거리는 몇 km일까요?

( )

도전 최상위

28 ㉠에서 ㉴까지의 거리는 몇 km일까요?

( )

1 □ 안에 알맞은 수를 써넣으세요.

$$1.95=1+\boxed{}$$
$$=2-\boxed{}$$

2 3.478을 만들기 위해 필요한 수를 모두 찾아 ○표 하세요.

| 0.008 | 0.7 | 3 | 0.08 |

| 0.003 | 0.4 | 4 | 0.07 |

3 빈칸에 알맞은 수를 써넣으세요.

+	0.1	0.2	0.3
5.2			

4 □ 안에 알맞은 수를 써넣으세요.

(1) 3은 0.3의 □ 배입니다.

(2) 0.062는 6.2의 □ 입니다.

5 1이 5개, 0.1이 4개, 0.001이 18개인 수를 쓰고 읽어 보세요.

쓰기 (   )

읽기 (   )

6 빈칸에 알맞은 수를 써넣으세요.

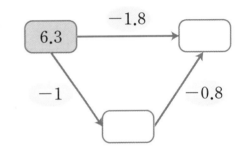

7 0.006과 같은 수를 찾아 기호를 써 보세요.

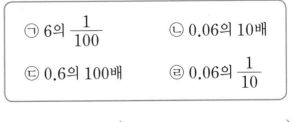

(㉠ 6의 $\frac{1}{100}$ ㉡ 0.06의 10배   ㉢ 0.6의 100배   ㉣ 0.06의 $\frac{1}{10}$)

(   )

8 빈칸에 알맞은 수를 써넣으세요.

3.06 → 0.16만큼 더 작은 수 → ☐

☐ ← 0.16만큼 더 작은 수

9 양쪽의 두 수를 더해 1이 되어야 합니다. 빈칸에 알맞은 수를 써넣으세요.

1	
0.5	0.5
0.9	
0.99	
0.75	

10 ⓛ이 나타내는 값은 ㉠이 나타내는 값의 얼마인지 분수로 나타내어 보세요.

$$\underset{\text{㉠ ⓛ}}{5.053}$$

( )

11 가장 큰 수와 가장 작은 수의 합과 차를 구해 보세요.

4.3 2.8 6.5 7.2

합 ( )

차 ( )

12 두 그릇의 들이의 합은 몇 L인지 소수로 나타내어 보세요.

6.53 L   3580 mL

( )

13 보기 와 같은 규칙으로 빈칸에 알맞은 수를 써넣으세요.

보기

123 — 12.3 — 1.23 — 0.123

78 — ☐ — ☐ — ☐

14 0부터 9까지의 수 중에서 ☐ 안에 들어갈 수 있는 수를 모두 구해 보세요.

3.8☐5 > 3.869

( )

15 ●는 같은 수를 나타냅니다. ●에 알맞은 수를 구해 보세요.

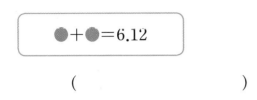

●＋●＝6.12

(   )

16 ☐ 안에 알맞은 수를 써넣으세요.

9.03－0.99

9.03－☐＋0.01＝☐

17 ☐ 안에 알맞은 수를 써넣으세요.

```
    ☐ . 1
 －  2 . 5 ☐
 ─────────
    3 . ☐ 2
```

18 ㉠과 ㉡ 중에서 더 큰 수의 기호를 써 보세요.

• 2.35＋㉠＝4.01
• ㉡－0.68＝1.24

(   )

서술형
19 0.01이 274개인 수에서 숫자 4가 나타내는 값은 얼마인지 풀이 과정을 쓰고 답을 구해 보세요.

풀이 _____

_____

_____

답 _____

3

서술형
20 어떤 수에서 0.88을 빼야 할 것을 잘못하여 더했더니 2.6이 되었습니다. 바르게 계산한 값은 얼마인지 풀이 과정을 쓰고 답을 구해 보세요.

풀이 _____

_____

_____

답 _____

3. 소수의 덧셈과 뺄셈

점수

확인

1 전체 크기가 1인 모눈종이에서 색칠한 부분의 크기를 분수와 소수로 나타내어 보세요.

분수 (   )

소수 (   )

2 소수를 바르게 읽은 것을 찾아 ○표 하세요.

(1) | 0.506 |

(영 점 오백육 , 영 점 오영육)

(2) | 35.22 |

(삼오 점 이이 , 삼십오 점 이이)

3 빈칸에 알맞은 수를 써넣으세요.

| 9.24 |

	일의 자리	소수 첫째 자리	소수 둘째 자리
숫자	9		4
나타내는 수		0.2	

4 두 수의 크기를 비교하여 ○ 안에 >, =, < 를 알맞게 써넣으세요.

(1) 0.47 ◯ 0.52

(2) 0.561 ◯ 0.537

5 ☐ 안에 알맞은 수를 써넣으세요.

(1) 10.272는 102.72의 $\dfrac{1}{\boxed{}}$ 입니다.

(2) 4.1은 0.041의 ☐ 배입니다.

6 계산해 보세요.

(1) $1.8 + 3.4$

(2) $3.8 - 2.3$

(3) $3.28 + 6.32$

(4) $5.62 - 2.47$

7 계산이 <u>잘못된</u> 곳을 찾아 바르게 계산해 보세요.

$$\begin{array}{r} 0.5 \\ + 0.9 \\ \hline 0.1\,4 \end{array}$$ ➡

8 소수에서 밑줄 친 숫자가 나타내는 수를 써 보세요.

(1) 5.2<u>6</u>7 ➡ (   )

(2) 8.43<u>5</u> ➡ (   )

9 설명하는 수가 다른 것을 찾아 기호를 써 보세요.

┌─────────────────────────────────┐
│ ㉠ 26.1의 $\dfrac{1}{10}$ ㉡ 2.61의 100배 │
│   │
│ ㉢ 0.261의 10배   ㉣ 261의 $\dfrac{1}{100}$ │
└─────────────────────────────────┘

(   )

10 계산하지 않고 크기를 비교하여 ◯ 안에 >,
=, <를 알맞게 써넣으세요.

(1) 7.5＋0.2 ◯ 7.5＋0.6

(2) 11.7－5.1 ◯ 11.7－8.6

11 ☐ 안에 알맞은 수를 써넣으세요.

2.69 ＋ ☐ ＝ 5.82

5.82 － 2.69 ＝ ☐

12 ☐ 안에 알맞은 소수를 써넣으세요.

10이 4개
0.1이 15개
0.01이 8개   이면 ☐
0.001이 5개

13 가장 큰 수와 가장 작은 수의 차를 구해 보세요.

┌─────────────────────────────────────┐
│ 6.29   3.5   2.18   4.6   7.1 │
└─────────────────────────────────────┘

(   )

14 보기 와 같이 크기에 맞게 숫자 사이에 소수점
을 찍어 보세요.

┌──────────────────────┐
│ 보기   │
│ 5.6 0 4 < 2 0.8 1   │
└──────────────────────┘

7 1 5 8 < 4 9 2 3

15 ㉠과 ㉡이 나타내는 소수의 합을 구해 보세요.

(   )

16 ☐ 안에 알맞은 수를 써넣으세요.

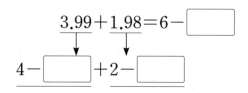

$$3.99+1.98=6-\boxed{}$$

$$4-\boxed{}+2-\boxed{}$$

17 5장의 카드를 한 번씩 모두 사용하여 만들 수 있는 가장 큰 소수 두 자리 수와 가장 작은 소수 세 자리 수의 합을 구해 보세요.

| 3 | 5 | 6 | 8 | . |

(   )

18 가에서 라까지의 거리는 몇 km일까요?

~~9.87 km~~   ~~12.3 km~~

가   나   다   라

3.54 km

(   )

서술형

19 ㉠이 나타내는 값은 ㉡이 나타내는 값의 몇 배인지 풀이 과정을 쓰고 답을 구해 보세요.

$$825.363$$
$$\underset{㉠}{}\,\underset{㉡}{}$$

풀이 ⋯⋯⋯⋯⋯⋯⋯⋯⋯⋯⋯⋯⋯⋯⋯⋯⋯⋯

⋯⋯⋯⋯⋯⋯⋯⋯⋯⋯⋯⋯⋯⋯⋯⋯⋯⋯⋯⋯

⋯⋯⋯⋯⋯⋯⋯⋯⋯⋯⋯⋯⋯⋯⋯⋯⋯⋯⋯⋯

답 ⋯⋯⋯⋯⋯⋯⋯⋯⋯⋯⋯⋯⋯⋯⋯⋯

서술형

20 0부터 9까지의 수 중에서 ☐ 안에 들어갈 수 있는 수는 모두 몇 개인지 풀이 과정을 쓰고 답을 구해 보세요.

$$8.34-4.675>3.\boxed{}8$$

풀이 ⋯⋯⋯⋯⋯⋯⋯⋯⋯⋯⋯⋯⋯⋯⋯⋯⋯⋯

⋯⋯⋯⋯⋯⋯⋯⋯⋯⋯⋯⋯⋯⋯⋯⋯⋯⋯⋯⋯

⋯⋯⋯⋯⋯⋯⋯⋯⋯⋯⋯⋯⋯⋯⋯⋯⋯⋯⋯⋯

답 ⋯⋯⋯⋯⋯⋯⋯⋯⋯⋯⋯⋯⋯⋯⋯⋯

4 사각형

이번 단원에서
꼭 짚어야 할
핵심 개념을 알아보자.

핵심 1 수선

두 직선이 만나서 이루는 각이 직각일 때 두 직선은 서로 [ ]이라 하고, 두 직선이 서로 수직으로 만나면 한 직선을 다른 직선에 대한 [ ]이라고 한다.

핵심 2 평행선

서로 만나지 않는 두 직선을 [ ]하다고 하고, 이때 평행한 두 직선을 [ ]이라고 한다.

핵심 3 평행선 사이의 거리

평행선의 한 직선에서 다른 직선에 수직인 선분을 그었을 때 이 수직인 선분의 길이를 [ ]라고 한다.

핵심 4 사다리꼴과 평행사변형

평행한 변이 한 쌍이라도 있는 사각형을 [ ]이라 하고, 마주 보는 두 쌍의 변이 서로 평행한 사각형을 [ ]이라고 한다.

핵심 5 마름모

네 변의 길이가 모두 같은 사각형을 [ ]라고 한다.

답 1. 수직, 수선 2. 평행함, 평행선 3. 평행선 사이의 거리 4. 사다리꼴, 평행사변형 5. 마름모

1. 수직을 알고 수선 긋기

● 수직과 수선

• 두 직선이 만나서 이루는 각이 직각일 때, 두 직선은 서로 **수직**이라고 합니다.

• 두 직선이 서로 수직으로 만나면 한 직선을 다른 직선에 대한 **수선**이라고 합니다.

→ 직선 가는 직선 나에 대한 수선

→ 직선 나는 직선 가에 대한 수선

● 수선 긋기

방법 1 삼각자를 이용하여 주어진 직선에 대한 수선 긋기

삼각자에서 직각을 낀 변 중 한 변을 주어진 직선에 맞춥니다.

삼각자의 직각을 낀 다른 한 변을 따라 선을 긋습니다.

방법 2 각도기를 이용하여 주어진 직선에 대한 수선 긋기

주어진 직선 위에 점 ㄱ을 찍습니다.

각도기의 중심을 점 ㄱ에 맞추고 각도기의 밑금을 주어진 직선과 일치하도록 맞춥니다.

각도기에서 90°가 되는 눈금 위에 점 ㄴ을 찍습니다.

점 ㄱ과 점 ㄴ을 직선으로 잇습니다.

개념 자세히 보기

● 주어진 직선에 그을 수 있는 수선의 개수는 상황에 따라 달라요!

예 … → 주어진 직선에 대한 수선은 셀 수 없이 많이 그을 수 있습니다.

예 → 한 점을 지나고 주어진 직선에 대한 수선은 1개 그을 수 있습니다.

◯ 정답과 풀이 31쪽

① 그림을 보고 ☐ 안에 알맞은 말을 써넣으세요.

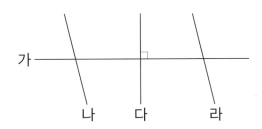

① 직선 가에 수직인 직선은 직선 ☐ 입니다.

② 직선 가에 대한 ☐ 은 직선 다입니다.

두 직선이 서로 수직일 때 한 직선을 다른 직선에 대한 수선이라고 해요.

② 두 직선이 만나서 이루는 각이 직각인 곳을 모두 찾아 ⌐ 로 표시해 보세요.

①   ②   ③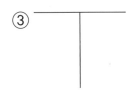

③ 삼각자를 따라 주어진 직선에 대한 수선을 그어 보세요.

①   ②

④ 각도기를 이용하여 직선 가에 대한 수선을 그으려고 합니다. 점 ㄱ과 직선으로 이어야 하는 점은 어느 것일까요? (   )

수선은 수직으로 만나는 두 직선이므로 90°로 만나야 해요.

2. 평행을 알고 평행선 긋기

● 평행과 평행선

- 한 직선에 수직인 두 직선을 그었을 때, 그 두 직선은 서로 만나지 않습니다.
  이와 같이 서로 만나지 않는 두 직선을 **평행**하다고 합니다.
- 평행한 두 직선을 **평행선**이라고 합니다.

● 평행선 긋기

- 삼각자를 이용하여 주어진 직선과 평행한 직선 긋기

고정 ←

그림과 같이 삼각자 2개를 놓습니다.

한 삼각자를 고정하고 다른 삼각자를 움직여 주어진 직선과 평행한 직선을 긋습니다.

- 삼각자를 이용하여 점 ㄱ을 지나고 주어진 직선과 평행한 직선 긋기

직각을 낀 변 ←
직각을 낀 다른 한 변 ←

삼각자의 한 변을 직선에 맞추고 다른 한 변이 점 ㄱ을 지나도록 놓습니다.

다른 삼각자를 이용하여 점 ㄱ을 지나고 주어진 직선과 평행한 직선을 긋습니다.

개념 다르게 보기

● 두 직선을 세 가지 경우로 그을 수 있어요!

→ 평행한 경우를 제외하고 모두 한 점에서 만납니다.

- 수직인 경우

- 평행한 경우

- 수직도 아니고 평행하지도 않은 경우

◐ 정답과 풀이 32쪽

1 그림을 보고 ☐ 안에 알맞은 말을 써넣으세요.

① 직선 가에 수직인 직선은 직선 ☐ 와 직선 ☐ 이고 이 두 직선은 서로 만나지 않습니다.

② 서로 만나지 않는 두 직선을 ☐ 하다고 합니다.

이때 평행한 두 직선을 ☐ 이라고 합니다.

두 직선에 공통으로 수선을 그을 수 있으면 두 직선은 평행해요.

2 평행선을 찾아 기호를 써 보세요.

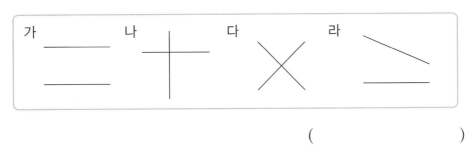

(   )

만나지 않으면 선을 늘려 봐요.

4

3 삼각자를 이용하여 평행선을 바르게 그은 것에 ○표 하세요.

(   ) (   ) (   ) (   )

삼각자의 직각 부분을 이용하여 그어요.

4 삼각자를 이용하여 주어진 직선과 평행한 직선을 그어 보세요.

①   ②

삼각자 2개를 이용하여 주어진 직선과 평행한 직선을 그어요.

3. 평행선 사이의 거리 알아보기

● 평행선 사이의 거리

평행선 사이의 거리: 평행선의 한 직선에서 다른 직선에 수직인 선분을 그었을 때 이 수직인 선분의 길이

● 평행선 사이의 거리의 성질

• 평행선 위의 두 점을 잇는 선분 중에서 평행선 사이의 거리가 가장 짧습니다.

• 평행선 사이의 거리는 어디에서 재어도 모두 같습니다.

● 평행선 사이의 거리 재기

평행선의 한 직선에서 다른 직선에 수직인 선분을 긋고 이 수직인 선분의 길이를 재어 봅니다.

➡ 2 cm

➡ 3 cm

개념 자세히 보기

● 평행선 사이의 거리를 잴 때에는 자의 눈금과 평행선이 겹치도록 놓아야 해요!

예

예

○ 정답과 풀이 32쪽

1 직선 가와 직선 나는 서로 평행합니다. □ 안에 알맞게 써넣으세요.

수직인 선분의 길이가
가장 짧아요.

① 직선 가와 직선 나 위에 있는 두 점을 이은 선분 중 길이가 가장 짧은

선분은 선분 □ 입니다.

② 선분 ㉡과 같이 평행선 사이에 수직인 선분의 길이를

□ 라고 합니다.

2 평행선 사이의 거리를 나타내는 선분은 어느 것일까요? (   )

평행선 사이에 수직인 선
분의 길이를 평행선 사이
의 거리라고 해요.

4

3 직선 가와 직선 나는 서로 평행합니다. 평행선 사이의 거리를 구해 보세요.

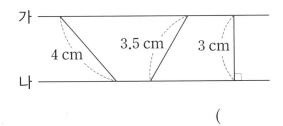

(   )

4 평행선 사이의 거리를 재어 보세요.

①   ②

자를 이용하여 주어진 두 직
선 사이에 수직인 선분을 긋
고 그 길이를 재어 보아요.

(   )   (   )

4. 사각형 **101**

4. 사다리꼴, 평행사변형 알아보기

● **사다리꼴 알아보기**

사다리꼴: 평행한 변이 한 쌍이라도 있는 사각형 → 평행선이 1쌍 또는 2쌍

● **평행사변형 알아보기**

평행사변형: 마주 보는 두 쌍의 변이 서로 평행한 사각형 → 평행선이 2쌍

● **평행사변형의 성질**

① **마주 보는 두 변의 길이가 같습니다.**
(변 ㄱㄴ)=(변 ㄹㄷ)=9cm, (변 ㄱㄹ)=(변 ㄴㄷ)=13cm

② **마주 보는 두 각의 크기가 같습니다.**
(각 ㄱㄴㄷ)=(각 ㄷㄹㄱ)=70°
(각 ㄴㄱㄹ)=(각 ㄹㄷㄴ)=110°

→ 나란히 붙어 있는 두 각
③ **이웃하는 두 각의 크기의 합이 180°입니다.**
(각 ㄱㄴㄷ)+(각 ㄴㄷㄹ)=70°+110°=180°

개념 다르게 보기

● **사다리꼴 ⇏ 평행사변형, 평행사변형 ⇒ 사다리꼴이에요!**

➡ 사다리꼴은 마주 보는 두 쌍의 변이 서로 평행한 것은 아니므로 평행사변형이 아닙니다.
➡ 평행사변형은 마주 보는 두 쌍의 변이 서로 평행하므로 사다리꼴이라고 할 수 있습니다.

1 사각형을 보고 물음에 답하세요.

① 서로 평행한 변은 어느 것일까요?

( )

② 왼쪽과 같은 사각형을 무엇이라고 할까요?

( )

2 도형을 보고 물음에 답하세요.

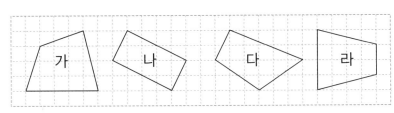

① 사다리꼴을 모두 찾아 기호를 써 보세요.

( )

② 평행사변형을 찾아 기호를 써 보세요.

( )

사다리꼴은 평행한 변이 1쌍 또는 2쌍인 사각형이에요.

3 주어진 선분을 변으로 하는 도형을 완성해 보세요.

① 사다리꼴

② 평행사변형

평행사변형은 평행한 변이 2쌍인 사각형이에요.

4 평행사변형을 보고 ☐ 안에 알맞은 수를 써넣으세요.

①

②

평행사변형은 마주 보는 두 변의 길이가 같고, 마주 보는 두 각의 크기가 같아요.

4. 사각형 **103**

5. 마름모 알아보기

● **마름모**

마름모: 네 변의 길이가 모두 같은 사각형

● **마름모의 성질**

① 네 변의 길이가 모두 같습니다.
  (변 ㄱㄴ)=(변 ㄴㄷ)=(변 ㄷㄹ)=(변 ㄹㄱ)=3 cm

② 마주 보는 두 쌍의 변이 서로 평행합니다.

③ 마주 보는 두 각의 크기가 같습니다.
  (각 ㄱㄴㄷ)=(각 ㄱㄹㄷ)=60°
  (각 ㄴㄱㄹ)=(각 ㄴㄷㄹ)=120°

④ 이웃하는 두 각의 크기의 합이 **180°**입니다.
  (각 ㄱㄴㄷ)+(각 ㄴㄷㄹ)=60°+120°=180°

⑤ 마주 보는 꼭짓점끼리 이은 선분이 서로 수직으로 만나고, 이등분합니다.
  (각 ㄱㅁㄹ)=90°, (선분 ㄱㅁ)=(선분 ㄷㅁ), (선분 ㄴㅁ)=(선분 ㄹㅁ)

개념 다르게 보기

● **평행사변형 ⇏ 마름모, 마름모 ⇒ 평행사변형이에요!**

➡ 평행사변형은 네 변의 길이가 모두 같은 것은 아니므로 마름모가 아닙니다.

➡ 마름모는 마주 보는 두 쌍의 변이 서로 평행하므로 평행사변형이라고 할 수 있습니다. 따라서 평행사변형의 성질을 모두 가지고 있습니다.

● 정답과 풀이 32쪽

1 사각형을 보고 물음에 답하세요.

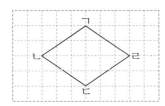

① 변 ㄱㄴ과 길이가 같은 변을 모두 찾아 써 보세요.

( )

② 위와 같은 사각형을 무엇이라고 할까요?

( )

따라서 사각형의 네 변의 길이는 같아요.

2 마름모를 모두 찾아 기호를 써 보세요.

( )

네 변의 길이가 모두 같은 사각형을 찾아보아요.

3 주어진 선분을 두 변으로 하는 마름모를 각각 완성해 보세요.

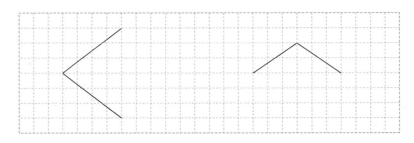

4 마름모입니다. □ 안에 알맞은 수를 써넣으세요.

①

②

마름모는 네 변의 길이가 모두 같고, 마주 보는 두 각의 크기가 같아요.

6. 여러 가지 사각형 알아보기

● **직사각형과 정사각형의 성질**

		직사각형	정사각형	
변의 길이		마주 보는 두 변의 길이가 같습니다.	네 변의 길이가 모두 같습니다.	─ 다른 점
각의 크기		네 각이 모두 직각입니다.		─ 같은 점
평행한 변		마주 보는 두 쌍의 변이 서로 평행합니다.		

● **여러 가지 사각형 알아보기**

① 평행사변형, 마름모, 직사각형, 정사각형은 평행한 변이 한 쌍이라도 있으므로 사다리꼴입니다.

② 마름모, 직사각형, 정사각형은 마주 보는 두 쌍의 변이 서로 평행하므로 평행사변형입니다.

③ 정사각형은 네 변의 길이가 모두 같으므로 마름모입니다.

④ 정사각형은 네 각이 모두 직각이므로 직사각형입니다.

개념 자세히 보기

● **사다리꼴, 평행사변형, 마름모, 직사각형, 정사각형의 성질을 알아보아요!**

	사다리꼴	평행사변형	마름모	직사각형	정사각형
평행한 변이 한 쌍이라도 있습니다.	○	○	○	○	○
마주 보는 두 쌍의 변이 서로 평행합니다.		○	○	○	○
네 각이 모두 직각입니다.				○	○
네 변의 길이가 모두 같습니다.			○		○
네 각이 모두 직각이고 네 변의 길이가 모두 같습니다.					○

⊙ 정답과 풀이 33쪽

1 직사각형과 정사각형을 모두 찾아 기호를 써 보세요.

직사각형 (   )

정사각형 (   )

2 사각형을 보고 ☐ 안에 알맞은 기호를 써넣으세요.

변의 길이, 각의 크기, 평행한 변의 수로 분류 해 보아요.

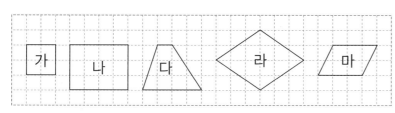

① 사다리꼴은 ☐, ☐, ☐, ☐, ☐ 입니다.

② 평행사변형은 ☐, ☐, ☐, ☐ 입니다.

③ 마름모는 ☐, ☐ 입니다.

④ 직사각형은 ☐, ☐ 입니다.

3 조건을 만족하는 사각형을 모두 찾아 기호를 써 보세요.

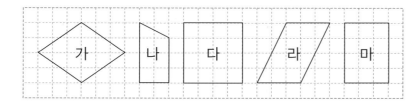

① 평행한 변이 한 쌍이라도 있습니다.

(   )

② 마주 보는 두 변의 길이가 같습니다.

(   )

③ 네 변의 길이가 모두 같습니다.

(   )

• 평행한 변이 2쌍
• 마주 보는 두 변의 길이가 같음.
• 네 변의 길이가 모두 같음.

1 수직

1 선분 ㄱㄴ에 대한 수선을 찾아 써 보세요.

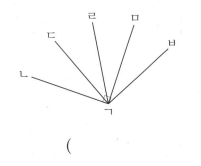

( )

직각은 ㄴ로 표시하여 나타내.

준비 직사각형 ㄱㄴㄷㄹ에서 직선 가와 직각을 이루는 변을 모두 찾아 써 보세요.

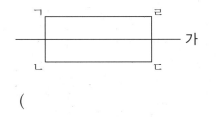

( )

2 도형을 보고 물음에 답하세요.

(1) 초록색 변과 수직인 변은 무슨 색일까요?

( )

(2) 보라색 변과 수직인 변은 무슨 색일까요?

( )

3 직사각형 모양의 수영장입니다. 가에 대한 수선의 길이는 몇 m일까요?

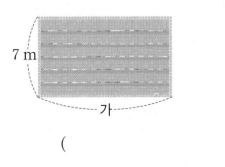

( )

4 점 ㄱ을 지나고 직선 가에 수직인 직선을 그려 보세요.

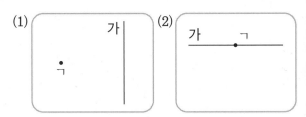

5 직선 가에 대한 수선은 모두 몇 개 그을 수 있을까요? ( )

① 0개   ② 1개
③ 2개   ④ 3개
⑤ 셀 수 없이 많습니다.

서술형
6 도형을 보고 알 수 있는 사실을 써 보세요.

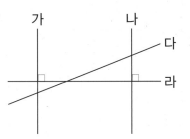

....

....

2 평행

7 사랑길과 평행한 길을 찾아 써 보세요.

(   )

8 직선 가에서 2 cm만큼 이동한 평행선을 그어 보세요.

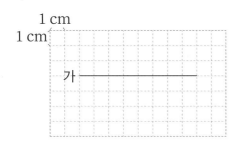

9 삼각자를 이용하여 평행선을 그으려고 합니다. 삼각자를 따라 알맞게 평행선을 그어 보세요.

(1)   (2)

☺ 내가 만드는 문제

10 수직인 선분도 있고 평행한 선분도 있는 한글 자음 2개를 써 보세요.

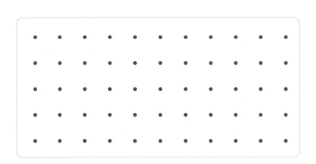

3 평행선 사이의 거리

11 직선 가와 직선 나는 서로 평행합니다. 평행선 사이의 거리를 나타내는 선분을 모두 찾아 써 보세요.

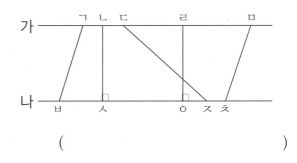

(   )

12 점 ㄱ을 지나고 직선 가와 평행한 직선을 그은 후 평행선 사이의 거리를 재어 보세요.

(   )

새 교과 반영

13 도형에서 평행선을 찾아 평행선 사이의 거리를 재어 보세요.

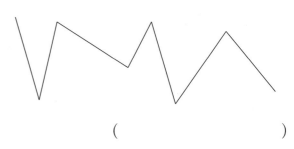

(   )

14 평행선과 동시에 거리가 1.5 cm가 되는 평행한 직선을 그어 보세요.

4. 사각형 **109**

15 주어진 선분을 이용하여 주어진 사각형을 그려 보세요.

(1) 사다리꼴

(2) 평행사변형

16 크기가 다른 두 직사각형을 비스듬하게 겹쳤을 때 색칠한 사각형의 이름을 써 보세요.

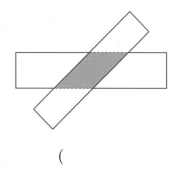

(   )

17 보기 와 같이 사각형의 일부분을 잘라 사다리꼴을 만들어 보세요.

보기

18 평행사변형을 보고 ☐ 안에 알맞은 수를 써넣으세요.

19 사다리꼴에서 한 꼭짓점을 옮겨 평행사변형을 만들어 보세요.

(1)

(2)

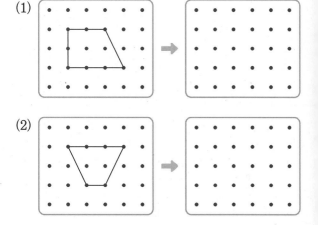

☺ 내가 만드는 문제

20 보기 와 같이 사다리꼴 여러 개를 사용하여 자유롭게 그림을 그려 보세요.

보기

21 평행사변형에서 두 평행선 사이의 거리의 차를 구해 보세요.

( )

22 크기와 모양이 같은 사다리꼴 2개를 겹치지 않게 이어 붙여서 평행사변형을 만들어 보세요.

23 평행사변형과 사다리꼴입니다. ㉠의 각도를 구해 보세요.

(1)
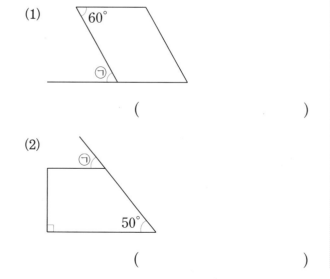

( )

(2)

( )

24 각 집이 같은 모양과 같은 크기의 땅을 갖도록 선을 그어 나누어 보세요.

서술형
25 오른쪽과 같은 삼각형 2개를 겹치지 않게 이어 붙이면 어떤 도형이 되는지 쓰고 그 이유를 설명해 보세요.

답 _____

이유 _____

_____

4

점을 기준으로 돌려.

준비 주어진 도형을 시계 방향으로 90°만큼 돌렸을 때의 모양을 그려 보세요.

26 같은 색 꼭짓점에서 초록색 도형 2개가 합쳐졌을 때의 도형을 그리고 합쳐진 도형의 이름을 써 보세요.

( )

27 직사각형 모양의 종이를 두 번 접어서 자른 후 남은 종이를 펼쳤습니다. 물음에 답하세요.

(1) 펼쳤을 때의 도형의 이름을 써 보세요.

( )

(2) 펼친 모양에서 접힌 부분이 이루는 각도는 몇 도일까요?

( )

새 교과 반영

28 크기와 모양이 같은 이등변삼각형이 그려진 종이를 화살표 방향을 따라 겹치지 않게 이어 붙이면 생기는 도형의 이름을 써 보세요.

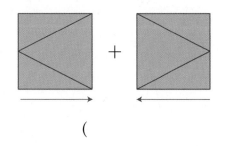

( )

29 주어진 선분을 이용하여 마름모 2개를 그려 보세요.

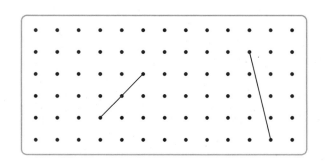

30 마름모를 보고 ☐ 안에 알맞은 수를 써넣으세요.

정사각형과 마름모는 네 변의 길이가 같아.

준비 정사각형의 네 변의 길이의 합은 20 cm입니다. 변 ㄴㄷ의 길이는 몇 cm일까요?

( )

31 마름모의 네 변의 길이의 합은 36 cm입니다. 변 ㄴㄷ의 길이는 몇 cm일까요?

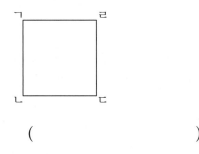

( )

32 각 점들이 꼭짓점이 되는 마름모 3개를 더 그려 보세요.

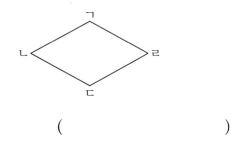

6 여러 가지 사각형

33 직사각형 모양의 종이를 점선을 따라 잘랐습니다. 물음에 답하세요.

(1) 평행사변형을 모두 찾아 기호를 써 보세요.

( )

(2) 마름모를 찾아 기호를 써 보세요.

( )

(3) 직사각형을 모두 찾아 기호를 써 보세요.

( )

34 조건을 모두 만족하는 사각형을 서로 다른 크기로 2개 그려 보세요.

> • 마주 보는 두 쌍의 변이 서로 평행합니다.
> • 마주 보는 두 변의 길이가 같습니다.

35 사각형 오른쪽에 거울을 놓고 비췄습니다. 거울에 비친 사각형의 모습을 그려 보세요.

36 ☐ 안에 알맞은 도형의 이름을 써넣으세요.

37 그림에 대한 설명이 맞으면 ○표, 틀리면 ✕표 하세요.

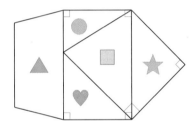

(1) 사다리꼴 안에 있는 도형은 ■, ♥, ★ 뿐입니다. ( )

(2) 직사각형 안에 있는 도형은 ●, ■, ♥ 뿐입니다. ( )

😊 내가 만드는 문제

38 모양 조각 여러 개를 이용하여 마주 보는 두 쌍의 변이 서로 평행한 사각형을 만들어 보세요.

⚡ 평행선

1 평행선을 찾아 기호를 써 보세요.

( )

2 평행선이 <u>아닌</u> 것을 찾아 기호를 써 보세요.

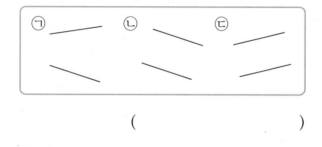

( )

3 평행선을 모두 찾아 기호를 써 보세요.

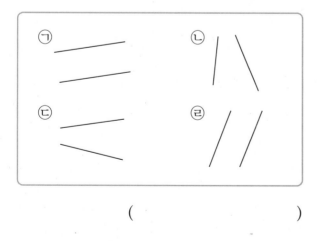

( )

⚡ 평행선이 가장 많은 도형

4 평행선이 가장 많은 도형을 찾아 기호를 써 보세요.

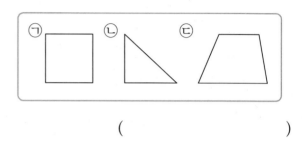

( )

5 평행선이 가장 많은 도형을 찾아 기호를 써 보세요.

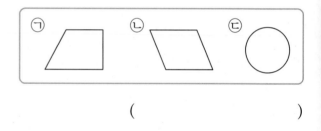

( )

6 평행선이 많은 순서대로 기호를 써 보세요.

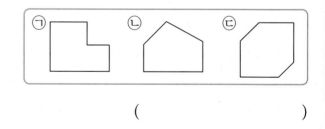

( )

⚡ 굵은 선의 길이

7 크기가 같은 마름모 2개로 만든 도형입니다. 굵은 선의 길이를 구해 보세요.

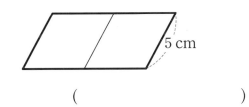

( )

8 크기가 같은 정사각형 4개로 만든 도형입니다. 굵은 선의 길이를 구해 보세요.

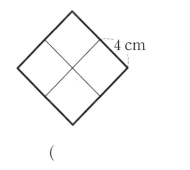

( )

9 평행사변형과 마름모로 만든 도형입니다. 굵은 선의 길이를 구해 보세요.

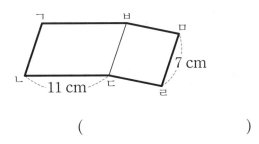

( )

⚡ 평행선의 개수

10 그림에서 평행선은 모두 몇 쌍일까요?

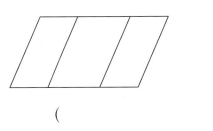

( )

11 그림에서 평행선은 모두 몇 쌍일까요?

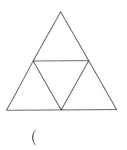

( )

12 그림에서 평행선은 모두 몇 쌍일까요?

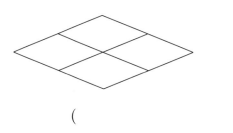

( )

⚡ 사각형의 성질

13 평행사변형에 대한 설명으로 틀린 것을 찾아 기호를 써 보세요.

> ㉠ 마주 보는 두 쌍의 변이 서로 평행합니다.
> ㉡ 네 각의 크기가 모두 같습니다.
> ㉢ 사다리꼴이라고 할 수 있습니다.
> ㉣ 마주 보는 꼭짓점끼리 이은 선분은 서로 이등분합니다.

(   )

14 직사각형이라고 할 수 있는 도형을 찾아 기호를 써 보세요.

> ㉠ 마름모   ㉡ 평행사변형
> ㉢ 정사각형   ㉣ 사다리꼴

(   )

15 틀린 설명을 찾아 기호를 써 보세요.

> ㉠ 평행사변형은 사다리꼴입니다.
> ㉡ 마름모는 직사각형입니다.
> ㉢ 정사각형은 사다리꼴입니다.

(   )

⚡ 크고 작은 평행사변형 개수

16 도형에서 찾을 수 있는 크고 작은 평행사변형은 모두 몇 개일까요?

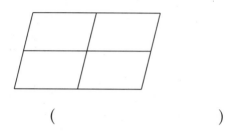

(   )

17 도형에서 찾을 수 있는 크고 작은 평행사변형은 모두 몇 개일까요?

(   )

18 도형에서 찾을 수 있는 크고 작은 평행사변형은 모두 몇 개일까요?

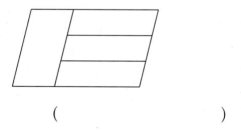

(   )

도전1 **조건에 맞는 도형 그리기**

1 주어진 선분을 이용하여 가로가 3 cm, 세로가 2 cm인 직사각형을 그려 보세요.

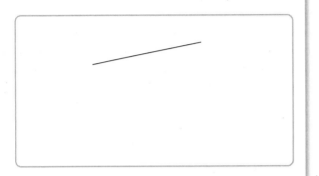

핵심 NOTE
수선과 평행선을 이용하여 직사각형을 그립니다.

2 한 변의 길이가 4 cm, 다른 한 변의 길이가 2 cm인 사다리꼴을 그려 보세요.

3 직각이 없고 한 변의 길이가 3.5 cm인 평행사변형을 그려 보세요.

도전2 **평행선 사이의 거리 구하기** (1)

4 직선 가, 직선 나, 직선 다는 서로 평행합니다. 직선 가와 직선 다 사이의 거리는 몇 cm일까요?

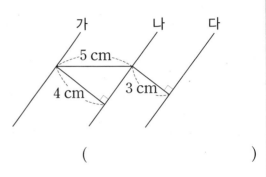

(   )

핵심 NOTE
(직선 가와 직선 다 사이의 거리)
= (직선 가와 직선 나 사이의 거리)+(직선 나와 직선 다 사이의 거리)

5 직선 가, 직선 나, 직선 다는 서로 평행합니다. 직선 가와 직선 다 사이의 거리는 몇 cm일까요?

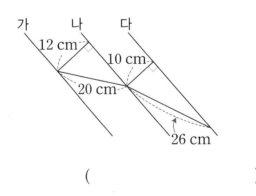

(   )

6 직선 가, 직선 나, 직선 다는 서로 평행합니다. 직선 가와 직선 다 사이의 거리는 몇 cm일까요?

(   )

7 도형에서 변 ㄱㄴ과 변 ㅂㅁ은 서로 평행합니다. 이 평행선 사이의 거리는 몇 cm일까요?

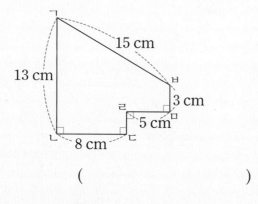

(   )

핵심 NOTE
변 ㄱㄴ과 변 ㅂㅁ 사이에 수직인 선분의 길이를 구합니다.

8 도형에서 변 ㄱㅂ과 변 ㄴㄷ은 서로 평행합니다. 이 평행선 사이의 거리는 몇 cm일까요?

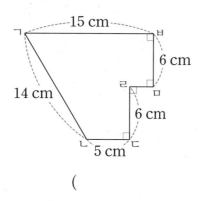

(   )

9 도형에서 변 ㄱㄴ과 변 ㄹㄷ은 서로 평행합니다. 이 평행선 사이의 거리는 몇 cm일까요?

(   )

10 직선 가에 대한 수선이 직선 나일 때, ㉠과 ㉡의 각도를 차례로 구해 보세요.

(,   )

핵심 NOTE
직선 가와 직선 나가 만나서 이루는 각의 크기는 90°입니다.

11 직선 가에 대한 수선이 직선 나일 때, ㉠과 ㉡의 각도를 차례로 구해 보세요.

(,   )

12 직선 가에 대한 수선이 직선 나일 때, ㉠과 ㉡의 각도를 차례로 구해 보세요.

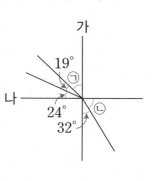

(,   )

도전5 **여러 가지 사각형의 성질 활용하기**

13 사각형 ㄱㄴㄷㄹ은 평행사변형입니다. 각 ㄱ ㄴㄹ의 크기를 구해 보세요.

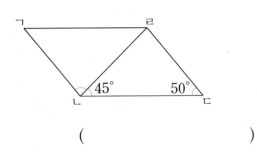

(   )

핵심 NOTE
평행사변형은 이웃하는 두 각의 크기의 합이 180°입니다.

14 사각형 ㄱㄴㄷㄹ은 평행사변형입니다. 각 ㄱ ㄷㄹ의 크기를 구해 보세요.

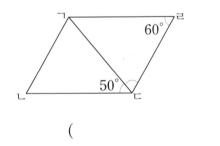

(   )

도전 최상위

15 마름모와 정사각형을 겹치지 않게 이어 붙인 다음 선분 ㄴㅂ을 그은 것입니다. 각 ㄱㄴㅂ의 크기를 구해 보세요.

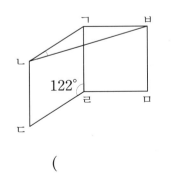

(   )

도전6 **칠교판 조각으로 여러 가지 사각형 만들기**

[16~18] 칠교판 조각으로 주어진 사각형을 그려 보고, 몇 조각으로 만들었는지 써 보세요.

16 사다리꼴

➡ ☐ 조각

핵심 NOTE
칠교판 조각으로 여러 가지 사각형을 만들어 봅니다.

17 직사각형

➡ ☐ 조각

18 정사각형

➡ ☐ 조각

도전7 **종이를 접었을 때 생기는 각도 구하기**

19 직사각형 모양의 종이를 접었습니다. 각 ㅅㅇㄹ 의 크기는 몇 도일까요?

(   )

핵심 NOTE

(㉠의 각도) = (㉡의 각도)

20 마름모 모양의 종이를 접었습니다. 각 ㄴㅂㅁ 의 크기를 구해 보세요.

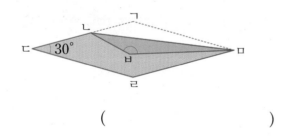

(   )

21 평행사변형 모양의 종이를 접었습니다. 각 ㄱㄷㄴ 의 크기를 구해 보세요.

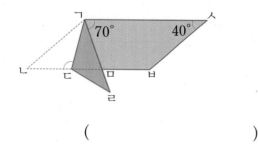

(   )

도전8 **평행선의 성질을 이용하여 각도 구하기**

22 직선 가와 직선 나는 서로 평행합니다. ㉠의 각도를 구해 보세요.

(   )

핵심 NOTE

평행선 사이에 수직인 선분을 그어 삼각형이나 사각형을 만들어 봅니다.

23 직선 가와 직선 나는 서로 평행합니다. ㉠의 각도를 구해 보세요.

(   )

도전 최상위

24 직선 가와 직선 나는 서로 평행합니다. ㉠의 각도를 구해 보세요.

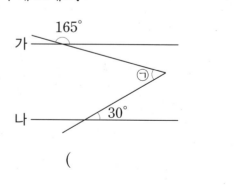

(   )

1 도형에서 직각인 곳을 모두 찾아 ○표 하세요.

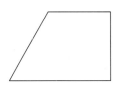

[2~3] 그림을 보고 물음에 답하세요.

2 직선 가에 대한 수선을 찾아 써 보세요.

( )

3 서로 평행한 직선을 찾아 써 보세요.

( )

4 직선 가와 직선 나는 서로 평행합니다. 평행선 사이의 거리는 몇 cm일까요?

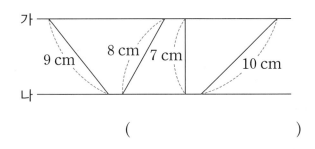

( )

5 평행사변형입니다. □ 안에 알맞은 수를 써넣으세요.

6 변 ㄱㄹ과 수직인 변은 모두 몇 개일까요?

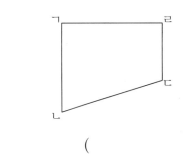

( )

7 점 종이에서 한 꼭짓점만 옮겨 평행사변형을 만들어 보세요.

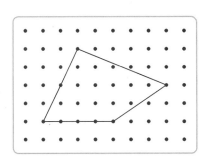

8 마름모입니다. 네 변의 길이의 합은 몇 cm일까요?

( )

9 오른쪽 도형이 정사각형이 아닌 이유를 써 보세요.

_____

10 잘못 말한 사람을 찾아 이름을 써 보세요.

> 현준: 한 직선에 수직인 두 직선은 서로 평행해.
> 지아: 서로 수직인 두 직선은 1번 만나.
> 우석: 한 직선에 평행한 두 직선은 서로 수직
> 으로 만나.

(   )

11 평행사변형에서 두 평행선 사이의 거리의 차를 자를 사용하여 구해 보세요.

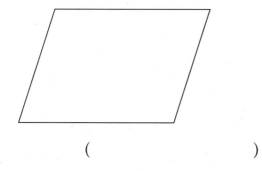

(   )

12 수선도 있고 평행선도 있는 글자는 모두 몇 개일까요?

(   )

13 평행선과 동시에 거리가 1 cm가 되는 평행한 직선을 그어 보세요.

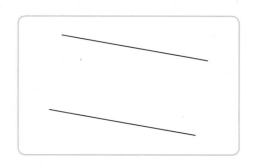

14 직선 가와 직선 나는 서로 수직입니다. ㉠의 각도를 구해 보세요.

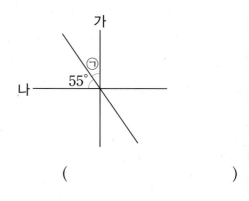

(   )

15 크기가 같은 정삼각형 2개를 겹치지 않게 이어 붙이면 어떤 도형이 되는지 모두 찾아 써 보세요.

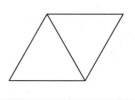

> 평행사변형   직사각형
> 마름모   정사각형

(   )

16 도형에서 찾을 수 있는 크고 작은 사다리꼴은 모두 몇 개일까요?

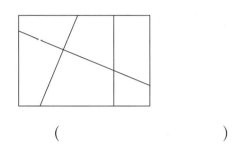

(   )

17 선분 ㄱㄴ과 선분 ㄷㄹ은 서로 수직입니다. 각 ㄱㄹㄷ을 3등분하였을 때 ㉠의 각도를 구해 보세요.

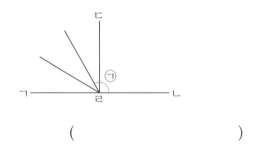

(   )

18 그림과 같이 직사각형 ㄱㄴㄷㄹ 안에 마름모 ㅁㅂㅅㅇ을 그렸습니다. 각 ㅇㅅㄷ의 크기를 구해 보세요.

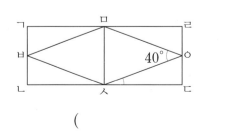

(   )

서술형
19 평행사변형 ㄱㄴㄷㄹ의 네 변의 길이의 합은 몇 cm인지 풀이 과정을 쓰고 답을 구해 보세요.

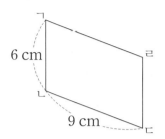

풀이 _____

_____

_____

_____

답 _____

서술형
20 직선 가, 직선 나, 직선 다가 서로 평행할 때, 직선 가와 직선 다 사이의 거리는 몇 cm인지 풀이 과정을 쓰고 답을 구해 보세요.

풀이 _____

_____

_____

_____

답 _____

1 한 직선이 다른 직선에 대해 평행선인 것은 어느 것일까요? (   )

 ①   ②

 ③   ④

⑤

2 삼각자를 이용하여 직선에 대한 수선을 그어 보세요.

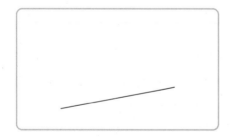

3 직선 가와 직선 나가 서로 평행할 때, 평행선 사이의 거리를 나타내는 선분을 찾아 기호를 써 보세요.

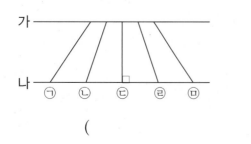

(   )

4 점 ㄱ을 지나고 직선 가와 평행한 직선을 긋고 평행선 사이의 거리를 재어 보세요.

(   )

5 도형에서 변 ㄱㄴ에 대한 평행선을 찾아 써 보세요.

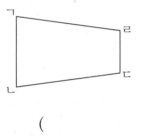

(   )

[6~7] 직사각형 모양의 종이를 점선을 따라 잘랐습니다. 물음에 답하세요.

| 가 | 나 | 다 | 라 | 마 |

6 사다리꼴을 모두 찾아 기호를 써 보세요.

(   )

7 평행사변형을 모두 찾아 기호를 써 보세요.

(   )

8 마름모를 보고 □ 안에 알맞은 수를 써넣으세요.

9 평행사변형에 대한 설명으로 틀린 것을 찾아 기호를 써 보세요.

> ㉠ 평행사변형은 사다리꼴입니다.
> ㉡ 마주 보는 두 쌍의 변이 서로 평행합니다.
> ㉢ 이웃하는 두 각의 크기가 같습니다.
> ㉣ 마주 보는 두 변의 길이가 같습니다.

(   )

10 길이가 64 cm인 철사로 만들 수 있는 가장 큰 마름모의 한 변의 길이는 몇 cm일까요?

(   )

11 사각형 왼쪽에 거울을 놓고 비쳤습니다. 거울에 비친 사각형의 모습을 그려 보세요.

12 보기 와 같이 사각형의 일부분을 잘라 사다리꼴을 만들어 보세요.

보기

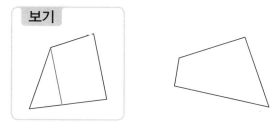

13 평행선 사이의 거리가 2 cm가 되도록 주어진 직선과 평행한 직선을 2개 그어 보세요.

14 직선 나는 직선 가에 대한 수선입니다. □ 안에 알맞은 수를 써넣으세요.

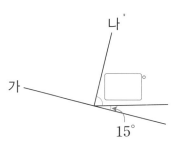

15 도형 안에 선분 ㄷㄹ을 한 변으로 하는 가장 큰 직사각형을 그려 보세요.

16 사각형 ㄱㄴㄷㄹ은 평행사변형입니다. 각 ㄱㄴㄹ 의 크기를 구해 보세요.

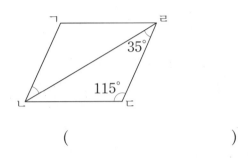

(   )

17 도형에서 변 ㄱㅂ과 변 ㄴㄷ은 서로 평행합니 다. 이 평행선 사이의 거리는 몇 cm일까요?

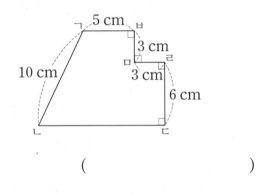

(   )

18 마름모 모양의 종이를 접었습니다. 각 ㄱㄴㅂ의 크기를 구해 보세요.

(   )

서술형

19 평행사변형인지 아닌지 답을 쓰고 그 이유를 써 보세요.

답

이유

서술형

20 직선 가와 직선 나는 서로 평행합니다. ㉠의 각 도는 몇 도인지 풀이 과정을 쓰고 답을 구해 보 세요.

풀이

답

5 꺾은선그래프

이번 단원에서
꼭 짚어야 할
핵심 개념을 알아보자.

핵심 1 **꺾은선그래프**

연속적으로 변화하는 양을 점으로 표시하고 그 점들을 선분으로 이어 그린 그래프를 ☐☐☐☐☐☐라고 한다.

핵심 2 **꺾은선그래프 내용 알아보기**

꺾은선그래프를 보면 자료의 변화 정도와 앞으로 변화될 모습을 알 수 있다.

핵심 3 **물결선을 사용한 꺾은선그래프**

꺾은선그래프를 그릴 때 필요 없는 부분은 ☐☐☐으로 생략할 수 있다.

핵심 4 **꺾은선그래프로 나타내기**

꺾은선그래프를 그릴 때는 가로 눈금과 세로 눈금이 만나는 자리에 점을 찍고, 점들을 ☐☐으로 잇는다.

핵심 5 **물결선을 사용하여 꺾은선그래프로 나타내기**

필요 없는 부분은 ☐☐☐으로 그리고, 물결선 위로 시작할 수를 정한다.

답 1. 꺾은선그래프 3. 물결선 4. 선분 5. 물결선

1. 꺾은선그래프 알아보기

● 꺾은선그래프 알아보기

꺾은선그래프: 연속적으로 변화하는 양을 점으로 표시하고, 그 점들을 선분으로 이어 그린 그래프

• 막대그래프

• 꺾은선그래프

	막대그래프	꺾은선그래프
같은 점	① 시간별 기온을 나타냅니다. ② 가로는 시각, 세로는 기온을 나타냅니다. ③ 세로 눈금 한 칸의 크기는 각각 $1\,^{\circ}\text{C}$로 같습니다.	
다른 점	자료 값을 막대로 나타냅니다.	자료 값을 선분으로 이어서 나타냅니다.

● 꺾은선그래프의 특징

• **변화하는 모양과 정도**를 알아보기 쉽습니다.
  ➡ 기온의 변화가 가장 큰 때는 오전 10시와 오전 11시 사이입니다.

• 조사하지 않은 **중간값을 추측**할 수 있습니다.
  ➡ 오후 1시 30분의 기온은 $13\,^{\circ}\text{C}$ 정도로 생각할 수 있습니다.

개념 자세히 보기

● **막대그래프와 꺾은선그래프의 특징을 알 수 있어요!**

	막대그래프	꺾은선그래프
특징	각 부분의 크기를 비교하기 쉽습니다.	시간에 따른 연속적인 변화를 나타낼 수 있고 조사하지 않은 중간값도 추측할 수 있습니다.
알맞은 자료	종류별 좋아하는 학생 수, 친구들의 키 등	키의 변화, 인구의 변화, 연도별 학급당 학생 수의 변화 등

🔵 정답과 풀이 42쪽

① 수현이네 교실에 있는 화초의 키를 3월부터 8월까지 매월 5일에 조사하여 나타낸 그래프입니다. 물음에 답하세요.

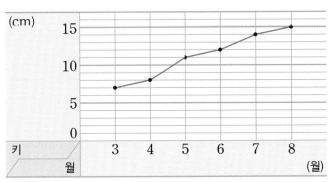

화초의 키

3학년 때 배웠어요

그림그래프: 알려고 하는 수 (조사한 수)를 그림으로 나타낸 그래프

마을별 나무 수

① 위와 같은 그래프를 무슨 그래프라고 할까요?

( )

② 꺾은선그래프의 가로와 세로는 각각 무엇을 나타낼까요?

가로 ( ), 세로 ( )

그림으로 나타낸 그래프는 그림그래프예요. 꺾은선분으로 나타낸 그래프는 뭐라고 부를까요?

② 4월 어느 날 지희네 교실의 온도를 조사하여 나타낸 그래프입니다. 물음에 답하세요.

교실의 온도

① 세로 눈금 한 칸은 얼마를 나타낼까요?

( )

② 꺾은선은 무엇을 나타낼까요?

( )

③ 오후 2시에 교실의 온도는 몇 ℃일까요?

( )

세로 눈금 5칸은 5 ℃를 나타내요.

2. 꺾은선그래프 내용 알아보기

● **꺾은선그래프 내용 알아보기**

사과 생산량

→ 세로 눈금 한 칸은 10 kg을 나타냅니다.

• 가로: 연도, 세로: 생산량

• 사과 생산량이 2019년까지 늘어나다가 줄어들고 있습니다.

• 사과 생산량이 가장 많은 때는 **2019년**입니다.

• 전년에 비해 사과 생산량이 가장 많이 늘어난 때는 **2019년**입니다.
└→ 선분이 가장 많이 기울어진 때

● **물결선을 넣은 꺾은선그래프 알아보기**

가 강낭콩의 키

나 강낭콩의 키

└→ 필요 없는 부분인 20 cm 아래를 물결선으로 생략합니다.

• **가** 그래프와 **나** 그래프는 강낭콩의 키를 조사하여 나타낸 것입니다.

• **나** 그래프에서 가장 작은 값이 20.1 cm이기 때문에 세로 눈금이 물결선 위로 20 cm부터 시작합니다.

• **가** 그래프와 **나** 그래프 중에서 값을 더 읽기 편한 것은 **나** 그래프입니다.

➡ **나** 그래프는 필요 없는 부분을 줄여서 강낭콩의 키를 정확히 나타낼 수 있기 때문입니다.

개념 자세히 보기

● **선분의 기울어진 정도로 자료의 변화를 알 수 있어요!**

 ➡ 변화 없음

 ➡ 변화가 작음

 ➡ 변화가 큼

정답과 풀이 42쪽

1 어느 대리점의 연도별 자동차 판매량을 조사하여 나타낸 꺾은선그래프입니다. 물음에 답하세요.

① 꺾은선그래프의 가로와 세로는 각각 무엇을 나타낼까요?

가로 (　　　　　　　), 세로 (　　　　　)

② 세로 눈금 한 칸은 얼마를 나타낼까요?

(　　　　　)

③ 전년에 비해 자동차 판매량이 가장 많이 줄어든 때는 몇 년일까요?

(　　　　　)

자동차 판매량의 변화가 더 크다.
자동차 판매량의 변화가 더 작다.

2 햄스터의 무게를 월별로 조사하여 두 꺾은선그래프로 나타냈습니다. 물음에 답하세요.

① 가와 나 그래프의 다른 점은 무엇일까요?

(　　　　　　　)

② 가와 나 그래프 중 값을 더 읽기 편한 것의 기호를 써 보세요.

(　　　　　)

필요한 부분만 나타내면 자료 값을 더 잘 알 수 있어요.

3. 꺾은선그래프로 나타내기, 꺾은선그래프 이용하기

● **꺾은선그래프로 나타내는 방법**

① 표를 보고 그래프의 가로와 세로에 무엇을 나타낼 것인지 정합니다.

② 눈금 한 칸의 크기를 정하고, 조사한 수 중에서 **가장 큰 수를 나타낼 수 있도록** 눈금의 수를 정합니다.

③ 가로 눈금과 세로 눈금이 만나는 자리에 점을 찍습니다.

④ 점들을 선분으로 잇습니다.

⑤ 꺾은선그래프에 알맞은 제목을 붙입니다.

● **물결선을 사용하여 꺾은선그래프로 나타내기**

필요 없는 부분은 물결선으로 줄여서 나타내고, 물결선 위로 시작할 수를 정합니다.

윤제의 체온

시각	오후 7시	오후 8시	오후 9시	오후 10시	오후 11시
체온(℃)	36.6	37.2	37.9	37.5	36.7

윤제의 체온

세로 눈금 한 칸의 크기를
0.1 ℃로 정합니다.

0 ℃와 36.5 ℃ 사이에
물결선을 넣습니다.

가로에 시각, 세로에 체온을 나타냅니다.

● **꺾은선그래프 이용하기**

운동장의 온도

교실의 온도

• 운동장의 온도와 교실의 온도가 가장 높은 때는 오후 2시입니다.

• 교실의 온도가 운동장의 온도보다 높습니다.

⊙ 정답과 풀이 42쪽

1 찬우네 마을의 아침 최저 기온을 7일마다 조사하여 나타낸 표를 보고 꺾은선그래프로 나타내려고 합니다. 물음에 답하세요.

아침 최저 기온

날짜(일)	1	8	15	22	29
기온(℃)	11	13	10	8	7

① 꺾은선그래프의 가로에 날짜를 나타낸다면 세로에는 무엇을 나타내어야 할까요?

(   )

② 표를 보고 꺾은선그래프로 나타내어 보세요.

점은 순서대로 이어야 해요.

곧은 선으로 이어야 해요.

5

2 주연이가 집에서 키우는 강아지 두 마리의 무게를 월별로 조사하여 꺾은선그래프로 나타냈습니다. 물음에 답하세요.

① 가와 나 중 처음에 더 무거운 강아지의 기호를 써 보세요.

(   )

② 가와 나 중 무게가 더 빠르게 늘어난 강아지의 기호를 써 보세요.

(   )

꺾은선그래프에서 선분의 기울어진 정도를 알아보아요.

꼭 나오는 유형

① 꺾은선그래프 알아보기

[1~4] 상민이네 어항에 있는 물고기 수를 조사하여 나타낸 막대그래프와 꺾은선그래프입니다. 물음에 답하세요.

가 물고기 수   나 물고기 수

1 알맞은 말에 ○표 하세요.

두 그래프의 가로는 (월 , 물고기 수)을/를 나타내고 세로는 (월 , 물고기 수)을/를 나타냅니다.

2 두 그래프의 세로 눈금 한 칸은 몇 마리를 나타낼까요?

(   )

3 8월에 물고기 수는 몇 마리일까요?

(   )

4 물고기 수의 변화를 알아보기 쉬운 그래프를 찾아 기호를 써 보세요.

(   )

[5~6] 우리나라에서 겨울철 강수량이 가장 많고 눈도 가장 많이 내리는 울릉도의 적설량을 조사하여 나타낸 꺾은선그래프입니다. 물음에 답하세요.

울릉도의 2월 적설량

5 꺾은선은 무엇을 나타낼까요?

(   )

6 그래프를 보고 표의 빈칸에 알맞은 수를 써넣으세요.

울릉도의 2월 적설량

날짜(일)	6	13	20	27
적설량(cm)				

7 막대그래프로 나타내기 좋은 경우는 '막대', 꺾은선그래프로 나타내기 좋은 경우는 '꺾은선'이라고 ☐ 안에 써넣으세요.

(1) 반 학생들이 태어난 계절을 조사하여 나타낸 그래프: ☐

(2) 연도별 나의 키를 측정하는 경우: ☐

(3) 장난감 공장의 요일별 불량품의 수: ☐

2 꺾은선그래프 내용 알아보기

두 가지 그래프를 동시에 비교할 수도 있어.

준비 막대그래프에서 조사한 기간 동안 졸업생 수가 늘어나다가 줄어든 마을은 두 마을 중 어느 마을일까요?

( )

[8~9] 가 식물과 나 식물의 키를 나타낸 꺾은선그래프입니다. 물음에 답하세요.

8 처음에는 천천히 자라다가 시간이 지나면서 빠르게 자란 식물은 어느 식물일까요?

( )

서술형

9 조사한 기간 동안 시들기 시작한 식물은 어느 식물인지 쓰고, 그렇게 생각한 이유를 써 보세요.

답 ....

이유 ....

10 꺾은선그래프의 모양을 바르게 설명한 것을 찾아 기호를 써 보세요.

> ㉠ 수량이 계속 늘어납니다.
> ㉡ 수량이 늘었다 줄었다를 반복합니다.
> ㉢ 수량의 변화가 없습니다.
> ㉣ 수량이 계속 줄어듭니다.

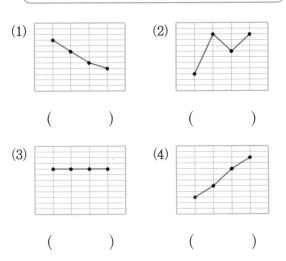

(1) ( ) (2) ( )

(3) ( ) (4) ( )

11 꺾은선그래프에 대한 설명으로 옳은 것에 ○표, 옳지 <u>않은</u> 것에 ×표 하세요.

감 생산량

(1) 세로 눈금 한 칸의 크기는 10 kg입니다.

( )

(2) 9월에 감 생산량은 70 kg입니다.

( )

(3) 조사한 기간 동안 감 생산량은 늘어났습니다.

( )

[12~15] 홍곤이네 반 교실의 온도를 조사하여 나타낸 꺾은선그래프입니다. 물음에 답하세요.

교실의 온도

12 오전 11시에 교실의 온도는 몇 ℃일까요?

( )

13 오후 1시 30분에 교실의 온도는 몇 ℃였을까요?

( )

😊 내가 만드는 문제

14 낮 12시부터 오후 1시 사이의 온도 변화가 가장 크다고 할 때 낮 12시에 교실의 온도를 정해 보세요.

( )

15 오전 10시에 교실의 온도는 오후 2시보다 몇 ℃만큼 낮을까요?

( )

16 어느 문구점의 색종이 판매량을 조사하여 나타낸 꺾은선그래프입니다. 물음에 답하세요.

색종이 판매량

(1) 전달에 비해 색종이 판매량이 늘어난 때는 언제인지 모두 찾아 써 보세요.

( )

(2) 전달에 비해 색종이 판매량이 가장 많이 늘어난 때는 언제일까요?

( )

17 미세 먼지 농도를 조사하여 나타낸 꺾은선그래프입니다. 수요일의 미세 먼지 예보 등급을 써 보세요.

미세 먼지 예보 등급

등급	좋음	보통	약간 나쁨	나쁨	매우 나쁨
농도 ($\mu g/m^3$)	0~30	31~80	81~120	121~200	201~

미세 먼지 농도

( )

3 물결선을 사용한 꺾은선그래프

[18~21] 경호의 몸무게를 조사하여 나타낸 꺾은선그래프입니다. 물음에 답하세요.

가 경호의 몸무게   나 경호의 몸무게

18 ☐ 안에 알맞은 수를 써넣으세요.

> 가 그래프의 세로 눈금 한 칸의 크기는 ☐ kg 이고, 나 그래프의 세로 눈금 한 칸의 크기는 ☐ kg입니다.

19 7월에 경호의 몸무게는 몇 kg일까요?

( )

20 나 그래프의 물결선은 몇 kg과 몇 kg 사이에 있을까요?

( )

21 몸무게가 변화하는 양을 뚜렷하게 알 수 있는 그래프를 찾아 기호를 써 보세요.

( )

[22~25] 어느 공장의 자동차 생산량을 조사하여 나타낸 꺾은선그래프입니다. 물음에 답하세요.

자동차 생산량

22 전날에 비해 생산량의 변화가 가장 큰 때는 언제일까요?

( )

23 4일 동안 생산한 자동차는 모두 몇 대일까요?

( )

24 4일 동안 생산한 자동차에서 불량품이 11대가 나왔다면 판매할 수 있는 자동차는 모두 몇 대일까요?

( )

서술형
25 꺾은선그래프를 보고 알 수 있는 내용을 2가지 써 보세요.

....

....

[26~29] 연도별 감기 환자 수를 조사하여 나타낸 꺾은선그래프입니다. 물음에 답하세요.

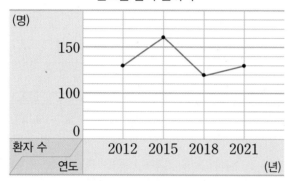

연도별 감기 환자 수

26 꺾은선그래프에서 필요 없는 부분은 몇 명과 몇 명 사이일까요?

( )

27 물결선을 넣는다면 물결선 위에 시작하는 눈금은 얼마로 하면 좋을까요?

( )

28 위의 꺾은선그래프에 물결선을 그려 보세요.

29 꺾은선그래프에 대한 설명으로 틀린 것을 찾아 기호를 써 보세요.

> ㉠ 2015년에 환자 수가 가장 많았습니다.
> ㉡ 환자 수의 변화가 가장 큰 때는 2015년과 2018년 사이입니다.
> ㉢ 2012년과 2015년 사이에 환자 수는 40명 늘어났습니다.

( )

[30~33] 무궁화의 키를 5일 동안 매일 오전 10시에 조사하여 나타낸 꺾은선그래프입니다. 물음에 답하세요.

무궁화의 키

30 조사한 기간 동안 무궁화의 키는 몇 cm 자랐을까요?

( )

31 수요일 오후 10시에 무궁화의 키는 몇 cm였을까요?

( )

32 다음 주 무궁화의 키는 늘어날까요? 줄어들까요?

( )

새 교과 반영
33 단위를 mm로 바꾼다면 세로 눈금은 몇 mm부터 시작할까요?

( )

4 꺾은선그래프로 나타내기

[34~37] 어느 지역의 월별 강수량을 조사하여 나타낸 표를 보고 꺾은선그래프로 나타내려고 합니다. 물음에 답하세요.

월별 강수량

월(월)	7	8	9	10	11
강수량(mm)	28	30	22	12	8

34 가로에 월을 쓴다면 세로에는 무엇을 나타내어야 할까요?

( )

35 세로 눈금 한 칸은 몇 mm로 하면 좋을까요?

( )

36 꺾은선그래프로 나타낸다면 세로 눈금의 수를 몇 mm까지 나타낼 수 있도록 해야 할까요?

( )

37 표를 보고 꺾은선그래프로 나타내어 보세요.

[38~39] 바닷물 온도를 조사하여 나타낸 표를 보고 꺾은선그래프로 나타내려고 합니다. 물음에 답하세요.

바닷물 온도

시각	오후 1시	오후 2시	오후 3시	오후 4시	오후 5시
온도(℃)	20.1	20.2	20.6	20.4	20.2

38 꺾은선그래프에서 필요한 부분은 몇 ℃부터 몇 ℃까지일까요?

( )

39 표를 보고 물결선을 사용한 꺾은선그래프로 나타내어 보세요.

서술형
40 꺾은선그래프를 잘못 그렸습니다. 잘못 그린 이유를 설명해 보세요.

이유

41 꺾은선그래프에서 <u>잘못</u> 그린 부분을 찾아 바르게 고쳐 보세요.

수애의 몸무게

학년(학년)	1	2	3	4
몸무게(kg)	30	34	36	48

수애의 몸무게

[42~43] 어느 마트에서 인형 판매량을 조사하여 나타낸 꺾은선그래프를 다시 그리려고 합니다. 물음에 답하세요.

인형 판매량

인형 판매량

42 위의 오른쪽 꺾은선그래프를 완성해 보세요.

서술형
43 두 그래프를 보고 물결선을 사용하여 나타내면 어떤 점이 좋은지 써 보세요.

....

....

자료를 막대로, 선분으로 나타낼 수 있어.

준비 수영이네 반 학생들의 혈액형을 조사하여 나타낸 표와 막대그래프를 완성해 보세요.

혈액형별 학생 수

혈액형	A형	B형	O형	AB형	합계
학생 수(명)			8	3	23

혈액형별 학생 수

44 어느 박물관의 입장객 수를 조사하여 나타낸 표와 꺾은선그래프를 완성해 보세요.

박물관의 입장객 수

연도(년)	2017	2018	2019	2020	2021
입장객 수(명)	243	242			

박물관의 입장객 수

5 꺾은선그래프를 보고 예상하기

그래프 변화 모양이 ╱이면 증가, ╲이면 감소.

준비 행복 도서관의 연도별 방문자 수를 조사하여 나타낸 막대그래프입니다. 2024년의 방문자 수는 어떻게 변할지 이유와 함께 써 보세요.

연도별 방문자 수

_____

_____

45 별빛 마을의 초등학생 수를 나타낸 꺾은선그래프입니다. 그래프에 대한 설명으로 옳은 것에 ○표, 옳지 않은 것에 ×표 하세요.

연도별 초등학생 수

(1) 초등학생 수가 가장 많이 변한 때는 2015년과 2018년 사이입니다.

( )

(2) 2030년의 초등학생 수는 줄어들 것입니다.

( )

[46~47] 어느 공장의 불량품 수를 조사하여 나타낸 꺾은선그래프입니다. 물음에 답하세요.

불량품 수

46 2020년에 불량품 수는 몇 개였을까요?

( )

47 2022년에 불량품 수는 늘어날까요? 줄어들까요?

( )

새 교과 반영
48 우산 판매량을 조사하여 나타낸 꺾은선그래프를 보고 비가 가장 많이 온 요일은 언제인지 예상해 보세요.

우산 판매량

( )

⚡ 세로 눈금 한 칸의 크기

1 오늘의 기온을 나타낸 꺾은선그래프입니다. 세로 눈금 한 칸은 몇 ℃를 나타낼까요?

오늘의 기온

(   )

2 어느 가게의 냉장고 판매량을 나타낸 꺾은선그래프입니다. 세로 눈금 한 칸은 몇 대를 나타낼까요?

냉장고 판매량

(   )

⚡ 잘못 그린 꺾은선그래프

3 꺾은선그래프를 바르게 그린 것을 찾아 기호를 써 보세요.

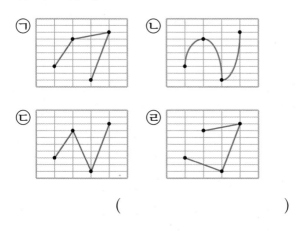

ㄱ   ㄴ

ㄷ   ㄹ

(   )

4 꺾은선그래프를 잘못 그렸습니다. 잘못 그린 이유를 설명해 보세요.

운동한 시간

이유

⚡ **변화한 양**

5 하늘이가 텔레비전을 본 시간을 조사하여 나타낸 꺾은선그래프입니다. 지난 주에 비해 텔레비전을 본 시간이 가장 많이 늘어난 주는 몇 주인지 쓰고, 그때의 늘어난 시간을 구해 보세요.

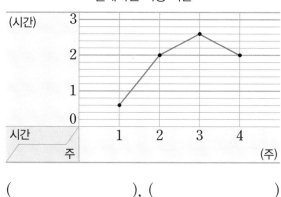

텔레비전 시청 시간

(   ), (   )

6 경민이네 학교 음식물 쓰레기양을 조사하여 나타낸 꺾은선그래프입니다. 전날에 비해 음식물 쓰레기양이 가장 많이 줄어든 요일을 쓰고, 그때의 줄어든 양을 구해 보세요.

요일별 음식물 쓰레기양

(   ), (   )

⚡ **조사한 기간 동안의 변화량**

7 동물원의 한 원숭이 무게를 매년 3월에 조사하여 나타낸 꺾은선그래프입니다. 원숭이 무게는 조사한 기간 동안 몇 kg 늘었을까요?

원숭이 무게

(   )

8 학교에 있는 어느 나무의 키를 매년 1월에 조사하여 나타낸 꺾은선그래프입니다. 나무는 조사한 기간 동안 몇 cm 자랐을까요?

나무의 키

(   )

도전1 **2개의 꺾은선으로 나타낸 그래프**

1 운동화와 부츠의 판매량을 월별로 조사하여
나타낸 꺾은선그래프입니다. 운동화와 부츠의
판매량의 차가 가장 큰 때는 몇 월일까요?

운동화와 부츠의 판매량

(켤레)

— 운동화 — 부츠

(   )

핵심 NOTE
두 점 사이의 간격이 가장 넓은 때를 알아봅니다.

도전 최상위

2 교실 안과 밖의 온도를 2시간마다 조사하여 나
타낸 꺾은선그래프입니다. 교실의 안과 밖의
온도 차가 가장 큰 때는 언제이고, 그때의 온
도 차는 몇 ℃일까요?

교실 안과 밖의 온도

— 교실 안 — 교실 밖

(   ), (   )

도전2 **일부분이 생략된 꺾은선그래프**

3 매달 어떤 도시의 강수량을 조사하여 나타낸
꺾은선그래프입니다. 8월의 강수량은 7월의
강수량보다 4 mm 적을 때, 그래프를 완성해
보세요.

도시의 강수량

핵심 NOTE
모르는 값을 먼저 구한 후, 꺾은선그래프를 완성합니다.

4 어느 동물원의 입장객 수를 조사하여 나타낸
꺾은선그래프입니다. 23일에 입장한 사람은
22일에 입장한 사람보다 120명이 더 많을 때
그래프를 완성해 보세요.

동물원의 입장객 수

도전3 **세로 눈금의 크기 바꾸기**

5 주아네 학교의 연도별 학생 수를 조사하여 나타낸 꺾은선그래프입니다. 세로 눈금 한 칸을 20명으로 하여 그래프를 다시 그렸을 때, 2018년과 2019년의 세로 눈금은 몇 칸 차이가 날까요?

(   )

핵심 NOTE
두 그래프의 세로 눈금 한 칸의 크기를 비교해 봅니다.

6 식물의 싹의 키를 재어 나타낸 꺾은선그래프입니다. 세로 눈금 한 칸을 0.5 cm로 하여 그래프를 다시 그렸을 때, 수요일과 목요일의 세로 눈금은 몇 칸 차이가 날까요?

(   )

도전4 **일정하게 변하는 꺾은선그래프**

7 양초에 불을 지펴 4분마다 양초의 길이를 재어 나타낸 꺾은선그래프입니다. 20분이 되었을 때 양초의 길이는 몇 mm일까요?

(   )

핵심 NOTE
몇 mm씩 줄어들었는지 알아봅니다.

도전 최상위

8 수도를 틀어 2분마다 통에 담긴 물의 양을 조사하여 나타낸 꺾은선그래프입니다. 14분이 되었을 때 통에 담긴 물의 양은 몇 L일까요?

(   )

도전5 **판매한 금액 알아보기**

9 어느 제과점의 **빵** 판매량을 조사하여 나타낸 꺾은선그래프입니다. **빵** 한 개가 1200원일 때, 월요일부터 목요일까지 **빵**을 판매한 금액은 모두 얼마일까요?

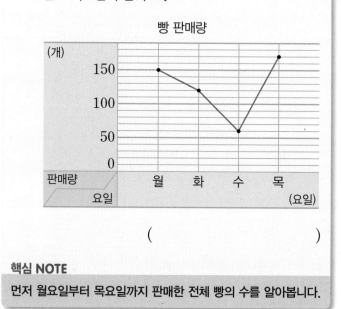

빵 판매량

( )

핵심 NOTE

먼저 월요일부터 목요일까지 판매한 전체 빵의 수를 알아봅니다.

10 어느 가구점의 의자 판매량을 4달 동안 조사하여 나타낸 꺾은선그래프입니다. 의자 한 개의 가격이 25만 원일 때, 4달 동안 의자를 판매한 금액은 모두 얼마일까요?

의자 판매량

( )

도전6 **찢어진 꺾은선그래프**

11 하진이가 공부한 시간을 5일 동안 조사하여 나타낸 표와 꺾은선그래프입니다. 5일 동안 32시간 동안 공부를 했다면 목요일에는 몇 시간을 공부했는지 구해 보세요.

공부한 시간

요일(요일)	월	화	수	목	금
시간(시간)			4		8

공부한 시간

( )

핵심 NOTE

꺾은선그래프에서 알 수 있는 것을 표의 빈칸에 채워 넣습니다.

12 어느 농장의 고구마 생산량을 조사하여 나타낸 표와 꺾은선그래프입니다. 4달 동안 150상자의 고구마를 생산했다면 8월의 고구마 생산량은 몇 상자인지 구해 보세요.

고구마 생산량

월(월)	5	6	7	8
생산량(상자)	35		40	

고구마 생산량

( )

[1~4] 어느 가게의 찐빵 판매량을 조사하여 나타낸 그래프입니다. 물음에 답하세요.

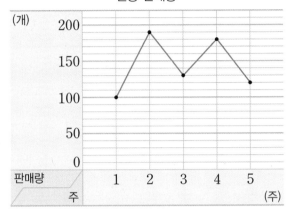

찐빵 판매량

1 위와 같은 그래프를 무슨 그래프라고 할까요?

( )

2 가로와 세로는 각각 무엇을 나타낼까요?

가로 ( )

세로 ( )

3 세로 눈금 한 칸은 몇 개를 나타낼까요?

( )

4 3주에 판매한 찐빵은 몇 개일까요?

( )

[5~8] 세영이네 모둠 학생들이 읽은 책 수를 조사하여 나타낸 표를 보고 꺾은선그래프로 나타내려고 합니다. 물음에 답하세요.

세영이네 모둠 학생들이 읽은 책 수

월(월)	8	9	10	11	12
책 수(권)	62	60	75	81	69

5 그래프를 그리는 데 꼭 필요한 부분은 몇 권부터 몇 권까지일까요?

( )

6 세로 눈금에 물결선은 몇 권과 몇 권 사이에 넣어야 할까요?

( )

7 세로 눈금 한 칸은 몇 권을 나타내어야 할까요?

( )

8 표를 보고 꺾은선그래프로 나타내어 보세요.

세영이네 모둠 학생들이 읽은 책 수

[9~12] 어느 식물의 키를 조사하여 나타낸 꺾은선그래프입니다. 물음에 답하세요.

식물의 키

9 식물의 키가 4 cm보다 커지는 때는 며칠 이후부터일까요?

(   )

10 식물의 키가 2.2 cm인 날은 며칠일까요?

(   )

11 그래프를 보고 표의 빈칸에 알맞은 수를 써넣으세요.

식물의 키

날짜(일)	1	5	9	13	17
키(cm)					

12 15일에 식물의 키는 몇 cm였을까요?

(   )

[13~15] 어느 박물관의 입장객 수를 조사하여 나타낸 꺾은선그래프입니다. 물음에 답하세요.

박물관의 입장객 수

13 화요일의 입장객은 몇 명일까요?

(   )

14 전날에 비해 입장객 수의 변화가 가장 적은 때는 무슨 요일일까요?

(   )

15 전날에 비해 입장객 수의 변화가 가장 큰 때와 전날의 입장객 수의 차는 몇 명일까요?

(   )

[16~17] 지유의 100 m 달리기 기록을 조사하여 나타낸 표입니다. 물음에 답하세요.

지유의 100 m 달리기 기록

월(월)	3	4	5	6	7
기록(초)	19.9	20.5	20.2	19.5	19.3

16 기록의 변화를 한눈에 알아보기 쉬운 그래프는 막대그래프와 꺾은선그래프 중 어느 것일까요?

(   )

17 표를 보고 알맞은 그래프로 나타내어 보세요.

지유의 100 m 달리기 기록

18 어느 가게의 딸기 주스와 사과 주스의 판매량을 조사하여 나타낸 꺾은선그래프입니다. 두 주스의 판매량의 차가 가장 큰 때는 며칠이고, 그때의 차는 몇 잔일까요?

딸기 주스와 사과 주스의 판매량

—— 딸기 주스   —— 사과 주스

(   ), (   )

[19~20] 어느 마을의 초등학생 수를 조사하여 나타낸 꺾은선그래프입니다. 물음에 답하세요.

초등학생 수

서술형
19 전년에 비해 초등학생 수가 더 늘어난 때는 몇 년인지 모두 구하려고 합니다. 풀이 과정을 쓰고 답을 구해 보세요.

풀이

답

서술형
20 초등학생 수가 가장 많은 때와 가장 적은 때의 초등학생 수의 차는 몇 명인지 풀이 과정을 쓰고 답을 구해 보세요.

풀이

답

5

[1~3] 태현이의 방 온도를 조사하여 나타낸 꺾은선그래프입니다. 물음에 답하세요.

태현이의 방 온도

1 세로 눈금 한 칸의 크기는 몇 ℃일까요?

( )

2 기온이 낮아지기 시작한 시각은 몇 시일까요?

( )

3 낮 12시의 온도는 몇 ℃일까요?

( )

4 두 그래프 중 변화하는 모습이 더 잘 나타난 것의 기호를 써 보세요.

( )

[5~7] 수민이네 토끼 무게를 조사하여 나타낸 표를 보고 꺾은선그래프로 나타내려고 합니다. 물음에 답하세요.

토끼 무게

월(월)	7	8	9	10
무게(kg)	4	5	7	7

5 그래프의 가로와 세로에는 각각 무엇을 나타내야 할까요?

가로 ( )

세로 ( )

6 세로 눈금은 적어도 몇 kg까지 나타내야 할까요?

( )

7 표를 보고 꺾은선그래프로 나타내어 보세요.

토끼 무게

8 막대그래프와 꺾은선그래프 중에서 어떤 그래프로 나타내는 것이 좋을지 써 보세요.

> **가** 민영이네 모둠 학생들의 하루 인터넷 사용 시간
> **나** 민영이의 요일별 인터넷 사용 시간의 변화

가 ( )

나 ( )

[9~12] 민지의 체온을 재어 나타낸 꺾은선그래프입니다. 물음에 답하세요.

민지의 체온

9 꺾은선은 무엇을 나타낼까요?

( )

10 오후 5시와 오후 8시에 민지의 체온의 차는 몇 ℃일까요?

( )

11 민지의 체온이 높아졌다가 낮아지기 시작한 때는 언제일까요?

( )

12 오후 7시 30분에 민지의 체온은 몇 ℃였을까요?

( )

[13~14] 어느 전시회의 입장객 수를 4일 동안 조사하여 나타낸 표를 보고 꺾은선그래프로 나타내려고 합니다. 물음에 답하세요.

전시회의 입장객 수

날짜(일)	7	8	9	10
입장객 수(명)	35	38	31	40

13 꺾은선그래프로 나타내는 데 꼭 필요한 부분은 몇 명부터 몇 명까지일까요?

( )

14 물결선을 사용한 꺾은선그래프로 나타내어 보세요.

15 수애와 지수의 키를 매년 1월에 조사하여 나타낸 꺾은선그래프입니다. 수애와 지수의 키의 차가 가장 큰 해의 키의 차는 몇 cm일까요?

수애와 지수의 키

—— 수애 —— 지수

( )

[16~17] 서진이의 통장에 있는 금액을 나타낸 꺾은선그래프입니다. 물음에 답하세요.

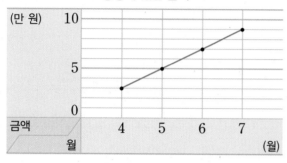
통장에 있는 금액

16 금액의 변화가 일정하다고 할 때 9월에 서진이의 통장에 있는 금액은 얼마일까요?

( )

17 6월에 통장에 있는 금액으로 3만 원짜리 장난감을 구매했다면 통장에는 얼마가 남아 있을까요?

( )

18 어느 상점에서 판매한 모자의 수를 5일 동안 조사하여 나타낸 표와 꺾은선그래프입니다. 5일 동안 판매한 모자가 36개라면 수요일에는 모자를 몇 개 팔았는지 구해 보세요.

모자 판매량

요일(요일)	월	화	수	목	금
판매량(개)	7				11

모자 판매량

( )

[19~20] 어느 문구점의 볼펜 판매량을 조사하여 나타낸 꺾은선그래프입니다. 물음에 답하세요.

볼펜 판매량

19 서술형
전날에 비해 볼펜 판매량의 변화가 가장 큰 때는 며칠인지 풀이 과정을 쓰고 답을 구해 보세요.

풀이

답

20 서술형
볼펜 한 자루가 2000원일 때, 4일 동안 볼펜을 판매한 금액은 모두 얼마인지 풀이 과정을 쓰고 답을 구해 보세요.

풀이

답

6 다각형

이번 단원에서 꼭 짚어야 할 **핵심 개념**을 알아보자.

핵심 1 다각형

선분으로만 둘러싸인 도형을 ☐ 이라 고 한다.

핵심 2 정다각형

변의 길이가 모두 같고 각의 크기가 모두 같 은 다각형을 ☐ 이라고 한다.

핵심 3 대각선

다각형에서 서로 이웃하지 않는 두 꼭짓점 을 이은 선분을 ☐ 이라고 한다.

핵심 4 모양 만들기

핵심 5 모양 채우기

1. 다각형 알아보기

● 다각형 알아보기

- **다각형**: 선분으로만 둘러싸인 도형

- 변의 수에 따라 다각형 분류하기

변의 수	5개	6개	7개	8개
도형				
이름	**오각형**	**육각형**	**칠각형**	**팔각형**

● 정다각형 알아보기

- **정다각형**: 변의 길이가 모두 같고, 각의 크기가 모두 같은 다각형

- 변의 수에 따라 정다각형 분류하기

변의 수	5개	6개	7개	8개
도형				
이름	**정오각형**	**정육각형**	**정칠각형**	**정팔각형**

개념 자세히 보기

● 곡선이 포함되어 있거나 일부분이 열려 있는 도형은 다각형이 아니에요!

(예)

곡선이 포함되어 있으므로 다각형이 아닙니다.

일부분이 열려 있으므로 다각형이 아닙니다.

● 변의 길이만 같거나 각의 크기만 같으면 정다각형이 아니에요!

(예)

각의 크기가 같지 않으므로 정다각형이 아닙니다.

변의 길이가 모두 같지 않으므로 정다각형이 아닙니다.

● 정답과 풀이 **49**쪽

1 도형을 보고 물음에 답하세요.

· 둘러싸이다.

· 둘러싸이지 않다.

① 선분으로만 둘러싸인 도형을 모두 찾아 기호를 써 보세요.

( )

② 위 ①과 같은 도형을 무엇이라고 할까요?

( )

2 관계있는 것끼리 이어 보세요.

다각형의 이름은 변의 수에 따라 정해져요.

 ·

· 삼각형

 ·

· 팔각형

 ·

· 오각형

6

3 정다각형을 모두 찾아 기호를 써 보세요.

변의 길이가 모두 같고, 각의 크기가 모두 같은 도형을 찾아보아요.

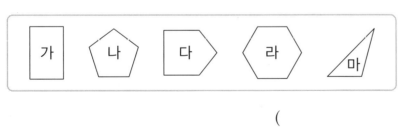

( )

4 정다각형의 이름을 써 보세요.

정다각형의 이름을 쓸 때에는 정■각형과 같이 앞에 '정'을 붙여서 써요.

①

( )

②

( )

2. 대각선 알아보기

● **대각선 알아보기**

대각선: 다각형에서 선분 ㄱㄷ, 선분 ㄴㄹ과 같이 서로 이웃하지 않는 두 꼭짓점을 이은 선분

● **여러 가지 사각형의 대각선의 성질**

	사각형	
두 대각선의 길이가 같습니다.	직사각형	정사각형
두 대각선이 서로 수직으로 만납니다.	마름모	정사각형
한 대각선이 다른 대각선을 반으로 나눕니다.	평행사변형 / 직사각형	마름모 / 정사각형

개념 자세히 보기

● **삼각형에는 대각선을 그을 수 없어요!**

삼각형은 모든 꼭짓점이 이웃하고 있으므로 대각선을 그을 수 없습니다.

● **정오각형에서 그을 수 있는 대각선의 길이는 모두 같아요!**

(선분 ㄱㄷ)＝(선분 ㄱㄹ)
　　　　＝(선분 ㄴㅁ)
　　　　＝(선분 ㄴㄹ)
　　　　＝(선분 ㄷㅁ)

◐ 정답과 풀이 **49**쪽

1 오른쪽 그림에서 선분 ㄱㄷ과 같이 이웃하지 않는
두 꼭짓점을 이은 선분을 무엇이라고 할까요?

(   )

점 ㄱ과 이웃한 꼭짓점
➡ 점 ㄴ과 점 ㄷ

2 도형에 대각선을 모두 그어 보세요.

①

②

꼭짓점의 수가 많을수록
대각선을 많이 그을 수
있어요.

3 오른쪽 육각형의 한 꼭짓점에서 그을 수 있는 대각선
은 몇 개일까요?

(   )

변은 대각선이 아니에요.

6

4 사각형을 보고 물음에 답하세요.

① 두 대각선의 길이가 같은 사각형을 모두 찾아 기호를 써 보세요.

(   )

② 두 대각선이 서로 수직으로 만나는 사각형을 모두 찾아 기호를 써 보
세요.

(   )

3. 모양 만들기, 모양 채우기

● **모양 조각 알아보기**

	마름모			
정삼각형	(평행사변형)	사다리꼴	정육각형	정사각형

● **모양 만들기**

・1가지 모양 조각으로 사다리꼴 만들기

・2가지 모양 조각으로 사다리꼴 만들기

● **모양 채우기**

・1가지 모양 조각으로 정육각형 채우기

・2가지 모양 조각으로 정육각형 채우기

・3가지 모양 조각으로 정육각형 채우기

개념 자세히 보기

● **모양 조각을 사용하여 만드는 방법을 알아보아요!**

・꼭짓점이 서로 맞닿도록 만듭니다.
・길이가 같은 변끼리 이어 붙입니다.
・모양 조각끼리 서로 겹치지 않게 만듭니다.
・같은 모양 조각을 여러 번 사용할 수 있습니다.

● **돌리거나 뒤집어서 겹쳐지는 모양은 서로 같은 방법 이에요!**

시계 방향으로 180°만큼 돌립니다.

◐ 정답과 풀이 **49**쪽

① 모양을 만드는 데 사용한 다각형을 모두 찾아 ○표 하세요.

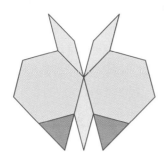

삼각형	사각형
오각형	육각형
칠각형	팔각형

② 다각형을 사용하여 꾸민 모양을 보고 ☐ 안에 알맞은 수를 써넣으세요.

모양을 채우는 데 삼각형 ☐ 개, 사각형 ☐ 개를 사용하였습니다.

초록색 모양 조각은 삼각
형, 파란색 모양 조각과
빨간색 모양 조각은 사각
형이에요.

③ 2가지 모양 조각을 모두 사용하여 사다리꼴을 만들어 보세요.

사다리꼴은 평행한
변이 한 쌍이라도
있는 사각형이에요.

6

④ 모양 조각을 모두 사용하여 다음 도형을 채워 보세요.

①

②

STEP 2 꼭 나오는 유형

1 다각형

도형에서는 선분이 변이야.

준비 그림을 보고 알맞은 말에 ○표 하세요.

두 점을 곧게 이은 선을 (선분 , 직선 , 반직선)
이라고 합니다.

1 그림과 같이 선분으로만 둘러싸인 도형을 무엇이라고 할까요?

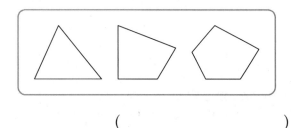

(   )

새 교과 반영

2 그림을 보고 설명이 맞으면 ○표, 틀리면 ✕
표 하세요.

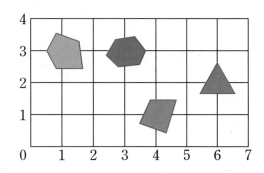

(1) 가장 아래에 있는 도형은 사각형입니다.

(   )

(2) 오각형의 오른쪽에 있는 도형은 칠각형입
니다. (   )

(3) 가장 오른쪽에 있는 도형은 오각형입니다.

(   )

3 도형을 변의 수에 따라 분류하고, 빈칸에 알맞
은 말을 써넣으세요.

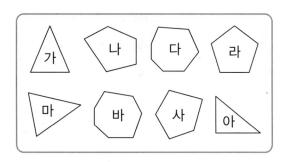

변의 수 (개)	3	5	7
기호			
이름			

4 점 종이에 그려진 선분을 이용하여 다각형을
완성해 보세요.

(1) 사각형   (2) 육각형

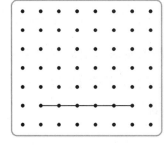

5 두 수의 크기를 비교하여 ◯ 안에 >, =, <
를 알맞게 써넣으세요.

(1) 오각형의 변의 수 ◯ 사각형의 각의 수

(2) 삼각형의 꼭짓점의 수 ◯ 십각형의 변의 수

2 정다각형

6 정다각형을 모두 찾아 기호를 써 보세요.

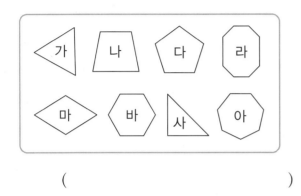

(   )

7 레오나르도 다빈치가 그린 '비트루비안 맨'이라는 작품은 인체의 황금 비율을 볼 수 있는 유명한 작품입니다. 이 작품에서 찾을 수 있는 정다각형의 이름을 써 보세요.

(   )

서술형
8 오른쪽 도형은 정다각형인지 아닌지 쓰고 그 이유를 설명해 보세요.

답 _____

이유 _____

_____

.

9 설명하는 다각형의 이름을 써 보세요.

· 10개의 선분으로 둘러싸여 있습니다.
· 변의 길이가 모두 같습니다.
· 각의 크기가 모두 같습니다.

(   )

10 원형 도형판에 정다각형을 그려 보세요.

11 정오각형입니다. ☐ 안에 알맞은 수를 써넣으세요.

😊 내가 만드는 문제
12 보기 와 같이 정다각형으로 자유롭게 규칙을 만들어 보세요.

보기

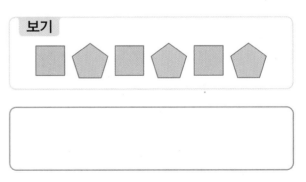

새 교과 반영

13 대각선에 맞게 도형을 그려 보세요.

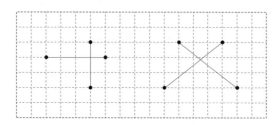

14 다각형에 대각선을 모두 그어 보세요.

[15~16] 다각형을 보고 물음에 답하세요.

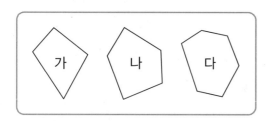

15 다각형에서 한 꼭짓점에서 그을 수 있는 대각선의 수를 구해 보세요.

(가: , 나: , 다:)

16 다각형에 그을 수 있는 대각선의 수를 구해 보세요.

(가: , 나: , 다:)

변의 길이와 각의 크기, 평행한 변의 수에 따라
사각형의 이름이 달라.

준비 사각형의 이름을 써 보세요.

모양	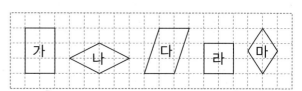		
이름			

[17~18] 사각형을 보고 물음에 답하세요.

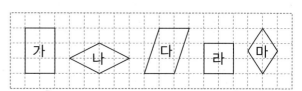

17 한 대각선이 다른 대각선을 반으로 나누는 사각형을 모두 찾아 기호를 써 보세요.

( )

18 두 대각선이 수직으로 만나는 사각형을 모두 찾아 기호를 써 보세요.

( )

내가 만드는 문제

19 점과 점을 연결하여 두 대각선을 그린 후 대각선에 맞게 도형을 그려 보세요.

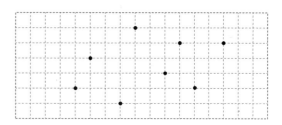

4 모양 만들기

20 오른쪽 모양을 만드는 데 사용된 다각형을 모두 찾아 이름을 써 보세요.

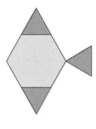

( )

새 교과 반영

21 왼쪽 모양 조각을 여러 번 사용하여 오른쪽 모양을 만들려고 합니다. 왼쪽 모양 조각은 오른쪽 모양의 얼마인지 분수로 나타내어 보세요.

( )

서술형

22 여러 가지 모양 조각으로 오리를 만들었습니다. 사용된 사각형 모양 조각은 삼각형 모양 조각보다 몇 개 더 많은지 풀이 과정을 쓰고 답을 구해 보세요.

풀이

답

[23~24] 모양 조각을 보고 물음에 답하세요.

23 다 모양 조각 여러 개를 사용하여 만들 수 <u>없는</u> 도형은 어느 것일까요? ( )

① 정삼각형 ② 사다리꼴 ③ 평행사변형
④ 직사각형 ⑤ 마름모

24 모양 조각을 여러 번 사용하여 2가지 방법으로 정육각형을 만들어 보세요.

방법 1	방법 2

6

☺ 내가 만드는 문제

25 모양 조각을 여러 번 사용하여 모양을 만들고, 만든 모양에 이름을 붙여 보세요.

( )

5 **모양 채우기**

26 오른쪽 모양을 채우고 있는 다각 형의 이름을 모두 써 보세요.

(   )

도형의 이동 방법에 따라 여러 가지 모양을 꾸밀 수 있어.

준비 모양을 돌리기의 방법을 사용하여 무늬를 꾸며 보세요.

27 모양 조각을 사용하여 사각형을 채 워 보세요.

┌ 도형을 겹치지 않으면서
└ 빈틈 없이 이어 붙이는 것

28 시영이는 쪽매맞춤을 이용하여 바닥에 정다각 형 모양의 타일을 이어 붙였습니다. 사용된 도 형의 이름을 모두 써 보세요.

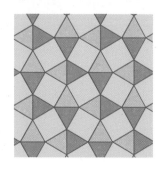

(   )

[29~30] 모양 조각을 보고 물음에 답하세요.

29 가 모양 조각으로 ㉠ 모양과 똑같이 만들려면 조각이 몇 개 필요할까요?

(   )

30 한 가지 모양 조각으로 ㉡ 모양을 채우려면 각 각의 모양 조각이 몇 개 필요할까요?

(가: , 나: , 다:)

31 왼쪽 모양 조각을 모두 사용하여 주어진 모양 을 채워 보세요.

32 보기 의 모양 조각을 모두 사용하여 주어진 모양을 채워 보세요.

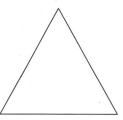

⚡ 다각형의 대각선

1 사각형 ㄱㄴㄷㄹ에서 대각선을 나타내는 선분을 모두 찾아 써 보세요.

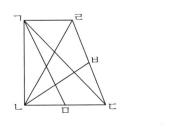

( )

2 오각형 ㄱㄴㄷㄹㅁ에서 대각선을 나타내는 선분을 모두 찾아 써 보세요.

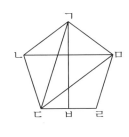

( )

3 육각형 ㄱㄴㄷㄹㅁㅂ에서 대각선을 나타내는 선분을 모두 찾아 써 보세요.

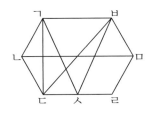

( )

⚡ 사각형의 대각선

4 두 대각선의 길이가 같은 사각형을 모두 찾아 기호를 써 보세요.

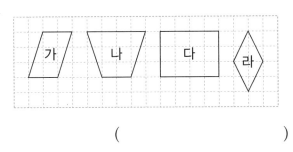

( )

5 사각형의 대각선의 특징에 알맞게 이어 보세요.

두 대각선의
길이가 같습니다.

두 대각선이 서로
수직으로 만납니다.

·   ·

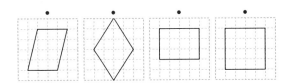

·   ·   ·   ·

6 조건을 모두 만족하는 사각형의 이름을 써 보세요.

• 두 대각선의 길이가 같습니다.
• 두 대각선이 서로 수직으로 만납니다.
• 한 대각선이 다른 대각선을 반으로 나눕니다.

( )

7 정다각형이 <u>아닌</u> 것을 모두 찾아 기호를 써 보세요.

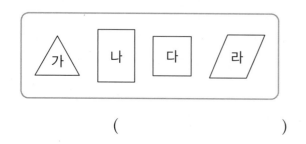

( )

8 정다각형에 대한 설명으로 <u>틀린</u> 것을 모두 찾 아 기호를 써 보세요.

> ㉠ 변의 길이가 모두 같습니다.
> ㉡ 각의 크기가 모두 같습니다.
> ㉢ 마름모는 정다각형입니다.
> ㉣ 직사각형은 정다각형입니다.

( )

9 변이 5개인 정다각형을 그려 보세요.

10 모양 조각을 모두 사용하여 평행사변형을 만들어 보세요.

11 4가지 모양 조각 중 3가지 모양 조각을 사용하 여 정육각형을 만들어 보세요.

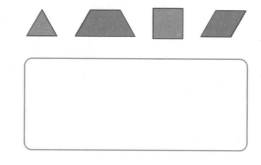

12 3가지 모양 조각을 2번씩 모두 사용하여 사다 리꼴을 만들어 보세요.

⚡ 사각형의 대각선의 각도

13 마름모입니다. ☐ 안에 알맞은 수를 써넣으세요.

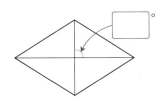

14 사각형 ㄱㄴㄷㄹ은 정사각형입니다. 각 ㄹㅁㄷ의 크기는 몇 도인지 구해 보세요.

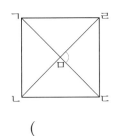

(   )

15 사각형 ㄱㄴㄷㄹ은 정사각형입니다. 각 ㅁㄹㄷ의 크기는 몇 도인지 구해 보세요.

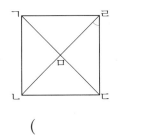

(   )

⚡ 사각형의 대각선의 길이

16 오른쪽 사각형 ㄱㄴㄷㄹ은 정사각형입니다. 선분 ㄴㄹ의 길이를 구해 보세요.

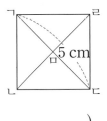

5 cm

(   )

17 사각형 ㄱㄴㄷㄹ은 마름모입니다. 선분 ㄱㄷ의 길이를 구해 보세요.

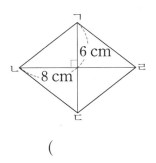

6 cm
8 cm

(   )

18 사각형 ㄱㄴㄷㄹ은 평행사변형입니다. 선분 ㄴㄹ의 길이를 구해 보세요.

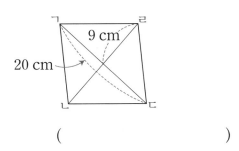

9 cm
20 cm

(   )

6

도전1 **정다각형의 한 변의 길이 구하기**

1 정사각형의 모든 변의 길이의 합과 정오각형의 모든 변의 길이의 합은 같습니다. 정오각형의 한 변의 길이를 구해 보세요.

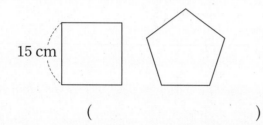

( )

핵심 NOTE

(정다각형의 모든 변의 길이의 합) = (한 변의 길이) × (변의 수)
(정다각형의 한 변의 길이) = (모든 변의 길이의 합) ÷ (변의 수)

2 정사각형의 모든 변의 길이의 합과 정육각형의 모든 변의 길이의 합은 같습니다. 정육각형의 한 변의 길이를 구해 보세요.

( )

3 정삼각형의 모든 변의 길이의 합과 정팔각형의 모든 변의 길이의 합은 같습니다. 정팔각형의 한 변의 길이를 구해 보세요.

( )

도전2 **사각형의 대각선 성질의 활용**

4 사각형 ㄱㄴㄷㄹ은 직사각형입니다. 삼각형 ㄹㄴㄷ의 세 변의 길이의 합은 몇 cm인지 구해 보세요.

( )

핵심 NOTE

직사각형의 대각선의 성질을 이용하여 선분 ㄹㄴ의 길이를 구한 후 삼각형의 세 변의 길이의 합을 구합니다.

5 사각형 ㄱㄴㄷㄹ은 마름모입니다. 삼각형 ㄱㄴㄹ의 세 변의 길이의 합이 21 cm일 때, 마름모의 네 변의 길이의 합은 몇 cm인지 구해 보세요.

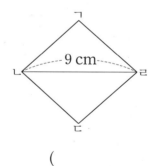

( )

도전 최상위
6 오른쪽 사각형 ㄱㄴㄷㄹ은 평행사변형입니다. 이 평행사변형의 두 대각선의 길이의 합이 20 cm일 때, 삼각형 ㅁㄴㄷ의 세 변의 길이의 합은 몇 cm인지 구해 보세요.

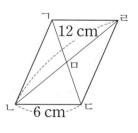

( )

도전3 **다각형에 그을 수 있는 대각선의 수**

7 칠각형에 그을 수 있는 대각선은 모두 몇 개일까요?

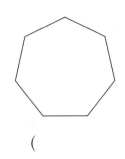

( )

핵심 NOTE

한 꼭짓점에서 그을 수 있는 대각선의 수를 ■개, 꼭짓점의 수를 ▲개라고 하면 그을 수 있는 대각선의 수는 (■×▲÷2)개입니다.

8 팔각형에 그을 수 있는 대각선은 모두 몇 개일까요?

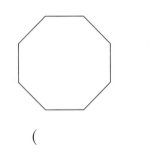

( )

9 구각형에 그을 수 있는 대각선은 모두 몇 개일까요?

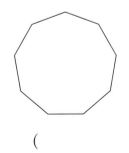

( )

도전4 **모양 조각으로 채우기**

10 보기 의 모양 조각을 여러 번 사용하여 모양을 채우려고 합니다. 사용한 모양 조각의 수가 가장 많게 되도록 채워 보세요.

핵심 NOTE

사용한 모양 조각의 수가 많으려면 가장 작은 모양 조각이 많이 들어가야 합니다.

11 10번 보기 의 모양 조각을 여러 번 사용하여 모양을 채우려고 합니다. 사용한 모양 조각의 수가 가장 적게 되도록 채워 보세요.

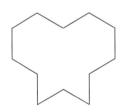

도전 최상위

12 10번 보기 의 모양 조각을 여러 번 사용하여 모양을 채우려고 합니다. 사용한 모양 조각의 수가 가장 많을 때와 가장 적을 때의 수의 차를 구해 보세요.

가장 많을 때   가장 적을 때

( )

6. 다각형 **169**

도전5 **대각선의 성질을 이용하여 각도 구하기**

13 직사각형 ㄱㄴㄷㄹ에서 각 ㄱㄴㅁ의 크기는 몇 도인지 구해 보세요.

( )

핵심 **NOTE**

직사각형은 두 대각선의 길이가 같고 한 대각선이 다른 대각선을 반으로 나누는 것을 이용합니다.

14 사각형 ㄱㄴㄷㄹ은 직사각형입니다. 각 ㄴㄱㅁ의 크기는 몇 도인지 구해 보세요.

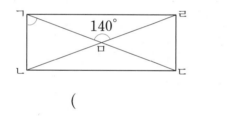

( )

15 사각형 ㄱㄴㄷㄹ은 마름모입니다. 각 ㄱㄴㅁ의 크기는 몇 도인지 구해 보세요.

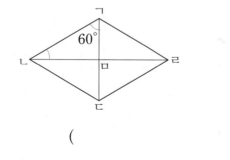

( )

도전6 **정다각형의 성질을 이용하여 각도 구하기**

16 정팔각형의 한 각의 크기를 구해 보세요.

( )

핵심 **NOTE**

① 정팔각형을 몇 개의 삼각형이나 사각형으로 나눕니다.
② 정팔각형의 모든 각의 크기의 합을 구합니다.
③ 정팔각형의 한 각의 크기를 구합니다.

17 정육각형입니다. ㉠의 각도를 구해 보세요.

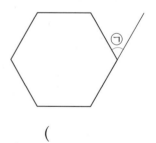

( )

도전 최상위

18 정육각형입니다. 각 ㄱㅁㄷ의 크기는 몇 도인지 구해 보세요.

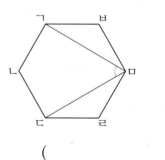

( )

[1~2] 도형을 보고 물음에 답하세요.

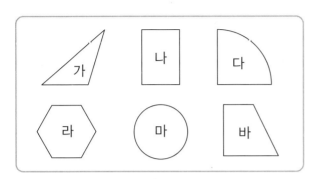

1 다각형을 모두 찾아 기호를 써 보세요.

( )

2 정다각형을 찾아 기호를 쓰고, 이름을 써 보세요.

( ), ( )

3 다각형을 사용하여 꾸민 모양을 보고 모양을 채우고 있는 다각형의 이름을 써 보세요.

( )

4 도형이 다각형이 아닌 이유를 써 보세요.

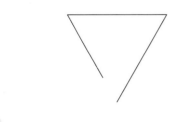

이유 ....

5 사각형에 대한 설명입니다. 맞으면 ○표, 틀리면 ✕표 하세요.

⑴ 직사각형은 두 대각선이 서로 수직으로 만납니다. ( )

⑵ 마름모는 두 대각선의 길이가 같습니다. ( )

⑶ 정사각형은 두 대각선의 길이가 같고 서로 수직으로 만납니다. ( )

6 다각형에 대각선을 모두 긋고, 대각선의 수를 구해 보세요.

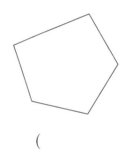

( )

7 조건을 모두 만족하는 도형의 이름을 써 보세요.

> • 9개의 선분으로 둘러싸여 있습니다.
> • 변의 길이가 모두 같습니다.
> • 각의 크기가 모두 같습니다.

( )

8 정오각형의 모든 각의 크기의 합을 구해 보세요.

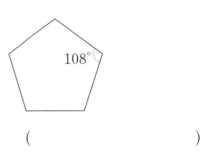

108°

( )

[9~11] 모양 조각을 보고 물음에 답하세요.

9 모양 조각 중에서 정다각형을 모두 찾아 이름을 써 보세요.

( )

10 모양 조각을 사용하여 오각형을 만들어 보세요.

11 서로 다른 모양 조각을 사용하여 다음 모양을 채워 보세요.

12 모양 나를 만들려면 모양 조각 가는 적어도 몇 개 필요할까요?

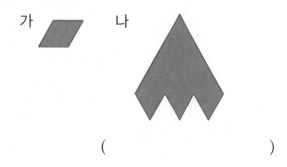

( )

13 정사각형 ㄱㄴㄷㄹ에서 각 ㄱㅁㄴ의 크기는 몇 도일까요?

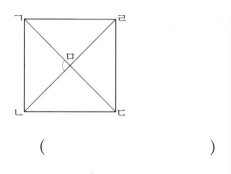

( )

14 직사각형 ㄱㄴㄷㄹ에서 선분 ㄴㄹ의 길이를 구해 보세요.

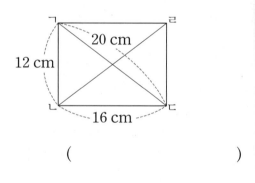

( )

15 철사를 사용하여 한 변이 4 cm인 정팔각형을 만들려고 합니다. 필요한 철사의 길이는 적어도 몇 cm일까요?

( )

16 평행사변형 ㄱㄴㄷㄹ에서 두 대각선의 길이의 합은 몇 cm일까요?

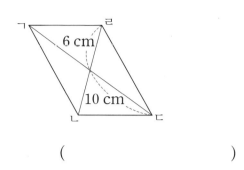

(   )

17 정삼각형의 모든 변의 길이의 합과 정오각형의 모든 변의 길이의 합은 같습니다. 정오각형의 한 변의 길이를 구해 보세요.

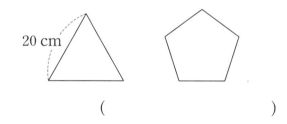

(   )

18 정팔각형입니다. ㉠과 ㉡의 각도를 각각 구해 보세요.

㉠ (   )

㉡ (   )

서술형

19 삼각형의 대각선의 수와 육각형의 대각선의 수의 차는 몇 개인지 풀이 과정을 쓰고 답을 구해 보세요.

풀이

답

서술형

20 직사각형 ㄱㄴㄷㄹ에서 각 ㅁㄹㄷ의 크기는 몇 도인지 풀이 과정을 쓰고 답을 구해 보세요.

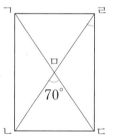

풀이

답

6

1 모양 자에서 다각형이 <u>아닌</u> 것을 모두 찾아 기호를 써 보세요.

( )

2 관계있는 것끼리 이어 보세요.

3 정오각형의 대각선을 바르게 나타낸 것에 ○표 하세요.

( ) ( ) ( )

4 점 종이에 그려진 선분을 이용하여 오각형을 완성해 보세요.

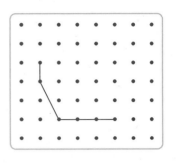

5 정육각형을 찾아 기호를 써 보세요.

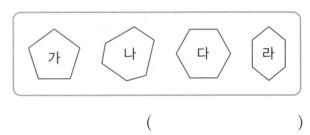

( )

[6~7] 사각형을 보고 물음에 답하세요.

6 두 대각선의 길이가 같은 사각형을 모두 찾아 기호를 써 보세요.

( )

7 두 대각선의 길이가 같고 서로 수직으로 만나는 사각형을 찾아 기호를 써 보세요.

( )

8 대각선의 수가 가장 많은 교통안전 표지부터 차례로 기호를 써 보세요.

( )

9 다각형에 대각선을 모두 긋고, 대각선의 수를 구해 보세요.

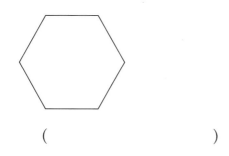

( )

10 ㉠의 각도를 구해 보세요.

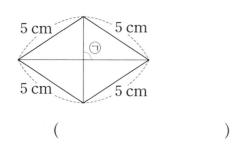

( )

11 직사각형 ㄱㄴㄷㄹ에서 선분 ㅁㄴ의 길이를 구해 보세요.

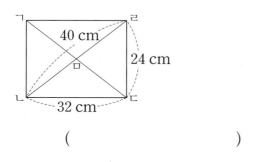

( )

[12~13] 모양 조각을 보고 물음에 답하세요.

12 주어진 모양 조각 수만큼 사용하여 정육각형을 채워 보세요.

(1) 나: 1개, 다: 1개, 마: 1개 ➡

(2) 다: 2개, 마: 2개 ➡

13 모양 조각을 여러 번 사용하여 서로 다른 방법으로 평행사변형을 채워 보세요.

14 설명하는 다각형의 이름을 써 보세요.

• 선분으로만 둘러싸인 도형입니다.
• 변과 꼭짓점이 각각 12개입니다.

( )

15 한 변의 길이가 6 cm이고 모든 변의 길이의 합이 54 cm인 정다각형이 있습니다. 이 정다각형의 이름을 써 보세요.

( )

16 왼쪽 마름모 모양 조각을 여러 번 사용하여 오른쪽 모양을 채우려고 합니다. 모양 조각이 모두 몇 개 필요한지 구해 보세요.

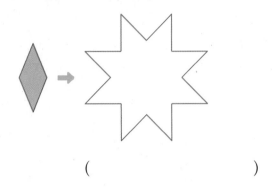

(   )

17 정육각형입니다. ㉠과 ㉡의 각도의 차를 구해 보세요.

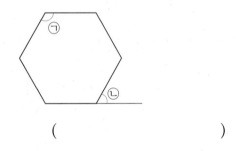

(   )

18 사각형 ㄱㄴㄷㄹ은 직사각형입니다. 각 ㅁㄴㄷ의 크기는 몇 도인지 구해 보세요.

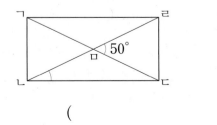

(   )

19 정팔각형의 한 변의 길이가 7 cm입니다. 정팔각형의 모든 변의 길이의 합은 몇 cm인지 풀이 과정을 쓰고 답을 구해 보세요.

풀이

답

20 직사각형 ㄱㄴㄷㄹ에서 삼각형 ㄹㅁㄷ의 세 변의 길이의 합은 몇 cm인지 풀이 과정을 쓰고 답을 구해 보세요.

풀이

답

계산이 아닌

개념을 깨우치는

수학을 품은 연산

디딤돌
연산
수학

1~6학년(학기용)

수학 공부의 새로운 패러다임

상위권의 기준!

똑같은 DNA를 품은 최상위지만,
심화문제 접근 방법에 따른 구성 차별화!

도도한 직선길

최상위 사고력

친절한 곡선길

최상위 수학

최상위 수학 S

최상위를 위한
심화 학습 서비스 제공!

문제풀이 동영상 ➕ 상위권 학습 자료
(QR 코드 스캔 혹은 디딤돌 홈페이지 참고)

디딤돌

수시 평가
자료집

4
2

수학 좀 한다면

초등수학

수시평가 자료집

$\dfrac{4}{2}$

1. 분수의 덧셈과 뺄셈

1 계산해 보세요.

(1) $\dfrac{5}{12} + \dfrac{2}{12}$

(2) $\dfrac{6}{7} - \dfrac{4}{7}$

2 그림을 보고 ☐ 안에 알맞은 수를 써넣으세요.

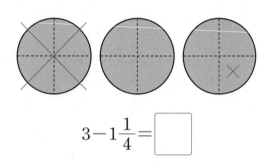

$3 - 1\dfrac{1}{4} = \boxed{}$

3 ☐ 안에 알맞은 수를 써넣으세요.

$1\dfrac{3}{5} \rightarrow \boxed{+2\dfrac{4}{5}} \rightarrow \boxed{}$

4 두 분수의 차를 구해 보세요.

$$\boxed{\quad 1\dfrac{5}{13} \qquad 4\dfrac{7}{13} \quad}$$

(   )

5 계산 결과를 찾아 선으로 이어 보세요.

$\boxed{1\dfrac{1}{11} + \dfrac{7}{11}}$ •   • $1\dfrac{9}{11}$

$\boxed{3\dfrac{2}{11} - 1\dfrac{4}{11}}$ •   • $1\dfrac{8}{11}$

6 ○ 안에 >, =, <를 알맞게 써넣으세요.

$$3\dfrac{2}{7} + 4\dfrac{6}{7} \;\bigcirc\; 8\dfrac{3}{7}$$

7 빈칸에 알맞은 수를 써넣으세요.

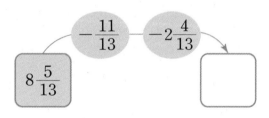

8 계산 결과가 큰 것부터 차례로 기호를 써 보세요.

$$\boxed{\begin{array}{ll} \text{㉠ } 2\dfrac{4}{7} + 1\dfrac{1}{7} & \text{㉡ } 1\dfrac{6}{7} + 1\dfrac{5}{7} \\[2mm] \text{㉢ } 5 - 1\dfrac{4}{7} & \text{㉣ } 5\dfrac{5}{7} - 2\dfrac{6}{7} \end{array}}$$

(   )

9 피자가 1판 있습니다. 혜수는 전체의 $\dfrac{3}{8}$을, 동생은 전체의 $\dfrac{2}{8}$를 먹었습니다. 두 사람이 먹은 피자는 전체의 얼마일까요?

(   )

10 진호는 우유 1 L 중에서 $\dfrac{3}{10}$L를 마셨습니다. 진호가 마시고 남은 우유는 몇 L일까요?

(   )

11 ☐ 안에 알맞은 분수를 써넣으세요.

$$\boxed{} - 1\dfrac{4}{5} = 6\dfrac{3}{5}$$

12 집에서 학교까지의 거리를 구해 보세요.

(   )

13 은영이는 국어 공부를 $1\dfrac{4}{6}$시간, 수학 공부를 $\dfrac{5}{6}$시간 동안 하였습니다. 은영이가 공부를 한 시간은 모두 몇 시간일까요?

(   )

14 고구마가 들어 있는 상자의 무게가 $10\dfrac{1}{5}$kg입니다. 빈 상자의 무게가 $1\dfrac{2}{5}$kg이라면 고구마의 무게는 몇 kg일까요?

(   )

15 삼각형의 세 변의 길이의 합은 몇 cm일까요?

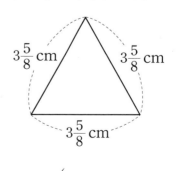

(   )

정답과 풀이 57쪽

16 어떤 수에 $3\frac{9}{13}$를 더해야 할 것을 잘못하여 **뺐**더니 $1\frac{2}{13}$가 되었습니다. 바르게 계산하면 얼마일까요?

( )

17 ☐ 안에 들어갈 수 있는 자연수는 모두 몇 개일까요?

$$5\frac{1}{7} - 2\frac{5}{7} < 2\frac{\square}{7} < 3$$

( )

18 4장의 수 카드 중 3장을 한 번씩만 사용하여 분모가 6인 대분수를 만들려고 합니다. 만들 수 있는 대분수 중에서 가장 큰 수와 가장 작은 수의 합을 구해 보세요.

7 6 3 4

( )

19 민지는 가족과 함께 등산을 하였습니다. 산을 올라가는 데 $1\frac{2}{9}$시간, 내려오는 데 $\frac{8}{9}$시간 걸렸습니다. 산을 올라갔다 내려오는 데 걸린 시간은 모두 몇 시간인지 풀이 과정을 쓰고 답을 구해 보세요.

풀이

답

20 길이가 $1\frac{3}{11}$m, $\frac{8}{11}$m인 색 테이프 2장을 그림과 같이 $\frac{4}{11}$m만큼 겹쳐서 이어 붙였습니다. 이어 붙인 색 테이프의 전체 길이는 몇 m인지 풀이 과정을 쓰고 답을 구해 보세요.

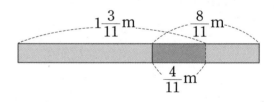

풀이

답

1. 분수의 덧셈과 뺄셈

1 그림을 보고 ☐ 안에 알맞은 수를 써넣으세요.

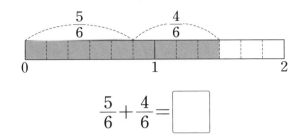

$$\frac{5}{6} + \frac{4}{6} = \boxed{}$$

2 보기 와 같이 계산해 보세요.

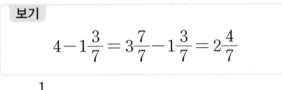

보기
$$4 - 1\frac{3}{7} = 3\frac{7}{7} - 1\frac{3}{7} = 2\frac{4}{7}$$

$$5 - 2\frac{1}{5} = $$

3 계산해 보세요.

(1) $1\frac{3}{4} + 2\frac{2}{4}$

(2) $6\frac{1}{9} - \frac{8}{9}$

4 두 분수의 합과 차를 각각 구해 보세요.

$$3\frac{5}{11} \qquad 1\frac{8}{11}$$

합 (   )

차 (   )

5 다음 중 잘못 계산한 것은 어느 것일까요?

(   )

① $\frac{7}{8} + \frac{5}{8} = 1\frac{4}{8}$ ② $\frac{9}{10} - \frac{6}{10} = \frac{3}{10}$

③ $1\frac{6}{7} - \frac{4}{7} = 1\frac{2}{7}$ ④ $2\frac{4}{5} + 2\frac{4}{5} = 4\frac{3}{5}$

⑤ $5\frac{1}{4} - 1\frac{3}{4} = 3\frac{2}{4}$

6 빈칸에 알맞은 수를 써넣으세요.

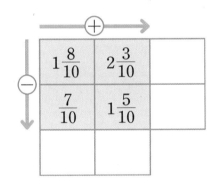

7 $\frac{1}{7}$이 6개인 수와 $\frac{1}{7}$이 5개인 수의 합을 구해 보세요.

(   )

8 ○ 안에 >, =, <를 알맞게 써넣으세요.

$$2\frac{5}{13} + 1\frac{11}{13} \;\bigcirc\; 7 - 2\frac{6}{13}$$

9 가장 큰 수와 가장 작은 수의 차를 구해 보세요.

$$3\frac{1}{8} \qquad 5 \qquad \frac{27}{8}$$

( )

10 두 줄넘기의 길이의 차는 몇 m일까요?

$\frac{8}{9}$ m

$1\frac{2}{9}$ m

( )

11 계산 결과가 1보다 작은 것을 모두 찾아 기호를 써 보세요.

㉠ $2\frac{3}{4}-1\frac{1}{4}$ ㉡ $5-4\frac{1}{8}$

㉢ $1\frac{5}{7}-\frac{6}{7}$ ㉣ $4\frac{1}{5}-2\frac{4}{5}$

( )

12 분모가 9인 진분수가 2개 있습니다. 합이 $\frac{6}{9}$이고 차가 $\frac{2}{9}$인 두 진분수를 구해 보세요.

( )

13 석진이의 몸무게는 $35\frac{7}{10}$ kg이고, 아버지의 몸무게는 석진이보다 $34\frac{9}{10}$ kg 더 무겁습니다. 아버지의 몸무게는 몇 kg일까요?

( )

14 ☐ 안에 알맞은 수를 써넣으세요.

$$1\frac{5}{14}+\boxed{}=4\frac{2}{14}-\frac{10}{14}$$

15 민주는 주전자에 담겨 있던 보리차 중에서 오전에 $\frac{8}{12}$ L를 마시고, 오후에 $\frac{7}{12}$ L를 마셨더니 $1\frac{6}{12}$ L가 남았습니다. 처음 주전자에 담겨 있던 보리차는 몇 L일까요?

( )

🔵 정답과 풀이 **58**쪽

16 분모가 6인 분수 중에서 $1\dfrac{2}{6}$보다 크고 $1\dfrac{5}{6}$보다 작은 수를 모두 더하면 얼마일까요?

(   )

17 ㉠과 ㉡의 차를 구해 보세요.

$$4\dfrac{4}{11}+\dfrac{9}{11}=㉠$$
$$5\dfrac{7}{11}-2\dfrac{8}{11}=㉡$$

(   )

18 길이가 $4\dfrac{3}{9}$ m, $3\dfrac{7}{9}$ m인 색 테이프 2장을 겹쳐서 한 줄로 길게 이어 붙였습니다. 이어 붙인 색 테이프의 전체 길이가 $5\dfrac{4}{9}$ m라면 색 테이프를 몇 m만큼 겹쳐서 이어 붙인 것일까요?

(   )

19 집에서 버스 정류장까지의 거리는 $1\dfrac{5}{10}$ km이고, 집에서 지하철역까지의 거리는 $2\dfrac{1}{10}$ km입니다. 집에서 버스 정류장과 지하철역 중 어느 곳이 몇 km 더 먼지 풀이 과정을 쓰고 답을 구해 보세요.

풀이

답   ,

20 ☐ 안에 들어갈 수 있는 자연수 중에서 가장 작은 수는 얼마인지 풀이 과정을 쓰고 답을 구해 보세요.

$$3\dfrac{4}{8}+1\dfrac{5}{8}<\dfrac{\square}{8}$$

풀이

답

1 이등변삼각형을 모두 고르세요. (   )

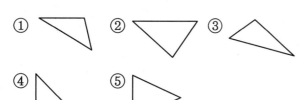

2 삼각형의 세 변의 길이를 나타낸 것입니다. 정삼각형을 찾아 기호를 써 보세요.

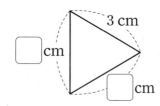

ㄱ 9 cm, 7 cm, 8 cm
ㄴ 5 cm, 8 cm, 5 cm
ㄷ 6 cm, 6 cm, 6 cm

(   )

3 정삼각형입니다. ☐ 안에 알맞은 수를 써넣으세요.

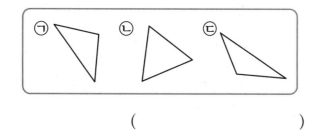

4 예각삼각형을 찾아 기호를 써 보세요.

(   )

5 이등변삼각형입니다. ☐ 안에 알맞은 수를 써넣으세요.

6 이등변삼각형을 2개를 그려 보세요.

7 주어진 선분을 이용하여 두 각이 각각 50°인 이등변삼각형을 그려 보세요.

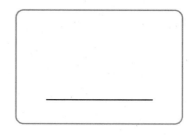

8 주어진 선분을 한 변으로 하여 정삼각형을 그려 보세요.

9 선분 ㄱㄴ과 한 점을 이어서 둔각삼각형을 그리려고 합니다. 어느 점과 이을 수 있는지 모두 고르세요. (   )

①   ②   ③   ④   ⑤
•   •   •   •   •

ㄱ —————— ㄴ

10 삼각형의 세 변의 길이의 합은 몇 cm일까요?

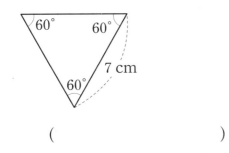

(   )

11 두 변의 길이가 다음과 같은 이등변삼각형이 있습니다. 나머지 한 변이 될 수 있는 길이를 모두 구해 보세요.

6 cm   10 cm

(   )

12 길이가 27 cm인 철사를 남기거나 겹치는 부분이 없도록 구부려서 정삼각형을 한 개 만들었습니다. 정삼각형의 한 변의 길이는 몇 cm일까요?

(   )

13 오른쪽 이등변삼각형의 세 변의 길이의 합은 몇 cm일까요?

(   )

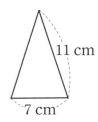

11 cm

7 cm

14 삼각형의 세 각 중 두 각의 크기를 나타낸 것입니다. 둔각삼각형을 찾아 기호를 써 보세요.

㉠ 80°, 35°	㉡ 65°, 40°
㉢ 30°, 50°	㉣ 70°, 45°

(   )

15 직사각형 모양의 종이를 점선을 따라 오렸을 때 예각삼각형과 둔각삼각형을 각각 모두 찾아 기호를 써 보세요.

예각삼각형 (   )
둔각삼각형 (   )

✏️ 서술형 문제

➡️ 정답과 풀이 60쪽

16 이등변삼각형입니다. ☐ 안에 알맞은 수를 써넣으세요.

17 정삼각형 2개를 그림과 같이 이어 붙였습니다. 각 ㄴㄱㄹ의 크기를 구해 보세요.

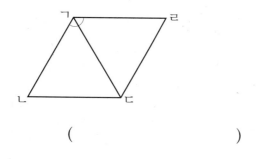

(   )

18 도형에서 찾을 수 있는 크고 작은 둔각삼각형은 모두 몇 개일까요?

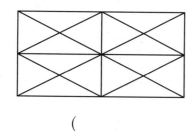

(   )

19 삼각형의 두 각의 크기가 55°, 45°일 때, 이 삼각형은 어떤 삼각형인지 풀이 과정을 쓰고 답을 구해 보세요.

풀이

답

20 삼각형 ㄱㄴㄷ에서 각 ㄱㄴㄷ의 크기는 몇 도인지 풀이 과정을 쓰고 답을 구해 보세요.

풀이

답

2. 삼각형

[1~2] 그림을 보고 물음에 답하세요.

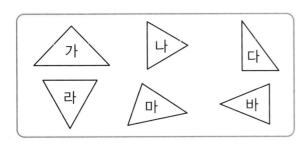

1 이등변삼각형을 모두 찾아 기호를 써 보세요.

( )

2 정삼각형을 모두 찾아 기호를 써 보세요.

( )

3 삼각형의 세 변의 길이를 나타낸 것입니다. 이등변삼각형을 찾아 기호를 써 보세요.

> ㉠ 4 cm, 5 cm, 6 cm
> ㉡ 8 cm, 3 cm, 8 cm
> ㉢ 7 cm, 9 cm, 11 cm
> ㉣ 3 cm, 6 cm, 8 cm

( )

4 ☐ 안에 알맞은 수를 써넣으세요.

5 주어진 선분을 한 변으로 하는 이등변삼각형을 그려 보세요.

6 사각형에 선분을 한 개를 그어 둔각삼각형을 2개 만들어 보세요.

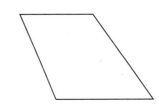

7 ☐ 안에 알맞은 수를 써넣으세요.

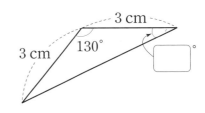

8 삼각형에서 ㉠의 각도를 구해 보세요.

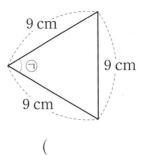

( )

9 한 변의 길이가 7 cm인 정삼각형의 세 변의 길이의 합은 몇 cm일까요?

( )

10 한 변의 길이가 2 cm인 정삼각형을 그려 보세요.

11 삼각형의 이름이 될 수 있는 것을 모두 고르세요. ( )

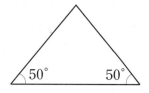

① 이등변삼각형   ② 정삼각형
③ 예각삼각형   ④ 직각삼각형
⑤ 둔각삼각형

12 이등변삼각형입니다. ☐ 안에 알맞은 수를 써 넣으세요.

13 오른쪽 삼각형은 세 변의 길이의 합이 23 cm인 이등변삼각형입니다. 변 ㄱㄴ의 길이는 몇 cm 일까요?

( )

14 길이가 36 cm인 철사로 가장 큰 정삼각형을 만들려고 합니다. 한 변의 길이는 몇 cm로 해야 할까요?

( )

15 삼각형의 두 각의 크기가 각각 70°, 55°일 때, 이 삼각형은 어떤 삼각형인지 삼각형의 이름을 모두 써 보세요.

( )

16 도형에서 찾을 수 있는 크고 작은 예각삼각형은 모두 몇 개일까요?

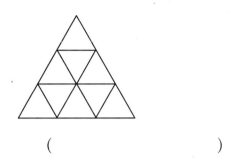

(   )

17 이등변삼각형을 만든 철사를 펴서 남기거나 겹치는 부분이 없도록 구부려서 정삼각형 한 개를 만들었습니다. 만든 정삼각형의 한 변의 길이는 몇 cm일까요?

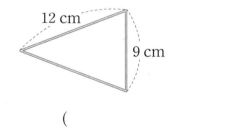

(   )

18 세 변의 길이의 합이 28 cm인 이등변삼각형의 한 변의 길이가 10 cm일 때, 다른 두 변이 될 수 있는 길이를 모두 구해 보세요.

(   ), (   )

19 예각삼각형의 두 각의 크기가 될 수 있는 것을 찾아 기호를 쓰려고 합니다. 풀이 과정을 쓰고 답을 구해 보세요.

| ㉠ 60°, 95° | ㉡ 90°, 50° |
| ㉢ 40°, 45° | ㉣ 65°, 60° |

풀이

답

20 삼각형 ㄱㄴㄷ은 이등변삼각형입니다. 각 ㄴㄹㅁ의 크기는 몇 도인지 풀이 과정을 쓰고 답을 구해 보세요.

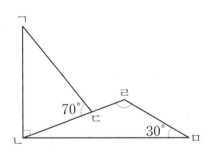

풀이

답

1 분수를 소수로 나타내고 읽어 보세요.

(1) $\dfrac{52}{100}$ ➡ 소수 (　　　　　　)

읽기 (　　　　　　)

(2) $\dfrac{2037}{1000}$ ➡ 소수 (　　　　　　)

읽기 (　　　　　　)

2 ☐ 안에 알맞은 소수를 써넣으세요.

(1) 597 cm = ☐ m

(2) 3208 m = ☐ km

3 ☐ 안에 알맞은 소수를 써넣으세요.

4 ☐ 안에 알맞은 수를 써넣으세요.

0.78 ➡ 0.01이 ☐ 개

－ 0.65 ➡ 0.01이 ☐ 개

☐ ⬅ 0.01이 ☐ 개

5 계산해 보세요.

(1)　　0.5
　　＋0.1

(2)　　16.47
　　＋　8.07

(3)　　0.6
　　－0.25

(4)　　7.2
　　－2.9

6 빈칸에 알맞은 수를 써넣으세요.

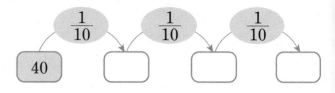

7 ☐ 안에 알맞은 수를 써넣으세요.

(1) 5는 0.5의 ☐ 배입니다.

(2) 6.8은 0.068의 ☐ 배입니다.

8 숫자 3이 나타내는 수가 0.03인 것을 찾아 기호를 써 보세요.

> ㉠ 5.371 ㉡ 9.23
> ㉢ 3.56   ㉣ 1.973

(   )

9 무게가 0.45 kg인 바구니에 옥수수가 1.76 kg 담겨 있습니다. 옥수수가 담긴 바구니의 무게는 몇 kg일까요?

(   )

10 계산 결과를 비교하여 ○ 안에 >, <를 알맞게 써넣으세요.

$$0.9+5.41 \bigcirc 7-0.65$$

11 계산이 <u>잘못된</u> 곳을 찾아 바르게 계산해 보세요.

$$
\begin{array}{r}
4\,1.3\,5 \\
-\ \ 2.1\,2 \\
\hline
2\,0.1\,5
\end{array}
$$ ⇒ ☐

12 ㉠이 나타내는 값은 ㉡이 나타내는 값의 몇 배일까요?

> 2<u>7</u>.3<u>6</u>7
>   ㉠ ㉡

(   )

13 10이 8개, 1이 5개, 0.1이 9개, 0.001이 26개인 수를 쓰고 읽어 보세요.

쓰기 (   )
읽기 (   )

14 가장 큰 수와 가장 작은 수의 차를 구해 보세요.

> 3.09   6.5   2.78   2.9

(   )

15 ☐ 안에 알맞은 수를 써넣으세요.

$$
\begin{array}{r}
4\,.8\,\square \\
+\ \square\,.2\,7 \\
\hline
7\,.1\,\ 2
\end{array}
$$

16 ㉠과 ㉡의 합을 구해 보세요.

> ㉠ 0.1이 15개인 수
> ㉡ 0.01이 278개인 수

(   )

17 두 그릇의 들이의 차는 몇 L일까요?

5.2 L   1350 mL

(   )

18 4장의 카드를 한 번씩 모두 사용하여 만들 수 있는 소수 두 자리 수 중에서 가장 큰 수와 가장 작은 수의 합을 구해 보세요.

5   9   3   .

(   )

19 0.01이 865개인 수에서 숫자 5가 나타내는 값은 얼마인지 풀이 과정을 쓰고 답을 구해 보세요.

풀이 _____

_____

_____

답 _____

20 어떤 수에 0.36을 더해야 할 것을 잘못하여 뺐더니 4.58이 되었습니다. 바르게 계산한 값은 얼마인지 풀이 과정을 쓰고 답을 구해 보세요.

풀이 _____

_____

_____

답 _____

3. 소수의 덧셈과 뺄셈

1 소수에서 생략할 수 있는 0은 모두 몇 개 있을까요?

| 0.90   20.01   0.106   0.680 |

(   )

2 두 수의 크기를 비교하여 ○ 안에 >, =, <를 알맞게 써넣으세요.

(1) 0.769 ◯ 0.698

(2) 12.94 ◯ 12.97

3 일의 자리 숫자가 3, 소수 첫째 자리 숫자가 7, 소수 둘째 자리 숫자가 0, 소수 셋째 자리 숫자가 8인 소수 세 자리 수를 쓰고 읽어 보세요.

쓰기 (   )

읽기 (   )

4 계산해 보세요.

(1)
```
   1.6 7
 + 3.5
───────
```

(2)
```
   9.1 5
 − 0.4 4
───────
```

5 숫자 7이 나타내는 값이 큰 수부터 차례로 기호를 써 보세요.

| ㉠ 3.087   ㉡ 27.56 |
| ㉢ 12.75   ㉣ 5.372 |

(   )

6 ☐ 안에 알맞은 수를 써넣으세요.

7 다음 중 잘못 나타낸 것은 어느 것일까요?

(   )

① 25.4 cm = 0.254 m

② 0.637 km = 637 m

③ 84 m = 0.84 km

④ 7.094 m = 709.4 cm

⑤ 1568 m = 1.568 km

8 지현이의 키는 118.85 cm이고 민선이의 키는 118.69 cm입니다. 지현이와 민선이 중에서 누구의 키가 몇 cm 더 클까요?

(,   )

9 빈칸에 알맞은 수를 써넣으세요.

1.43만큼 더 작은 수 □ — 3.51 — □ 0.89만큼 더 큰 수

10 물이 들어 있는 병의 무게는 1.74 kg입니다. 빈 병의 무게가 0.81 kg이라면 물의 무게는 몇 kg일까요?

( )

11 물통에 물이 26.8 L 들어 있습니다. 이 물의 $\dfrac{1}{100}$은 몇 L일까요?

( )

12 0.005와 같은 수를 찾아 기호를 써 보세요.

ㄱ 5의 $\dfrac{1}{100}$ ㄴ 0.05의 100배

ㄷ 0.5의 $\dfrac{1}{10}$ ㄹ 0.5의 $\dfrac{1}{100}$

( )

13 집에서 병원을 지나 약국까지의 거리는 모두 몇 km일까요?

( )

14 0부터 9까지의 수 중에서 □ 안에 들어갈 수 있는 수는 모두 몇 개일까요?

18.3□1 > 18.354

( )

15 □ 안에 알맞은 수를 써넣으세요.

```
    8 . 5
-  □ . 8 3
-----------
    4 . 6 □
```

16 길이가 13.67 cm인 노란색 테이프와 9.42 cm인 초록색 테이프를 겹쳐서 이어 붙였더니 전체 길이가 21.55 cm였습니다. 겹쳐진 부분의 길이는 몇 cm일까요?

(　　　　　　　)

17 ㉠과 ㉡에 알맞은 수 중에서 더 큰 것의 기호를 써 보세요.

$$27.3 - ㉠ = 15.64$$
$$㉡ + 1.99 = 13.5$$

(　　　　　　　)

18 가와 나가 나타내는 소수의 합을 구해 보세요.

┼┼┼┼┼┼┼┼┼┼　┼┼┼┼┼┼┼┼┼┼
3.8　　↑　　3.9　6.9　　　　↑　　7.0
　　　가　　　　　　　　　　나

(　　　　　　　)

19 5장의 카드를 한 번씩 모두 사용하여 만들 수 있는 소수 세 자리 수 중에서 두 번째로 큰 수를 구하는 풀이 과정을 쓰고 답을 구해 보세요.

2　5　7　4　.

풀이 _____

_____

_____

_____

답 _____

20 종이 600장을 쌓은 높이는 6 cm입니다. 종이 1장의 높이는 몇 cm인지 풀이 과정을 쓰고 답을 구해 보세요.

풀이 _____

_____

_____

_____

답 _____

3

1 □ 안에 알맞은 수를 써넣으세요.

$$3\frac{4}{7} - 1\frac{3}{7}$$

$$= (\boxed{} - \boxed{}) + \left(\frac{\boxed{}}{7} - \frac{\boxed{}}{7}\right)$$

$$= \boxed{} + \frac{\boxed{}}{7} = \boxed{}\frac{\boxed{}}{7}$$

2 이등변삼각형입니다. □ 안에 알맞은 수를 써넣으세요.

3 계산해 보세요.

(1) $0.4 + 0.3$

(2) $5.7 - 3.2$

(3) $2.41 + 5.27$

(4) $8.95 - 4.71$

4 두 수의 크기를 비교하여 ○ 안에 >, =, < 를 알맞게 써넣으세요.

(1) 3.593 ◯ 3.567

(2) 4.012 ◯ 4.015

5 설명하는 수는 얼마인지 풀이 과정을 쓰고 답을 구해 보세요.

$$4\frac{9}{15}\text{보다 }\frac{7}{15}\text{만큼 더 큰 수}$$

풀이 ....

....

....

....

답 ....

6 사각형에 선분 한 개를 그어 예각삼각형 1개와 둔각삼각형 1개를 만들어 보세요.

7 가장 큰 수와 가장 작은 수의 차는 얼마인지 풀이 과정을 쓰고 답을 구해 보세요.

3.52	5.09	3.54	1.97

풀이

답

8 나타내는 수가 다른 하나를 찾아 기호를 쓰려고 합니다. 풀이 과정을 쓰고 답을 구해 보세요.

㉠ 5.634의 10배

㉡ 56.34의 $\frac{1}{10}$

㉢ 563.4의 $\frac{1}{100}$

풀이

답

9 다음 삼각형에서 찾을 수 있는 예각은 모두 몇 개일까요?

정산가형	지가산가형
예각삼각형	둔각삼각형

(   )

10 삼각형 ㄱㄴㄷ은 이등변삼각형입니다. 각 ㄴㄷ ㄹ의 크기를 구하려고 합니다. 풀이 과정을 쓰고 답을 구해 보세요.

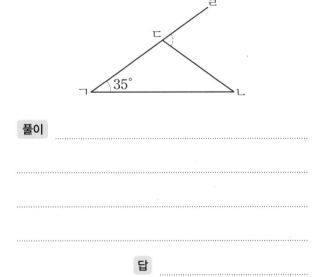

풀이

답

11 조건을 모두 만족하는 분수들의 합을 구해 보세요.

• 3보다 크고 4보다 작습니다.
• 분모가 5입니다.

(   )

12 ㉠이 나타내는 수는 ㉡이 나타내는 수의 몇 배
일까요?

46.247
㉠ ㉡

( )

13 삼각형 ㄱㄴㄷ의 이름으로 알맞은 것을 모두 찾
아 ○표 하세요.

예각삼각형   직각삼각형   둔각삼각형
이등변삼각형   정삼각형

14 수 카드 중에서 2장을 뽑아 분모가 13인 진분
수를 만들려고 합니다. 만들 수 있는 가장 큰 진
분수와 가장 작은 진분수의 차를 구해 보세요.

2 5 8 10 13

( )

15 삼각형의 세 각 중에서 두 각의 크기를 나타낸
것입니다. 이등변삼각형이 될 수 있는 것을 찾
아 풀이 과정을 쓰고 답을 구해 보세요.

35°, 45°   55°, 70°   35°, 105°

풀이

답

16 어떤 수에서 $\frac{5}{11}$ 를 빼야 할 것을 잘못하여 더
했더니 $3\frac{2}{11}$ 가 되었습니다. 바르게 계산하면
얼마인지 풀이 과정을 쓰고 답을 구해 보세요.

풀이

답

17 윤수와 형이 과수원에서 귤을 땄습니다. 윤수는 귤을 3.65 kg땄고, 형은 윤수보다 2.86 kg 더 많이 땄습니다. 두 사람이 딴 귤은 모두 몇 kg인지 풀이 과정을 쓰고 답을 구해 보세요.

풀이 ....

....

....

....

답 ....

18 이등변삼각형을 만들었던 끈을 모두 사용하여 남는 부분이나 겹치는 부분이 없이 정삼각형을 만들었습니다. 정삼각형의 한 변의 길이는 몇 cm인지 풀이 과정을 쓰고 답을 구해 보세요.

풀이 ....

....

....

....

답 ....

19 계산 결과가 진분수일 때, ☐ 안에 들어갈 수 있는 자연수는 모두 몇 개인지 풀이 과정을 쓰고 답을 구해 보세요.

$$\frac{9}{14} + \frac{\square}{14}$$

풀이 ....

....

....

....

....

답 ....

20 ■＋■＋■ ＝ 3.9일 때, ■에 알맞은 수를 구하는 풀이 과정을 쓰고 답을 구해 보세요.
(단, 같은 모양은 같은 숫자를 나타냅니다.)

풀이 ....

....

....

....

답 ....

1 두 직선이 서로 수직인 것은 어느 것일까요?

(   )

2 사다리꼴을 찾아 기호를 써 보세요.

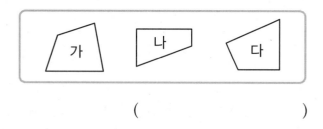

(   )

[3~4] 그림을 보고 물음에 답하세요.

3 직선 가에 대한 수선은 어느 것일까요?

(   )

4 서로 평행한 직선을 찾아 써 보세요.

(   )

5 평행사변형입니다. ☐ 안에 알맞은 수를 써넣으세요.

6 서로 수직인 변이 있는 도형을 모두 고르세요.

(   )

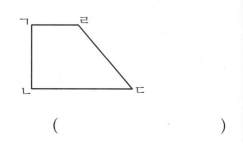

7 변 ㄱㄴ과 수직인 변은 모두 몇 개일까요?

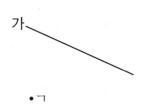

(   )

8 점 ㄱ을 지나고 직선 가에 대한 수선을 그어 보세요.

9 도형에서 서로 평행한 변을 찾아 써 보세요.

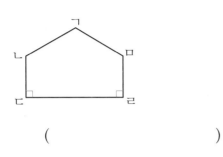

( )

10 직선 가와 직선 나는 서로 평행합니다. 평행선 사이의 거리를 재려면 어느 선분의 길이를 재어야 할까요?

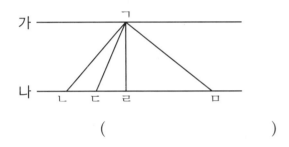

( )

11 평행선 사이의 거리를 재어 보세요.

( )

12 마름모입니다. 네 변의 길이의 합은 몇 cm일까요?

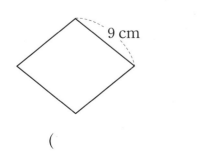

( )

13 주어진 선분을 이용하여 평행사변형과 정사각형을 그려 보세요.

(1) 평행사변형   (2) 정사각형

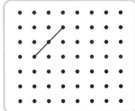

14 네 변의 길이의 합이 48 cm인 정사각형이 있습니다. 이 정사각형의 한 변은 몇 cm일까요?

( )

15 수선도 있고 평행선도 있는 문자는 몇 개일까요?

( )

16 직선 가와 직선 나는 서로 수직입니다. ㉠의 각도를 구해 보세요.

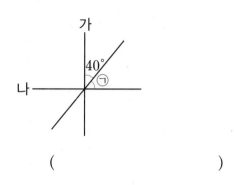

(　　　　　　　　)

17 도형에서 찾을 수 있는 크고 작은 사다리꼴은 모두 몇 개일까요?

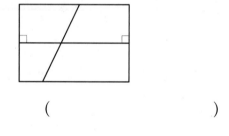

(　　　　　　　　)

18 직선 가와 직선 나는 서로 평행합니다. ㉠의 각도를 구해 보세요.

(　　　　　　　　)

19 직선 가, 나, 다가 서로 평행할 때, 직선 가와 직선 다 사이의 거리는 몇 cm인지 풀이 과정을 쓰고 답을 구해 보세요.

풀이

답

20 사각형 ㄱㄴㄷㄹ은 평행사변형이고, 사각형 ㅁㅂㅅㅇ은 마름모입니다. 두 사각형의 네 변의 길이의 합이 같을 때 변 ㄱㄹ의 길이는 몇 cm인지 풀이 과정을 쓰고 답을 구해 보세요.

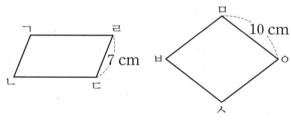

풀이

답

1 도형에서 직각인 곳을 모두 찾아 ○표 하세요.

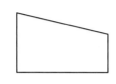

[2~3] 도형을 보고 물음에 답하세요.

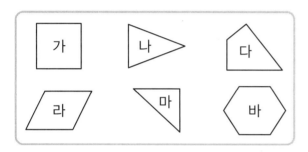

2 서로 수직인 변이 있는 도형을 모두 찾아 써 보세요.

( )

3 서로 평행한 변이 있는 도형은 모두 몇 개일까요?

( )

4 직선 가와 직선 나는 서로 평행합니다. 평행선 사이의 거리는 몇 cm일까요?

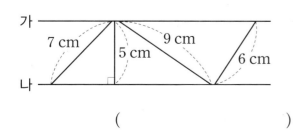

( )

5 직사각형입니다. □ 안에 알맞은 수를 써넣으세요.

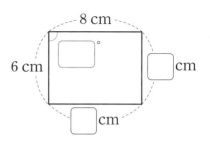

6 선분 ㄱㅇ에 대한 수선을 써 보세요.

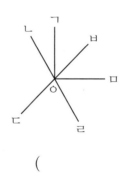

( )

7 직사각형에 대한 설명으로 틀린 것은 어느 것일까요? ( )

① 마주 보는 두 쌍의 변이 서로 평행합니다.
② 마주 보는 두 변의 길이가 같습니다.
③ 평행사변형이라고 할 수 있습니다.
④ 정사각형이라고 할 수 있습니다.
⑤ 네 각이 모두 직각입니다.

8 점 종이에서 한 꼭짓점만 옮겨서 평행사변형을 만들어 보세요.

9 평행선 사이의 거리를 알려면 어느 변의 길이를 재어야 할까요?

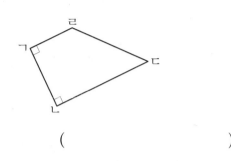

( )

10 직선 가와 수직으로 만나고 직선 나와 평행한 직선을 몇 개 그을 수 있을까요?

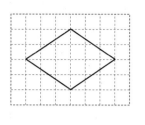

( )

① 0개   ② 2개
③ 3개   ④ 5개
⑤ 셀 수 없이 많이 그을 수 있습니다.

11 주어진 선분을 이용하여 평행선이 두 쌍인 사각형을 그려 보세요.

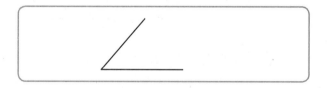

12 점 ㄱ을 지나고 변 ㄴㄷ에 평행한 직선을 그어 보세요.

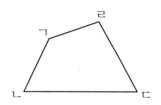

13 정사각형이 <u>아닌</u> 이유를 설명해 보세요.

( )

14 <u>잘못</u> 말한 사람을 찾아 이름을 써 보세요.

> 은지: 평행한 두 직선은 서로 만나지 않아.
> 재우: 한 직선에 평행한 두 직선은 서로 수직
> 이지.
> 현빈: 한 직선에 수직인 두 직선은 서로 평행해.

( )

15 사각형 ㄱㄴㄷㄹ은 평행사변형입니다. 각 ㄹㄷㅁ의 크기를 구해 보세요.

( )

16 선분 ㄱㄴ과 선분 ㄷㄹ은 서로 수직입니다. 각 ㄷㄹㄴ을 3등분하였을 때 ㉠의 각도를 구해 보세요.

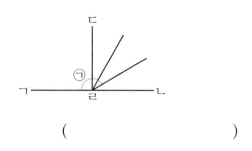

(   )

17 변 ㄱㅂ과 변 ㄴㄷ은 서로 평행합니다. 이 평행선 사이의 거리는 몇 cm일까요?

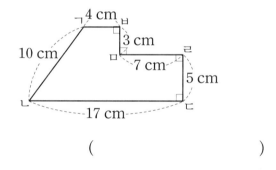

(   )

18 직사각형 ㄱㄴㄷㄹ 안에 마름모 ㅁㅂㅅㅇ을 그렸습니다. 각 ㅂㅅㄴ의 크기를 구해 보세요.

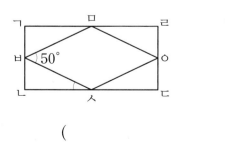

(   )

19 평행사변형 ㄱㄴㄷㄹ의 네 변의 길이의 합은 몇 cm인지 풀이 과정을 쓰고 답을 구해 보세요.

풀이 _____

_____

_____

_____

답 _____

20 서로 평행한 직선은 모두 몇 쌍인지 풀이 과정을 쓰고 답을 구해 보세요.

풀이 _____

_____

_____

_____

답 _____

[1~4] 성현이가 읽은 책 수를 월별로 조사하여 나타낸 그래프입니다. 물음에 답하세요.

읽은 책 수

1 위와 같은 그래프를 무슨 그래프라고 할까요?

( )

2 가로와 세로는 각각 무엇을 나타낼까요?

가로 ( )

세로 ( )

3 세로 눈금 한 칸은 몇 권을 나타낼까요?

( )

4 성현이가 7월에 읽은 책은 몇 권일까요?

( )

5 꺾은선그래프를 그리는 순서대로 기호를 써 보세요.

┌─────────────────────────────────────┐
│ ㉠ 꺾은선그래프의 제목을 붙입니다. │
│ ㉡ 가로 눈금과 세로 눈금이 만나는 자리에 │
│   조사한 내용을 점으로 찍습니다. │
│ ㉢ 세로 눈금 한 칸의 크기를 정합니다. │
│ ㉣ 점들을 선분으로 잇습니다. │
│ ㉤ 가로와 세로 중 어느 쪽에 조사한 수를 나 │
│   타낼지 정합니다. │
└─────────────────────────────────────┘

( )

[6~7] 수정이의 50 m 달리기 기록을 조사하여 나타낸 표를 보고 꺾은선그래프로 나타내려고 합니다. 물음에 답하세요.

50 m 달리기 기록

날짜(일)	1	2	3	4
기록(초)	12	9	7	8

6 표를 보고 꺾은선그래프로 나타내어 보세요.

50 m 달리기 기록

7 달리기 기록이 가장 좋은 때는 언제일까요?

( )

[8~11] 고양이의 무게를 매달 1일에 조사하여 나타낸 꺾은선그래프입니다. 물음에 답하세요.

고양이의 무게

8 그래프를 보고 표의 빈칸에 알맞은 수를 써넣으세요.

고양이의 무게

월(월)	3	4	5	6	7
무게(kg)					

9 고양이의 무게가 13 kg였을 때는 몇 월일까요?

( )

10 고양이의 무게가 전월에 비해 줄어든 때는 몇 kg 줄었을까요?

( )

11 6월 15일에 고양이의 무게는 몇 kg였을까요?

( )

[12~14] 은주의 몸무게를 매달 1일에 재어 나타낸 꺾은선그래프입니다. 물음에 답하세요.

은주의 몸무게

12 몸무게가 가장 적게 나간 때는 몇 월일까요?

( )

13 몸무게가 가장 많이 나간 때는 몇 kg일까요?

( )

14 몸무게의 변화가 없는 때는 몇 월과 몇 월 사이일까요?

( )

15 꺾은선그래프를 바르게 그린 것은 어느 것인지 찾아 기호를 써 보세요.

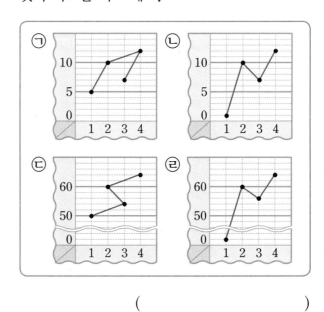

( )

[16~17] 어느 지역의 월별 강수량을 조사하여 나타낸 표입니다. 물음에 답하세요.

월별 강수량

월(월)	8	9	10	11	12
강수량(mm)	25	28	26	32	21

16 월별 강수량의 변화를 알아보려면 막대그래프와 꺾은선그래프 중에서 어느 것으로 나타내면 좋을까요?

( )

17 표를 보고 알맞은 그래프로 나타내어 보세요.

월별 강수량

18 미주와 수정이의 키를 매달 1일에 조사하여 나타낸 꺾은선그래프입니다. 두 사람의 키의 차가 가장 큰 때는 몇 월이고, 그때의 키의 차는 몇 cm일까요?

미주와 수정이의 키

( ), ( )

19 재후의 체온을 조사하여 나타낸 꺾은선그래프입니다. 오후 5시에 재후의 체온은 몇 ℃였을지 풀이 과정을 쓰고 답을 구해 보세요.

재후의 체온

풀이

답

20 어느 마을의 주민 수를 조사하여 나타낸 꺾은선그래프입니다. 2022년에 이 마을의 주민 수는 어떻게 변할지 예상해 보고 그 이유를 설명해 보세요.

마을의 주민 수

예상

이유

[1~4] 교실의 온도를 조사하여 나타낸 꺾은선그래 프입니다. 물음에 답하세요.

교실의 온도

(°C)
20
15
10
5
0

온도
시각 | 오전 | 10 | 11 | 12 | 1 | 2 | (시)
낮 오후

1 세로 눈금 한 칸은 몇 °C를 나타낼까요?

( )

2 교실의 온도가 가장 높은 때는 몇 시일까요?

( )

3 교실의 온도가 8 °C인 때는 몇 시일까요?

( )

4 오후 1시 30분에는 온도가 몇 °C였을까요?

( )

[5~8] 어느 저수지의 수면의 높이를 매일 측정하여 나타낸 표입니다. 물음에 답하세요.

수면의 높이

날짜(일)	1	2	3	4	5
높이(m)	8.4	9.1	9.2	8.8	9.5

5 그래프를 그리는 데 꼭 필요한 부분은 몇 m부 터 몇 m까지일까요?

( )

6 물결선으로 생략할 수 있는 부분은 몇 m까지 일까요?

( ) 밑 부분까지

7 세로 눈금 한 칸을 몇 m로 하는 것이 좋을까요?

( )

8 표를 보고 꺾은선그래프로 나타내어 보세요.

수면의 높이

9 꺾은선그래프로 나타내면 더 좋은 것에 '꺾'을 쓰고, 막대그래프로 나타내면 더 좋은 것에 '막'을 써 보세요.

(1) 요일별 팔굽혀펴기 기록의 변화

(　　　　　　　　)

(2) 도시별 최고 기온

(　　　　　　　　)

[10~11] 어느 가구점의 책상 판매량을 조사하여 나타낸 표입니다. 물음에 답하세요.

책상 판매량

월(월)	8	9	10	11
판매량(개)	6	5	10	7

10 월별 책상 판매량의 변화를 알아보려면 막대그래프와 꺾은선그래프 중에서 어느 것으로 나타내면 좋을까요?

(　　　　　　　　)

11 표를 보고 알맞은 그래프로 나타내어 보세요.

책상 판매량

[12~15] 어느 뮤지컬 공연의 관객 수를 조사하여 나타낸 꺾은선그래프입니다. 물음에 답하세요.

뮤지컬 공연의 관객 수

12 수요일의 관객 수는 몇 명일까요?

(　　　　　　　　)

13 관객 수가 가장 많은 요일과 가장 적은 요일의 관객 수의 차는 몇 명일까요?

(　　　　　　　　)

14 전날에 비해 관객 수의 변화가 가장 큰 때는 어느 요일일까요?

(　　　　　　　　)

15 전날에 비해 관객 수의 변화가 가장 적은 때의 관객 수의 차는 몇 명일까요?

(　　　　　　　　)

정답과 풀이 71쪽

✎ 서술형 문제

[16~18] 성수네 밭의 연도별 고구마 수확량을 조사하여 나타낸 표를 보고 꺾은선그래프로 나타내려고 합니다. 물음에 답하세요.

고구마 수확량

연도(년)	2017	2018	2019	2020	2021
수확량(kg)	1300	1800	1600	2000	2100

16 가로에 연도를 나타낸다면 세로에는 무엇을 나타내어야 할까요?

( )

17 표를 보고 꺾은선그래프로 나타내어 보세요.

18 해마다 고구마를 한 상자에 100 kg씩 담아 2만 원씩 받고 모두 팔았습니다. 고구마를 팔아서 번 돈이 가장 많은 때와 가장 적은 때의 금액의 차를 구해 보세요.

( )

[19~20] 가 회사와 나 회사의 자동차 판매량을 조사하여 나타낸 꺾은선그래프입니다. 물음에 답하세요.

자동차 판매량

— 가   — 나

19 10월의 두 회사의 자동차 판매량의 합을 구하려고 합니다. 풀이 과정을 쓰고 답을 구해 보세요.

풀이

답

20 두 회사의 자동차 판매량의 차가 가장 큰 때의 판매량의 차를 구하는 풀이 과정을 쓰고 답을 구해 보세요.

풀이

답

5

[1~2] 그림을 보고 물음에 답하세요.

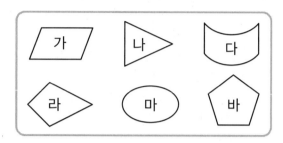

1 다각형을 모두 찾아 기호를 써 보세요.

( )

2 정다각형을 찾아 기호를 쓰고, 그 이름을 써 보세요.

( ), ( )

3 두 대각선이 서로 수직으로 만나는 사각형은 어느 것일까요? ( )

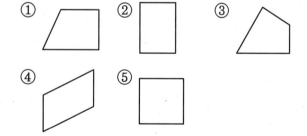

4 정다각형의 이름을 써 보세요.

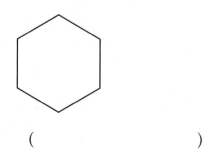

( )

5 도형이 다각형이 **아닌** 이유를 써 보세요.

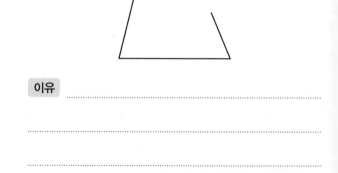

이유 ....

....

....

6 정사각형 ㄱㄴㄷㄹ에서 각 ㄱㅁㄹ의 크기는 몇 도인지 구해 보세요.

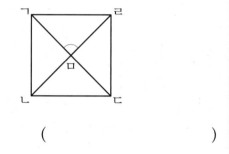

( )

7 대각선을 모두 그어 보세요.

8 직사각형 ㄱㄴㄷㄹ에서 선분 ㄱㄷ과 길이가 같은 선분을 찾아 써 보세요.

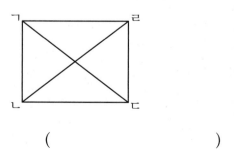

( )

9 모양을 채우고 있는 다각형의 이름을 써 보세요.

(   )

[10~11] 모양 조각을 보고 물음에 답하세요.

10 모양 조각을 여러 번 사용하여 도형을 만들어 보세요.

(1) 마름모   (2) 육각형

11 모양 조각을 모두 한 번씩 사용하여 주어진 모양을 채워 보세요.

12 모양 조각 나를 만들려면 모양 조각 가는 몇 개 필요할까요?

가   나

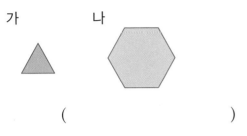

(   )

13 정육각형의 모든 변의 길이의 합을 구해 보세요.

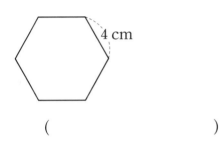

(   )

14 정팔각형의 한 각의 크기는 $135°$입니다. 정팔각형의 모든 각의 크기의 합은 몇 도인지 구해 보세요.

(   )

6

15 평행사변형 ㄱㄴㄷㄹ에서 두 대각선의 길이의 합은 몇 cm일까요?

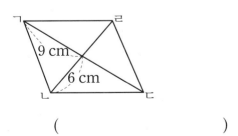

(   )

16 도형 가는 직사각형이고 도형 나는 정사각형입니다. 선분 ㄴㄹ과 선분 ㅁㅅ의 길이의 차는 몇 cm일까요?

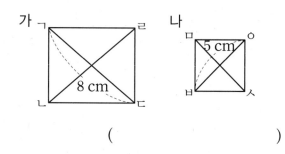

(   )

17 사각형 ㄱㄴㄷㄹ은 직사각형이고 삼각형 ㄱㄴㅁ은 정삼각형입니다. 선분 ㄱㄷ의 길이는 몇 cm일까요?

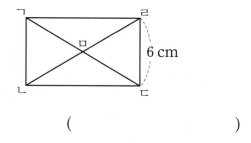

(   )

18 정오각형입니다. ㉠과 ㉡의 각도를 각각 구해 보세요.

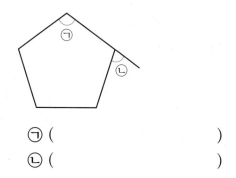

㉠ (   )
㉡ (   )

19 삼각형의 대각선의 수와 오각형의 대각선의 수를 더하면 모두 몇 개인지 풀이 과정을 쓰고 답을 구해 보세요.

풀이

답

20 직사각형 ㄱㄴㄷㄹ에서 각 ㄱㄴㅁ의 크기는 몇 도인지 풀이 과정을 쓰고 답을 구해 보세요.

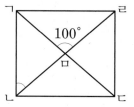

풀이

답

1 ☐ 안에 알맞은 말을 써넣으세요.

> 변의 길이와 각의 크기가 모두 같은 다각형을
> ☐ 이라고 합니다.

2 다각형이 <u>아닌</u> 것을 모두 고르세요. (   )

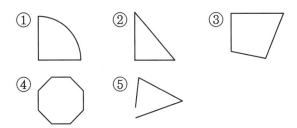

3 대각선을 모두 그어 보고 대각선의 수를 구해 보세요.

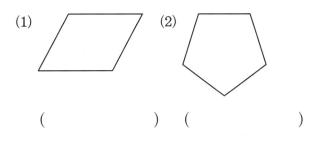

(1) (   )   (2) (   )

4 점 종이에 있는 선분을 이용하여 육각형을 완성해 보세요.

5 관계있는 것끼리 이어 보세요.

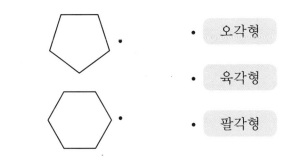

- 오각형
- 육각형
- 팔각형

[6~7] 도형을 보고 물음에 답하세요.

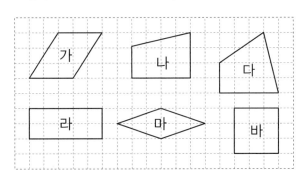

6 두 대각선의 길이가 같은 사각형을 모두 찾아 기호를 써 보세요.

(   )

7 두 대각선이 서로 수직으로 만나는 사각형을 모두 찾아 기호를 써 보세요.

(   )

6

[8~11] 모양 조각을 보고 물음에 답하세요.

8 나 모양 조각의 이름을 쓰고, 특징을 써 보세요.

이름 (   )

특징 (   )

9 정다각형을 모두 찾아 기호를 써 보세요.

(   )

10 모양 조각을 여러 번 사용하여 3가지 방법으로 정육각형을 채워 보세요.

11 모양 조각을 여러 번 사용하여 주어진 모양을 채워 보세요.

12 교통안전 표지에서 볼 수 있는 다각형의 이름을 써 보세요.

(   )

13 직사각형 ㄱㄴㄷㄹ에서 선분 ㅁㄴ의 길이는 몇 cm일까요?

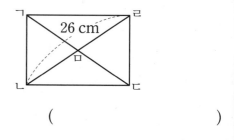

(   )

14 두 도형의 대각선의 수의 차를 구해 보세요.

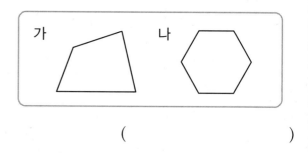

(   )

15 철사를 사용하여 한 변이 3 cm인 정팔각형을 만들려고 합니다. 필요한 철사의 길이는 적어도 몇 cm일까요?

(   )

16 정육각형의 모든 각의 크기의 합을 구해 보세요.

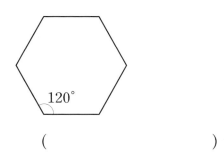

(　　　　　　　)

17 조건을 모두 만족하는 도형의 이름을 써 보세요.

> • 10개의 선분으로 둘러싸여 있습니다.
> • 변의 길이가 모두 같습니다.
> • 각의 크기가 모두 같습니다.

(　　　　　　　)

18 한 변이 5 cm이고, 모든 변의 길이의 합이 60 cm인 정다각형이 있습니다. 이 정다각형의 이름을 써 보세요.

(　　　　　　　)

19 직사각형 ㄱㄴㄷㄹ에서 변 ㄹㄷ은 변 ㄱㄹ보다 4 cm 짧습니다. 삼각형 ㄹㅁㄷ의 세 변의 길이의 합은 몇 cm인지 풀이 과정을 쓰고 답을 구해 보세요.

풀이

답

20 정팔각형의 한 각의 크기는 몇 도인지 풀이 과정을 쓰고 답을 구해 보세요.

풀이

답

1 다각형을 찾아 기호를 써 보세요.

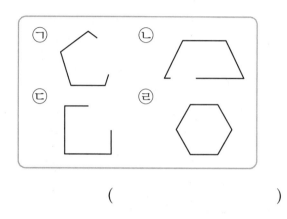

( )

2 정다각형입니다. ☐ 안에 알맞은 수를 써넣으세요.

(1) 5 cm

☐ cm

(2) 120° ☐°

3 도형을 보고 알 수 있는 사실을 써 보세요.

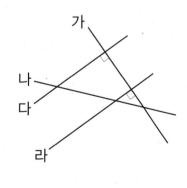

가
나
다
라

[4~5] 식물의 키를 나타낸 꺾은선그래프입니다. 물음에 답하세요.

식물의 키

(cm)

20

10

0

키 | 2 | 9 | 16
날짜 | | | (일)

4 16일에 식물의 키는 몇 cm일까요?

( )

5 물결선을 넣는다면 몇 cm와 몇 cm 사이에 넣으면 좋을지 풀이 과정을 쓰고 답을 구해 보세요.

풀이 ....

....

....

답 ....

6 사다리꼴입니다. 평행선을 찾아 평행선 사이의 거리를 재어 보세요.

(1) (2)

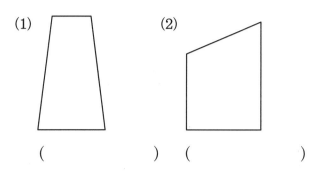

( ) ( )

7 설명하는 다각형의 이름을 써 보세요.

> • 8개의 선분으로 둘러싸인 도형입니다.
> • 변의 길이와 각의 크기가 모두 같습니다.

( )

8 사각형 모양의 종이를 선을 따라 잘랐습니다. 잘라 낸 사각형 중 평행사변형은 모두 몇 개일까요?

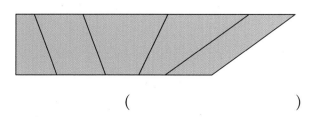

( )

[9~10] 이번 주 서진이의 줄넘기 횟수를 나타낸 표입니다. 물음에 답하세요.

줄넘기 횟수

요일(요일)	월	화	수	목
횟수(회)	110	120	130	140

9 표를 보고 물결선을 사용한 꺾은선그래프로 나타내어 보세요.

줄넘기 횟수

10 이번 주 금요일에 서진이의 줄넘기 횟수는 몇 회일지 풀이 과정을 쓰고 답을 구해 보세요.

풀이

답

[11~12] 연못에 있는 물고기의 수를 조사하여 꺾은선그래프로 나타내었습니다. 물음에 답하세요.

물고기의 수

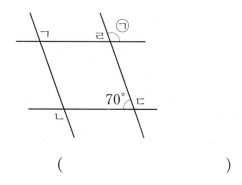

11 4월에 연못에 있는 물고기 수는 몇 마리였을지 풀이 과정을 쓰고 답을 구해 보세요.

풀이 ....

....

답 ....

12 세로 눈금 한 칸의 크기를 10마리로 하여 그래프를 다시 그린다면 1월과 3월에 물고기 수는 세로 눈금 몇 칸만큼 차이가 날까요?

(   )

13 사각형 ㄱㄴㄷㄹ은 마름모입니다. ㉠의 각도를 구해 보세요.

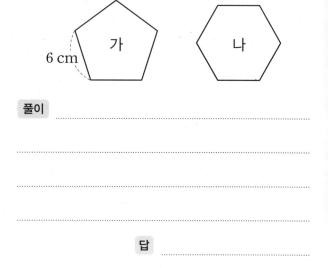

(   )

14 한 변의 길이가 3 cm이고 모든 변의 길이의 합이 42 cm인 정다각형의 이름은 무엇인지 풀이 과정을 쓰고 답을 구해 보세요.

풀이 ....

....

....

답 ....

15 직선 가, 직선 나, 직선 다는 서로 평행합니다. 직선 가와 직선 다 사이의 거리는 몇 cm일까요?

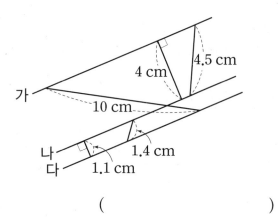

(   )

16 두 정다각형의 모든 변의 길이의 합이 같을 때 나의 한 변의 길이는 몇 cm인지 풀이 과정을 쓰고 답을 구해 보세요.

풀이 ....

....

....

답 ....

17 민영이의 수학 점수와 영어 점수를 꺾은선그래프로 나타내었습니다. 수학 점수와 영어 점수의 차가 가장 큰 때는 몇 점 차이가 나는지 풀이 과정을 쓰고 답을 구해 보세요.

민영이의 수학 점수와 영어 점수

수학 점수   영어 점수

풀이

답

18 두 평행사변형을 겹치지 않게 이어 붙였습니다. ㉠의 각도는 몇 도인지 풀이 과정을 쓰고 답을 구해 보세요.

풀이

답

19 정육각형에서 ㉠의 각도를 구하려고 합니다. 풀이 과정을 쓰고 답을 구해 보세요.

풀이

답

20 직선 가와 직선 나는 서로 평행합니다. ㉠의 각도는 몇 도인지 풀이 과정을 쓰고 답을 구해 보세요.

풀이

답

사고력이 반짝

● 여러 가지 사각형 모양의 색종이를 겹쳐 놓았습니다. 가장 위에 있는 종이부터 차례로 수를 써넣으려고 합니다. ☐ 안에 알맞은 수를 써넣으세요.

사고력이 반짝

● 보기 의 모양을 여러 번 이용하여 두 가지 모양을 빈틈없이 채워 보세요.

국어, 사회, 과학을
한 권으로 끝내는 교재가 있다?

이 한 권에 다 있다! 국·사·과 교과개념 통합본

디딤돌
통합본

국어·사회·과학

3~6학년(학기용)

"그건 바로 디딤돌만이 가능한 3 in 1"

한걸음 한걸음 디딤돌을 걷다 보면
수학이 완성됩니다.

● 개념 다지기
원리, 기본

초등수학 원리 / 초등수학 기본

● 문제해결력 강화
문제유형, 응용

초등수학 문제 유형 / 초등수학 응용

● 심화 완성
최상위 수학S, 최상위 수학

최상위 수학 S / 최상위 수학

● 연산 개념 다지기
디딤돌 연산

디딤돌 연산 수학

● 개념+문제해결력 강화를 동시에
기본+유형, 기본+응용

초등수학 기본+유형 / 초등수학 기본+응용

● 상위권의 힘, 사고력 강화
최상위 사고력

최상위 사고력

개념 이해 > **개념 응용** > **개념 확장**

학습 능력과 목표에 따라
맞춤형이 가능한 디딤돌 초등 수학

● **개념 이해**
디딤돌수학 개념연산

● **개념 응용**
최상위수학 라이트

● **개념 이해 · 적용**
디딤돌수학 고등 개념기본

● **개념 적용**
디딤돌수학 개념기본

● **개념 확장**
최상위수학

중학 수학

고등 수학

초등부터
고등까지

수학 좀 한다면

개념을 이해하고, 깨우치고, 꺼내 쓰는
올바른 중고등 개념 학습서

수능까지 연결되는 독해 로드맵

디딤돌 독해력은 수능까지 연결되는 체계적인 라인업을 통하여

수능에서 요구하는 핵심 독해 원리에 대한 이해는 물론,

단계 별로 심화되며 연결되는 학습의 과정을 통해

깊이 있고 종합적인 독해 사고의 능력까지 기를 수 있도록 도와줍니다.

기초를 다진 후에는 본격 실전 독해 훈련으로!
디딤돌 독해력 고학년 Ⅰ~Ⅳ

· 수능 국어 독서 영역을 기준으로 주제별, 수준별 구성
· 초등 고학년이 감당할 수 있는 중등 수준의 지문을 4단계로 세분화

독해력 공부를 처음 시작한다면, 기초를 튼튼히!
디딤돌 독해력 초등국어 1~6

· 초등 국어 교과서의 학년별 성취 기준을 바탕으로 독해 목표 설정
· 문학+비문학 제재로 구성, 차근차근 심화되는 독해 원리 학습

1~4학년군 1, 2, 3, 4   5~6학년군 5, 6

기초   기본   실력

초등   초등 고학년

기본+유형 │ 정답과 풀이

4
2

수학 좀 한다면

디딤돌

진도책 정답과 풀이

1 분수의 덧셈과 뺄셈

이미 학생들은 첨가나 합병, 제거나 비교 상황으로 자연수의 덧셈과 뺄셈의 의미를 학습하였습니다. 분수의 덧셈과 뺄셈은 같은 상황에 분수가 포함된 것입니다.
또한 3-1에서 학습한 분수의 의미, 즉 전체를 여러 등분으로 나누어 전체가 분모가 되고 부분이 분자가 되는 내용과 3-2에서 학습한 대분수와 가분수의 의미를 잘 인지하고 있어야 어렵지 않게 이 단원을 학습할 수 있습니다. 이 단원은 분수가 포함된 연산을 처음으로 학습하는 단원이므로 이후에 학습할 분모가 다른 분수의 덧셈과 뺄셈, 분수의 곱셈과 나눗셈과도 연계가 됩니다. 따라서 부족함 없이 충분히 학습할 수 있도록 지도해 주세요.

STEP 1 교과개념 1. 분수의 덧셈(1) 7쪽

1 ① 예

② 4, 1, 5

2 6, 7, 13, 1, 5

3 3, 5 / 2, 3, 5

4 ① 1, 2, 3 ② 4, 4, 8, 1, 2

1 ① $\frac{4}{6}$는 $\frac{1}{6}$이 4개이므로 4칸 색칠하고, $\frac{1}{6}$은 1칸 색칠합니다.

② 4+1=5 ➡ $\frac{4}{6}+\frac{1}{6}=\frac{5}{6}$

2 분모가 같은 진분수의 덧셈을 할 때에는 분모는 그대로 쓰고, 분자끼리 더한 후 가분수이면 대분수로 바꿉니다.

4 ① $\frac{1}{4}+\frac{2}{4}=\frac{1+2}{4}=\frac{3}{4}$

② $\frac{4}{6}+\frac{4}{6}=\frac{4+4}{6}=\frac{8}{6}=1\frac{2}{6}$

STEP 1 교과개념 2. 분수의 뺄셈(1) 9쪽

1 ① 예

② 4, 2, 2

2 8, 5, 8, 5, 3

3 9, 4, 5 / 9, 4, 9, 4, 5

4 ① 4, 3, 1 ② 6, 4, 6, 4, 2

1 ① $\frac{4}{5}$는 $\frac{1}{5}$이 4개이므로 4칸 색칠하고, $\frac{2}{5}$는 $\frac{1}{5}$이 2개이므로 2칸에 ×표 합니다.

② 4-2=2 ➡ $\frac{4}{5}-\frac{2}{5}=\frac{2}{5}$

2 1을 분모가 8인 가분수로 바꾼 후 분모는 그대로 쓰고, 분자끼리 뺍니다.

4 ① $\frac{4}{5}-\frac{3}{5}=\frac{4-3}{5}=\frac{1}{5}$

② $1-\frac{4}{6}=\frac{6}{6}-\frac{4}{6}=\frac{6-4}{6}=\frac{2}{6}$

STEP 1 교과개념 3. 분수의 덧셈(2) 11쪽

1 2, 1, 3, 2, 3, 2

2 11, 6, 11, 6, 17, 2, 3

3 (왼쪽에서부터) 13, 12, 25 / 25, 3, 1

4 ① 3, 1, 2, 4, 2 ② 18, 27, 45, 6, 3

1 자연수 부분끼리 더하고, 분수 부분끼리 더합니다.

2 대분수를 가분수로 바꾸어 더합니다.

4 ① $2\frac{3}{6}+1\frac{5}{6}=(2+1)+(\frac{3}{6}+\frac{5}{6})=3+\frac{8}{6}$

$=3+1\frac{2}{6}=4\frac{2}{6}$

② $2\frac{4}{7}+3\frac{6}{7}=\frac{18}{7}+\frac{27}{7}=\frac{45}{7}=6\frac{3}{7}$

STEP 1 교과개념 4. 분수의 뺄셈(2) 13쪽

1 1, 1, 1, 4, 1, 4

2 2, 4, 1, 2

3 (왼쪽에서부터) 35, 28, 7 / 7, 1, 2

4 ① 2, 1, 5, 3, 1, 2, 1, 2 ② 43, 26, 17, 1, 7

1 자연수 부분끼리 빼고, 분수 부분끼리 뺍니다.

4 ① $2\frac{5}{7}-1\frac{3}{7}=(2-1)+\left(\frac{5}{7}-\frac{3}{7}\right)=1+\frac{2}{7}=1\frac{2}{7}$

② $4\frac{3}{10}-2\frac{6}{10}=\frac{43}{10}-\frac{26}{10}=\frac{17}{10}=1\frac{7}{10}$

STEP 2 꼭 나오는 유형 14~19쪽

1 (예) / 4

2 $\frac{7}{8}$ / 1

(준비) 4, 8

3 $\frac{6}{7}$, $\frac{10}{7}$

4 (1) $\boxed{\frac{2}{6}+\frac{4}{6}}+\frac{5}{6}$ / $\frac{5}{6}$, $1\frac{5}{6}$

(2) $\frac{3}{8}+\boxed{\frac{6}{8}+\frac{5}{8}}$ / $\frac{6}{8}$, $1\frac{6}{8}$

5 노란색

6 1

7 5

8 (예) $\frac{3}{16}+\frac{12}{16}=\frac{15}{16}$

9 (예) [그림] / 6

10 $\frac{6}{13}$ / $\frac{5}{13}$ / $\frac{4}{13}$

11 $\frac{2}{3}$, $\frac{1}{3}$, $\frac{1}{3}$

12 (예) [그림] / $\frac{4}{6}$

13 $\frac{2}{7}$

14 (예) $\frac{7}{11}-\frac{4}{11}=\frac{3}{11}$

15

$\frac{4}{9}$	$\frac{2}{9}$	$\frac{3}{9}$
$\frac{2}{9}$	$\frac{3}{9}$	$\frac{4}{9}$
$\frac{3}{9}$	$\frac{4}{9}$	$\frac{2}{9}$

16 $9\frac{8}{9}$ / 10 / $10\frac{1}{9}$

(준비) 180

17 $4\frac{2}{4}$

18 5, 1

19 $5\frac{1}{3}$

20 $2\frac{3}{4}$

21 귤, 배

22 $5\frac{1}{5}$

23 $1\frac{5}{7}$ / $1\frac{4}{7}$ / $1\frac{3}{7}$

24 $2\frac{3}{8}$ / $2\frac{3}{8}$, $3\frac{5}{8}$

25 $5\frac{9}{14}-4\frac{3}{14}=(5-4)+\left(\frac{9}{14}-\frac{3}{14}\right)$
$=1+\frac{6}{14}=1\frac{6}{14}$

26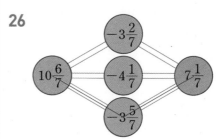

27 2등급

28 (1) $3\frac{6}{16}$ (2) $4\frac{2}{20}$

29 (위에서부터) $2\frac{6}{15}$ / $\frac{5}{15}$, $1\frac{1}{15}$

30 $3\frac{1}{5}$ / $4\frac{1}{5}$ / $5\frac{1}{5}$

31 (예) $3-1\frac{1}{6}=2\frac{6}{6}-1\frac{1}{6}=(2-1)+\left(\frac{6}{6}-\frac{1}{6}\right)$
$=1+\frac{5}{6}=1\frac{5}{6}$

32 (예) 1, 3 / 1, 1 /

33 $1\frac{5}{16}$

34

35 (1) 50 (2) 250 **36** 5, 14

37 9, 7, $\frac{1}{8}$ **38** $\frac{7}{12}$ / $\frac{6}{12}$ / $\frac{5}{12}$

39 (위에서부터) $3\frac{2}{8}$, $1\frac{7}{8}$ / $2\frac{6}{8}$

40 예 $3\frac{7}{18}+1\frac{13}{18}=5\frac{2}{18}$ / 예 $5\frac{2}{18}-1\frac{13}{18}=3\frac{7}{18}$

41 $2\frac{47}{50}$ g 준비 (1) 110 (2) 230

42 (1) $4\frac{7}{9}$ (2) $7\frac{5}{10}$

43 예 $5\frac{2}{17}-3\frac{11}{17}$, 예 $6\frac{3}{17}-4\frac{12}{17}$

---

1 3조각에 1조각을 더하면 4조각이 됩니다.

2 · $\frac{4}{8}+\frac{3}{8}=\frac{4+3}{8}=\frac{7}{8}$

· $\frac{5}{8}+\frac{3}{8}=\frac{5+3}{8}=\frac{8}{8}=1$

더해지는 수가 $\frac{1}{8}$ 씩 커지면 계산 결과도 $\frac{1}{8}$ 씩 커집니다.

준비 2씩 더해 줍니다.

3 분자가 2씩 커집니다.

4 (1) 분자의 합이 6이 되는 분수끼리 묶습니다.
(2) 분자의 합이 8이 되는 분수끼리 묶습니다.

5 하늘색과 보라색 물을 섞으면 $\frac{2}{4}$ | $\frac{1}{4}=\frac{3}{4}$ 이므로 노란색 물과 같은 소리가 납니다.

6 단위분수 $\frac{1}{5}$ 을 5번 더하면 1이 됩니다.

7 ●+●=10이므로 ●=5입니다.

9 10조각에서 4조각을 빼면 6조각이 남습니다.

10 · $\frac{11}{13}-\frac{5}{13}=\frac{11-5}{13}=\frac{6}{13}$

· $\frac{10}{13}-\frac{5}{13}=\frac{10-5}{13}=\frac{5}{13}$

· $\frac{9}{13}-\frac{5}{13}=\frac{9-5}{13}=\frac{4}{13}$

빼어지는 수가 $\frac{1}{13}$ 씩 작아지면 계산 결과도 $\frac{1}{13}$ 씩 작아집니다.

11 분수의 뺄셈은 큰 수에서 작은 수를 뺍니다.

12 1에서 $\frac{2}{6}$ 를 빼면 $\frac{6}{6}-\frac{2}{6}=\frac{4}{6}$ 입니다.

13 예 $\frac{1}{7}$ 이 6개인 수는 $\frac{6}{7}$, $\frac{1}{7}$ 이 4개인 수는 $\frac{4}{7}$ 이므로 $\frac{6}{7}-\frac{4}{7}=\frac{2}{7}$ 입니다.

평가 기준
$\frac{1}{■}$ 이 ●개인 수를 각각 구했나요?
두 분수의 차를 구했나요?

😊 내가 만드는 문제
14 분모는 11이고 분자의 차가 3인 분수를 찾아봅니다.

15 가로줄과 세로줄, 굵은 선을 따라 이루어진 분수의 분자의 합이 9가 되어야 합니다.

16 · $8\frac{7}{9}+1\frac{1}{9}=(8+1)+\left(\frac{7}{9}+\frac{1}{9}\right)=9+\frac{8}{9}=9\frac{8}{9}$

· $8\frac{7}{9}+1\frac{2}{9}=(8+1)+\left(\frac{7}{9}+\frac{2}{9}\right)=9+1=10$

· $8\frac{7}{9}+1\frac{3}{9}=(8+1)+\left(\frac{7}{9}+\frac{3}{9}\right)=9+1\frac{1}{9}=10\frac{1}{9}$

더하는 수가 $\frac{1}{9}$ 씩 커지면 계산 결과도 $\frac{1}{9}$ 씩 커집니다.

준비 123보다 57만큼 더 큰 수 ➡ 123+57=180

17 $1\frac{3}{4}+2\frac{3}{4}=(1+2)+\left(\frac{3}{4}+\frac{3}{4}\right)$
$=3+\frac{6}{4}=3+1\frac{2}{4}=4\frac{2}{4}$

18 $1\frac{3}{6}+3\frac{1}{6}=2\frac{⊙}{6}+⊙\frac{5}{6}$

$1\frac{3}{6}+3\frac{1}{6}=4\frac{4}{6}=3\frac{10}{6}$ 입니다.

$(2+⊙)+\left(\frac{⊙}{6}+\frac{5}{6}\right)=3\frac{10}{6}$ 이므로 $⊙+5=10$, $⊙=5$이고 $2+⊙=3$, $⊙=1$입니다.

19 $⊙=1\frac{2}{3}$, $⊙=3\frac{2}{3}$ 이므로

$⊙+⊙=1\frac{2}{3}+3\frac{2}{3}=4\frac{4}{3}=5\frac{1}{3}$ 입니다.

20 $\dfrac{3}{4}+1\dfrac{2}{4}+\dfrac{2}{4}=\dfrac{3}{4}+\dfrac{6}{4}+\dfrac{2}{4}$

$\qquad\qquad=\dfrac{9}{4}+\dfrac{2}{4}=\dfrac{11}{4}=2\dfrac{3}{4}(박)$

21 $1\dfrac{3}{7}+3\dfrac{4}{7}=(1+3)+\left(\dfrac{3}{7}+\dfrac{4}{7}\right)=4+1=5(kg)$

22 더해지는 수는 ■가 3개, ▲가 2개이므로 $3\dfrac{2}{5}$이고

더하는 수는 ■가 1개, ▲가 4개이므로 $1\dfrac{4}{5}$입니다.

따라서 $3\dfrac{2}{5}+1\dfrac{4}{5}=(3+1)+\left(\dfrac{2}{5}+\dfrac{4}{5}\right)$

$\qquad\qquad=4+\dfrac{6}{5}=4+1\dfrac{1}{5}=5\dfrac{1}{5}$입니다.

23 • $3\dfrac{6}{7}-2\dfrac{1}{7}=(3-2)+\left(\dfrac{6}{7}-\dfrac{1}{7}\right)=1+\dfrac{5}{7}=1\dfrac{5}{7}$

• $3\dfrac{5}{7}-2\dfrac{1}{7}=(3-2)+\left(\dfrac{5}{7}-\dfrac{1}{7}\right)=1+\dfrac{4}{7}=1\dfrac{4}{7}$

• $3\dfrac{4}{7}-2\dfrac{1}{7}=(3-2)+\left(\dfrac{4}{7}-\dfrac{1}{7}\right)=1+\dfrac{3}{7}=1\dfrac{3}{7}$

빼어지는 수가 $\dfrac{1}{7}$씩 작아지면 계산 결과도 $\dfrac{1}{7}$씩 작아집니다.

26 $10\dfrac{6}{7}-3\dfrac{2}{7}=7\dfrac{4}{7}$, $10\dfrac{6}{7}-4\dfrac{1}{7}=6\dfrac{5}{7}$,

$10\dfrac{6}{7}-3\dfrac{5}{7}=7\dfrac{1}{7}$

27 수영이의 기록은 $11\dfrac{7}{10}-4\dfrac{5}{10}=7\dfrac{2}{10}$(cm)입니다.

따라서 수영이는 2등급입니다.

28 세 분수의 뺄셈은 앞에서부터 차례로 계산합니다.

(1) $6\dfrac{15}{16}-2\dfrac{3}{16}-1\dfrac{6}{16}=4\dfrac{12}{16}-1\dfrac{6}{16}=3\dfrac{6}{16}$

(2) $8\dfrac{17}{20}-1\dfrac{10}{20}-3\dfrac{5}{20}=7\dfrac{7}{20}-3\dfrac{5}{20}=4\dfrac{2}{20}$

29

$\boxed{3\dfrac{14}{15}}$

$\boxed{1\dfrac{8}{15}}\qquad\boxed{㉠}$

$\boxed{1\dfrac{3}{15}}\quad\boxed{㉡}\quad\boxed{㉢}\quad\boxed{1\dfrac{5}{15}}$

$㉠=3\dfrac{14}{15}-1\dfrac{8}{15}=2\dfrac{6}{15}$

$㉡=1\dfrac{8}{15}-1\dfrac{3}{15}=\dfrac{5}{15}$

$㉢=2\dfrac{6}{15}-1\dfrac{5}{15}=1\dfrac{1}{15}$

30 • $5-1\dfrac{4}{5}=4\dfrac{5}{5}-1\dfrac{4}{5}=3\dfrac{1}{5}$

• $6-1\dfrac{4}{5}=5\dfrac{5}{5}-1\dfrac{4}{5}=4\dfrac{1}{5}$

• $7-1\dfrac{4}{5}=6\dfrac{5}{5}-1\dfrac{4}{5}=5\dfrac{1}{5}$

빼어지는 수가 1씩 커지면 계산 결과도 1씩 커집니다.

31

평가 기준
$3-1\dfrac{1}{6}$을 바르게 계산했나요?

😊 내가 만드는 문제

㉜ 0과 1 L 사이가 4칸으로 나누어져 있으므로 1칸은 $\dfrac{1}{4}$ L

입니다. 마실 물의 양을 $1\dfrac{3}{4}$ L로 하면 남은 물의 양은

$3-1\dfrac{3}{4}=2\dfrac{4}{4}-1\dfrac{3}{4}=1\dfrac{1}{4}$(L)입니다.

참고 | 물을 3 L보다 많이 마실 수 없습니다.

33 $2-\dfrac{11}{16}=1\dfrac{16}{16}-\dfrac{11}{16}=1\dfrac{5}{16}$(kg)

34 $7-1\dfrac{5}{9}=6\dfrac{9}{9}-1\dfrac{5}{9}=5\dfrac{4}{9}$,

$8-3\dfrac{4}{9}=7\dfrac{9}{9}-3\dfrac{4}{9}=4\dfrac{5}{9}$,

$6-1\dfrac{7}{9}=5\dfrac{9}{9}-1\dfrac{7}{9}=4\dfrac{2}{9}$

35 (1) $4-3\dfrac{1}{2}=3\dfrac{2}{2}-3\dfrac{1}{2}=\dfrac{1}{2}$(m)

$1\,m=100\,cm$이므로 $\dfrac{1}{2}$ m=50 cm입니다.

(2) $5-4\dfrac{3}{4}=4\dfrac{4}{4}-4\dfrac{3}{4}=\dfrac{1}{4}$(km)

$1\,km=1000\,m$이므로 $\dfrac{1}{4}$ km=250 m입니다.

36 $13-11\dfrac{8}{12}=15\dfrac{㉠}{12}-㉡\dfrac{1}{12}$

$13-11\dfrac{8}{12}=12\dfrac{12}{12}-11\dfrac{8}{12}=1\dfrac{4}{12}$

$㉠-1=4$, $㉠=5$이고 $15-㉡=1$, $㉡=14$입니다.

37 $10 - \dfrac{\textcircled{\footnotesize ㄱ}\,\textcircled{\footnotesize ㄴ}}{8} = \boxed{\dfrac{1}{8}}$

계산 결과 중 0이 아닌 가장 작은 값은 $\dfrac{1}{8}$입니다.

$10 - \dfrac{\textcircled{\footnotesize ㄱ}\,\textcircled{\footnotesize ㄴ}}{8} = \dfrac{1}{8}$

➡ $\dfrac{\textcircled{\footnotesize ㄱ}\,\textcircled{\footnotesize ㄴ}}{8} = 10 - \dfrac{1}{8} = 9\dfrac{8}{8} - \dfrac{1}{8} = 9\dfrac{7}{8}$

따라서 $\textcircled{\footnotesize ㄱ}=9$, $\textcircled{\footnotesize ㄴ}=7$입니다.

38 · $5\dfrac{1}{12} - 4\dfrac{6}{12} = 4\dfrac{13}{12} - 4\dfrac{6}{12} = \dfrac{7}{12}$

· $5\dfrac{1}{12} - 4\dfrac{7}{12} = 4\dfrac{13}{12} - 4\dfrac{7}{12} = \dfrac{6}{12}$

· $5\dfrac{1}{12} - 4\dfrac{8}{12} = 4\dfrac{13}{12} - 4\dfrac{8}{12} = \dfrac{5}{12}$

빼는 수가 $\dfrac{1}{12}$씩 커지면 계산 결과는 $\dfrac{1}{12}$씩 작아집니다.

39 $4\dfrac{5}{8} - 1\dfrac{3}{8} = 3\dfrac{2}{8}$, $3\dfrac{2}{8} - 1\dfrac{3}{8} = 2\dfrac{10}{8} - 1\dfrac{3}{8} = 1\dfrac{7}{8}$

$1\dfrac{7}{8} + \square = 4\dfrac{5}{8}$

➡ $\square = 4\dfrac{5}{8} - 1\dfrac{7}{8} = 3\dfrac{13}{8} - 1\dfrac{7}{8} = 2\dfrac{6}{8}$

40 0이 아닌 두 수를 더하면 계산 결과는 두 수보다 커지므로 계산 결과가 $5\dfrac{2}{18}$인 덧셈식을 만들고 덧셈식을 이용하여 뺄셈식을 만듭니다.

$3\dfrac{7}{18} + 1\dfrac{13}{18} = 5\dfrac{2}{18}$ $1\dfrac{13}{18} + 3\dfrac{7}{18} = 5\dfrac{2}{18}$

$5\dfrac{2}{18} - 1\dfrac{13}{18} = 3\dfrac{7}{18}$ $5\dfrac{2}{18} - 3\dfrac{7}{18} = 1\dfrac{13}{18}$

41 $4\dfrac{8}{50} - 1\dfrac{11}{50} = 3\dfrac{58}{50} - 1\dfrac{11}{50} = 2\dfrac{47}{50}$ (g)

준비 (1) $125 - 15 = 110$
(2) $272 - 42 = 230$

42 (1) $6\dfrac{1}{9} - 1\dfrac{3}{9} = 5\dfrac{10}{9} - 1\dfrac{3}{9} = 4\dfrac{7}{9}$

(2) $8\dfrac{3}{10} - \dfrac{8}{10} = 7\dfrac{13}{10} - \dfrac{8}{10} = 7\dfrac{5}{10}$

😊 내가 만드는 문제
43 계산 결과가 $1\dfrac{8}{17}$이 되는 뺄셈을 만들어 봅니다.

---

3 자주 틀리는 유형 20~22쪽

1 (1) 8 (2) 9   **2** (1) 7 (2) 11

3 3   **4** (1) $2\dfrac{7}{9}$ (2) $3\dfrac{3}{6}$

5 $8 - 7\dfrac{5}{7} = 7\dfrac{7}{7} - 7\dfrac{5}{7} = (7-7) + \left(\dfrac{7}{7} - \dfrac{5}{7}\right) = \dfrac{2}{7}$

6 $5 - 2\dfrac{10}{11} = 4\dfrac{11}{11} - 2\dfrac{10}{11}$
$\qquad = (4-2) + \left(\dfrac{11}{11} - \dfrac{10}{11}\right) = 2\dfrac{1}{11}$

7 $1\dfrac{6}{10}$

8 $7\dfrac{1}{3} + \dfrac{20}{3} = 14$

9 $\dfrac{43}{5} - 4\dfrac{2}{5} = 4\dfrac{1}{5}$

10 ────────────│──────○──────│────────

11 ────────────│────────────│──────○───

12 ㄹ

13 예 $\dfrac{4}{5}$씩 커지는 규칙입니다.

14 $3\dfrac{1}{4}$, $5\dfrac{2}{4}$ **15** $5\dfrac{6}{7}$, $3\dfrac{2}{7}$

16 (1) 2, 2 (2) 5, 3

17 (1) 7, 13, 5 (2) 8, 16, 14

18 (1) 3, 15, 12 (2) 13, 10, 3

---

1 (1) $6\dfrac{4}{7} + 1\dfrac{4}{7} = (6+1) + \left(\dfrac{4}{7} + \dfrac{4}{7}\right)$
$\qquad = 7 + \dfrac{8}{7} = 7 + 1\dfrac{1}{7} = 8\dfrac{1}{7}$

(2) $3\dfrac{3}{5} + 5\dfrac{3}{5} = (3+5) + \left(\dfrac{3}{5} + \dfrac{3}{5}\right) = 8 + \dfrac{6}{5}$
$\qquad = 8 + 1\dfrac{1}{5} = 9\dfrac{1}{5}$

2 (1) $9\dfrac{5}{8} - \square\dfrac{7}{8} = 1\dfrac{6}{8}$,
$\qquad \square\dfrac{7}{8} = 9\dfrac{5}{8} - 1\dfrac{6}{8} = 8\dfrac{13}{8} - 1\dfrac{6}{8} = 7\dfrac{7}{8}$
(2) $\square\dfrac{8}{10} = 3\dfrac{9}{10} + 7\dfrac{9}{10} = (3+7) + \left(\dfrac{9}{10} + \dfrac{9}{10}\right)$
$\qquad = 10 + \dfrac{18}{10} = 11\dfrac{8}{10}$

정답과 풀이 **5**

정답과 풀이

3 $\cdot 5\frac{2}{4}+1\frac{\square}{4}=7\frac{1}{4}$,

$1\frac{\square}{4}=7\frac{1}{4}-5\frac{2}{4}=6\frac{5}{4}-5\frac{2}{4}=1\frac{3}{4}$

$\cdot 8\frac{\square}{9}-2\frac{5}{9}=5\frac{7}{9}$, $8\frac{\square}{9}=5\frac{7}{9}+2\frac{5}{9}=7\frac{12}{9}=8\frac{3}{9}$

➡ $\square=3$

4 (1) $4-1\frac{2}{9}=3\frac{9}{9}-1\frac{2}{9}=2\frac{7}{9}$

(2) $6-2\frac{3}{6}=5\frac{6}{6}-2\frac{3}{6}=3\frac{3}{6}$

7 $7\frac{1}{10}-5\frac{5}{10}=6\frac{11}{10}-5\frac{5}{10}=1\frac{6}{10}$

8 계산 결과가 가장 큰 덧셈식은 가장 큰 수와 두 번째로 큰 수를 더해야 합니다.

$\frac{17}{3}=5\frac{2}{3}$, $\frac{20}{3}=6\frac{2}{3}$이므로

$7\frac{1}{3}+\frac{20}{3}=7\frac{1}{3}+6\frac{2}{3}=14$입니다.

9 계산 결과가 가장 큰 뺄셈식은 가장 큰 수에서 가장 작은 수를 빼야 합니다. $\frac{43}{5}=8\frac{3}{5}$, $\frac{31}{5}=6\frac{1}{5}$이므로

$\frac{43}{5}-4\frac{2}{5}=8\frac{3}{5}-4\frac{2}{5}=4\frac{1}{5}$입니다.

10 $5\frac{1}{7}+3\frac{3}{7}$에서 자연수끼리 더하면 8, 분수끼리 더하면 1이 넘지 않으므로 계산 결과는 8과 9 사이의 수입니다.

11 $8\frac{2}{5}-2\frac{4}{5}$에서 분수끼리 뺄 수 없으므로 자연수 1을 분수로 받아내림하면 자연수는 $7-2=5$이므로 계산 결과는 5와 6 사이의 수입니다.

12 ㉣ $14\frac{1}{5}+2\frac{1}{5}$에서 자연수끼리 더하면 $14+2=16$, 분수끼리 더하면 1이 넘지 않으므로 계산 결과는 16과 17 사이의 수입니다.

14 수가 $\frac{3}{4}$씩 커지므로 $2\frac{2}{4}+\frac{3}{4}=3\frac{1}{4}$, $4\frac{3}{4}+\frac{3}{4}=5\frac{2}{4}$입니다.

15 수가 $1\frac{2}{7}$씩 작아지므로 $7\frac{1}{7}-1\frac{2}{7}=5\frac{6}{7}$, $4\frac{4}{7}-1\frac{2}{7}=3\frac{2}{7}$입니다.

16 (1) $5\frac{㉠}{3}+㉡\frac{2}{3}=8\frac{1}{3}$

$8\frac{1}{3}=7\frac{4}{3}$이면 $5+㉡=7$, $㉡=2$,

$㉠+2=4$, $㉠=2$입니다.

(2) $㉠\frac{3}{4}+1\frac{㉡}{4}=7\frac{2}{4}$

$7\frac{2}{4}=6\frac{6}{4}$이면 $3+㉡=6$, $㉡=3$,

$㉠+1=6$, $㉠=5$입니다.

17 (1) $㉠\frac{2}{13}-1\frac{㉡}{13}=5\frac{10}{13}$

분모는 모두 13으로 같습니다.

$13+2-㉡=10$, $15-㉡=10$, $㉡=5$,

$㉠-1-1=5$, $㉠=7$

(2) $㉠\frac{8}{16}-2\frac{㉡}{16}=5\frac{10}{16}$

분모는 모두 16으로 같습니다.

$16+8-㉡=10$, $24-㉡=10$, $㉡=14$,

$㉠-1-2=5$, $㉠=8$

18 (1) $㉠\frac{5}{15}+1\frac{㉡}{15}=5\frac{2}{15}$

분모는 모두 15로 같습니다.

$5\frac{2}{15}=4\frac{17}{15}$이므로 $5+㉡=17$, $㉡=12$,

$㉠+1=4$, $㉠=3$입니다.

(2) $㉠\frac{1}{10}-7\frac{㉡}{10}=5\frac{8}{10}$

분모는 모두 10으로 같습니다.

$10+1-㉡=8$, $11-㉡=8$, $㉡=3$,

$㉠-1-7=5$, $㉠=13$입니다.

STEP 4 최상위 도전 유형 23~26쪽

1 2 **2** $2\frac{2}{8}$ **3** $1\frac{6}{15}$

4 $\frac{3}{12}$, $\frac{6}{12}$ **5** $\frac{1}{4}$ **6** $\frac{2}{10}$

7 $\frac{6}{16}$ **8** $11\frac{2}{8}$ **9** $49\frac{4}{9}$

10 $29\frac{10}{13}$ **11** 4, 5, 6, 7, 8, 9

6 수학 4-2

12 5개 **13** 3개 **14** $\dfrac{8}{25}$

15 $\dfrac{16}{17}$ **16** $2\dfrac{4}{12}$ **17** $6\dfrac{5}{7}$ m

18 $1\dfrac{2}{5}$ kg **19** 3 / $\dfrac{5}{9}$ **20** 1시간 5분

21 55분 **22** 오후 2시 5분 **23** $\dfrac{3}{7}$

24 $\dfrac{10}{11}$ **25** $17\dfrac{6}{9}$

---

1 분모가 5인 진분수는 $\dfrac{1}{5}$, $\dfrac{2}{5}$, $\dfrac{3}{5}$, $\dfrac{4}{5}$입니다.

➡ $\dfrac{1}{5}+\dfrac{2}{5}+\dfrac{3}{5}+\dfrac{4}{5}=\dfrac{1+2+3+4}{5}=\dfrac{10}{5}=2$

참고 | 진분수는 분자가 분모보다 작은 분수입니다.

2 $\dfrac{4}{8}$보다 큰 진분수는 $\dfrac{5}{8}$, $\dfrac{6}{8}$, $\dfrac{7}{8}$입니다.

➡ $\dfrac{5}{8}+\dfrac{6}{8}+\dfrac{7}{8}=\dfrac{5+6+7}{8}=\dfrac{18}{8}=2\dfrac{2}{8}$

3 $\dfrac{7}{15}$보다 작은 진분수는 $\dfrac{1}{15}$, $\dfrac{2}{15}$, $\dfrac{3}{15}$, $\dfrac{4}{15}$, $\dfrac{5}{15}$, $\dfrac{6}{15}$
입니다.

➡ $\dfrac{1}{15}+\dfrac{2}{15}+\dfrac{3}{15}+\dfrac{4}{15}+\dfrac{5}{15}+\dfrac{6}{15}$

$=\dfrac{1+2+3+4+5+6}{15}=\dfrac{21}{15}=1\dfrac{6}{15}$

4 분모가 12인 진분수는 $\dfrac{1}{12}$, $\dfrac{2}{12}$, $\dfrac{3}{12}$, $\dfrac{4}{12}$, $\dfrac{5}{12}$, $\dfrac{6}{12}$,

$\dfrac{7}{12}$, $\dfrac{8}{12}$, $\dfrac{9}{12}$, $\dfrac{10}{12}$, $\dfrac{11}{12}$입니다.

➡ 1부터 11까지의 수 중 합이 9, 차가 3인 두 수는 3과
6이므로 $\dfrac{3}{12}$, $\dfrac{6}{12}$입니다.

5 주황색이 차지하는 양은 $\dfrac{1}{4}$, 초록색이 차지하는 양은 $\dfrac{2}{4}$

이므로 주황색과 초록색이 차지하는 양의 차는 $\dfrac{1}{4}$입니다.

6 파란색이 차지하는 양은 $\dfrac{4}{10}$, 초록색이 차지하는 양은

$\dfrac{2}{10}$이므로 파란색과 초록색이 차지하는 양의 차는 $\dfrac{2}{10}$
입니다.

7 노란색 조각은 초록색 조각이 2개 붙어 있는 모양이므로
$\dfrac{2}{16}+\dfrac{2}{16}=\dfrac{4}{16}$이고, 주황색 조각은 파란색 조각이 2개
붙어 있는 모양이므로 $\dfrac{1}{16}+\dfrac{1}{16}=\dfrac{2}{16}$입니다. 따라서 두
조각이 차지하는 양의 합은 $\dfrac{4}{16}+\dfrac{2}{16}=\dfrac{6}{16}$입니다.

8 만들 수 있는 가장 큰 대분수는 $7\dfrac{3}{8}$이고
가장 작은 대분수는 $3\dfrac{7}{8}$입니다.
따라서 두 대분수의 합은 $7\dfrac{3}{8}+3\dfrac{7}{8}=10\dfrac{10}{8}=11\dfrac{2}{8}$입
니다.

9 만들 수 있는 가장 큰 대분수는 $64\dfrac{1}{9}$이고,
가장 작은 대분수는 $14\dfrac{6}{9}$입니다.
따라서 두 대분수의 차는
$64\dfrac{1}{9}-14\dfrac{6}{9}=63\dfrac{10}{9}-14\dfrac{6}{9}=49\dfrac{4}{9}$입니다.

10 만들 수 있는 가장 큰 대분수는 $87\dfrac{5}{13}$이고,
가장 작은 대분수는 $57\dfrac{8}{13}$입니다.
따라서 두 대분수의 차는
$87\dfrac{5}{13}-57\dfrac{8}{13}=86\dfrac{18}{13}-57\dfrac{8}{13}=29\dfrac{10}{13}$입니다.

11 $7\dfrac{9}{10}+5\dfrac{4}{10}=12+\dfrac{13}{10}=12+1\dfrac{3}{10}=13\dfrac{3}{10}$이므
로 $13\dfrac{3}{10}<13\dfrac{\square}{10}$입니다. 따라서 $\square$ 안에 들어갈 수 있
는 자연수는 4, 5, 6, 7, 8, 9입니다.

12 $5\dfrac{4}{9}-3\dfrac{7}{9}=4\dfrac{13}{9}-3\dfrac{7}{9}=1\dfrac{6}{9}$이므로 $1\dfrac{6}{9}>1\dfrac{\square}{9}$입니
다. 따라서 $\square$ 안에 들어갈 수 있는 자연수는
1, 2, 3, 4, 5로 모두 5개입니다.

13 • $1\dfrac{6}{13}+1\dfrac{10}{13}=2\dfrac{16}{13}=3\dfrac{3}{13}$이므로 $3\dfrac{3}{13}<3\dfrac{\square}{13}$입
니다. 따라서 $\square$ 안에 들어갈 수 있는 자연수는 4, 5, 6,
7, 8, 9, 10, 11, 12입니다.
• $7\dfrac{5}{13}-3\dfrac{11}{13}=6\dfrac{18}{13}-3\dfrac{11}{13}=3\dfrac{7}{13}$이므로
$3\dfrac{\square}{13}<3\dfrac{7}{13}$입니다. 따라서 $\square$ 안에 들어갈 수 있는

자연수는 1, 2, 3, 4, 5, 6입니다.
➡ □ 안에 공통으로 들어갈 수 있는 자연수는 4, 5, 6
으로 모두 3개입니다.

14 $\bullet = \dfrac{\square}{25}$라 할 때 분자끼리 더하면 $\square + \square + \square = 24$,

$\square = 24 \div 3$, $\square = 8$입니다. 따라서 $\bullet = \dfrac{8}{25}$입니다.

15 $1\dfrac{4}{17} + 1\dfrac{4}{17} = 2\dfrac{8}{17}$이므로 $\bullet = 1\dfrac{4}{17}$입니다.

$\blacklozenge + \blacklozenge = 3\dfrac{2}{17} - 1\dfrac{4}{17} = 2\dfrac{19}{17} - 1\dfrac{4}{17} = 1\dfrac{15}{17}$

➡ $1\dfrac{15}{17} = \dfrac{32}{17} = \dfrac{16}{17} + \dfrac{16}{17}$이므로 $\blacklozenge = \dfrac{16}{17}$입니다.

16 $2\dfrac{2}{12} + 2\dfrac{2}{12} = 4\dfrac{4}{12}$이므로 $\blacksquare = 2\dfrac{2}{12}$입니다.

$\blacktriangle + \blacktriangle = 2\dfrac{6}{12} + 2\dfrac{2}{12} = 4\dfrac{8}{12}$

➡ $2\dfrac{4}{12} + 2\dfrac{4}{12} = 4\dfrac{8}{12}$이므로 $\blacktriangle = 2\dfrac{4}{12}$입니다.

17 (필요한 색 테이프의 길이)$= 2 \times 5 = 10(\text{m})$
➡ (더 사야 하는 색 테이프의 길이)
$= 10 - 3\dfrac{2}{7} = 9\dfrac{7}{7} - 3\dfrac{2}{7} = 6\dfrac{5}{7}(\text{m})$

18 (필요한 설탕의 양)
$= \dfrac{3}{5} + \dfrac{3}{5} + \dfrac{3}{5} + \dfrac{3}{5} + \dfrac{3}{5} + \dfrac{3}{5} = \dfrac{18}{5} = 3\dfrac{3}{5}(\text{kg})$

(더 준비해야 할 설탕의 양)$= 3\dfrac{3}{5} - 2\dfrac{1}{5} = 1\dfrac{2}{5}(\text{kg})$

19 (가래떡 3개를 만들고 남는 쌀의 양)
$= 4\dfrac{5}{9} - 1\dfrac{3}{9} - 1\dfrac{3}{9} - 1\dfrac{3}{9} = \dfrac{5}{9}(\text{kg})$

$\dfrac{5}{9}$ kg으로는 가래떡 1개를 만들 수 없으므로 가래떡은

3개를 만들 수 있고 쌀은 $\dfrac{5}{9}$ kg이 남습니다.

20 $\dfrac{8}{12} + \dfrac{5}{12} = \dfrac{13}{12} = 1\dfrac{1}{12}(\text{시간})$ ➡ 1시간 5분

21 $3 - 2\dfrac{1}{12} = 2\dfrac{12}{12} - 2\dfrac{1}{12} = \dfrac{11}{12}(\text{시간})$ ➡ 55분

22 $4 - 1\dfrac{11}{12} = 3\dfrac{12}{12} - 1\dfrac{11}{12} = 2\dfrac{1}{12}(\text{시})$
➡ 오후 2시 5분

23 $\dfrac{4}{7} \blacktriangle \dfrac{5}{7} = \dfrac{4}{7} + \dfrac{4}{7} - \dfrac{5}{7} = \dfrac{8}{7} - \dfrac{5}{7} = \dfrac{3}{7}$

24 $3\dfrac{8}{11} \bigstar 1\dfrac{4}{11} = 6 - 3\dfrac{8}{11} - 1\dfrac{4}{11}$

$= 5\dfrac{11}{11} - 3\dfrac{8}{11} - 1\dfrac{4}{11}$

$= 2\dfrac{3}{11} - 1\dfrac{4}{11}$

$= 1\dfrac{14}{11} - 1\dfrac{4}{11} = \dfrac{10}{11}$

25 ㉠ $10\dfrac{4}{9} \blacklozenge 7\dfrac{2}{9} = 10\dfrac{4}{9} - 7\dfrac{2}{9} + 4\dfrac{5}{9}$

$= 3\dfrac{2}{9} + 4\dfrac{5}{9} = 7\dfrac{7}{9}$

㉡ $5\dfrac{1}{9} \circledcirc 6\dfrac{5}{9} = 5\dfrac{1}{9} + 6\dfrac{5}{9} - 1\dfrac{7}{9}$

$= 11\dfrac{6}{9} - 1\dfrac{7}{9} = 10\dfrac{15}{9} - 1\dfrac{7}{9} = 9\dfrac{8}{9}$

➡ ㉠$+$㉡$= 7\dfrac{7}{9} + 9\dfrac{8}{9} = 16 + \dfrac{15}{9} = 17\dfrac{6}{9}$

수시 평가 대비 Level ❶
27~29쪽

1 $1\dfrac{1}{4}$ **2** $\dfrac{4}{7}$ / $\dfrac{3}{7}$ / $\dfrac{2}{7}$

3 $5 - \dfrac{2}{5} = 4\dfrac{5}{5} - \dfrac{2}{5} = 4\dfrac{3}{5}$

4 1 **5** $6\dfrac{7}{8}$ / 7 / $7\dfrac{1}{8}$

6 $\dfrac{5}{9}$ **7** $\dfrac{9}{10}$

8 예 $\dfrac{10}{13} - \dfrac{6}{13} = \dfrac{4}{13}$

9 $3\dfrac{5}{7}$ / $1\dfrac{1}{7}$ **10** $1\dfrac{5}{6}$ / $1\dfrac{5}{6}$

11 5

12 (위에서부터) $2\dfrac{1}{5}$, $\dfrac{4}{5}$ / $2\dfrac{4}{5}$

13 $\dfrac{2}{8}$ **14** <

15 $1\dfrac{1}{9}$ **16** $\dfrac{4}{7}$, $\dfrac{6}{7}$

17 $12\frac{2}{8}$ **18** $6\frac{11}{12}$

19 소방서, $1\frac{3}{5}$ km **20** 28

1 $\frac{3}{4}$만큼 색칠하고 이어서 $\frac{2}{4}$만큼 색칠하면 전체 색칠한 부분은 $\frac{5}{4}=1\frac{1}{4}$입니다.

2 빼어지는 수가 $\frac{1}{7}$씩 작아지면 계산 결과도 $\frac{1}{7}$씩 작아집니다.

4 단위분수 $\frac{1}{6}$을 6번 더하면 1이 됩니다.

5 더해지는 수가 $\frac{1}{8}$씩 커지면 계산 결과도 $\frac{1}{8}$씩 커집니다.

6 빨간색이 차지하는 부분은 $\frac{7}{9}$이고, 파란색이 차지하는 부분은 $\frac{2}{9}$입니다.

➡ $\frac{7}{9}-\frac{2}{9}=\frac{5}{9}$

7 $\frac{1}{10}$이 3개인 수는 $\frac{3}{10}$이고, $\frac{1}{10}$이 6개인 수는 $\frac{6}{10}$입니다. ➡ $\frac{3}{10}+\frac{6}{10}=\frac{9}{10}$

8 분모는 13이고 분자끼리의 차가 4인 분수를 찾습니다.

9 합: $2\frac{3}{7}+1\frac{2}{7}=3\frac{5}{7}$

차: $2\frac{3}{7}-1\frac{2}{7}=1\frac{1}{7}$

10 $7\frac{1}{6}-5\frac{2}{6}=6\frac{7}{6}-5\frac{2}{6}=1\frac{5}{6}$

11 $2\frac{1}{4}+2\frac{3}{4}=4\frac{4}{4}=5$

12 $3\frac{3}{5}-1\frac{2}{5}=2\frac{1}{5}$, $2\frac{1}{5}-1\frac{2}{5}=1\frac{6}{5}-1\frac{2}{5}=\frac{4}{5}$

$\frac{4}{5}+\square=3\frac{3}{5}$, $\square=3\frac{3}{5}-\frac{4}{5}=2\frac{8}{5}-\frac{4}{5}=2\frac{4}{5}$

13 $\bigcirc=\frac{\square}{8}$라 하면 $1+\square+5=8$, $\square=2$입니다.

따라서 $\bigcirc$에 알맞은 분수는 $\frac{2}{8}$입니다.

14 $1\frac{7}{11}+1\frac{6}{11}=2\frac{13}{11}=3\frac{2}{11}$

$5\frac{1}{11}-1\frac{8}{11}=4\frac{12}{11}-1\frac{8}{11}=3\frac{4}{11}$

➡ $3\frac{2}{11}<3\frac{4}{11}$

15 $\frac{26}{9}=2\frac{8}{9}$

가장 큰 수는 4이고 가장 작은 수는 $\frac{26}{9}$입니다.

➡ $4-\frac{26}{9}=\frac{36}{9}-\frac{26}{9}=\frac{10}{9}=1\frac{1}{9}$

16 $1\frac{3}{7}=\frac{10}{7}$

합이 10이고 차가 2인 두 수는 4와 6이므로 두 진분수의 분자는 4와 6입니다.

따라서 두 진분수는 $\frac{4}{7}$와 $\frac{6}{7}$입니다.

17 분모가 8인 대분수 중 가장 큰 수는 $9\frac{5}{8}$이고,

가장 작은 수는 $2\frac{5}{8}$입니다.

따라서 두 수의 합은 $9\frac{5}{8}+2\frac{5}{8}=11\frac{10}{8}=12\frac{2}{8}$입니다.

18 어떤 수를 $\square$라 하면 $\square-2\frac{7}{12}=1\frac{9}{12}$입니다.

$\square=1\frac{9}{12}+2\frac{7}{12}=3\frac{16}{12}=4\frac{4}{12}$

따라서 바르게 계산하면 $4\frac{4}{12}+2\frac{7}{12}=6\frac{11}{12}$입니다.

19 예 $2\frac{4}{5}<4\frac{2}{5}$이므로 집에서 소방서가 더 멉니다.

따라서 집에서 소방서가

$4\frac{2}{5}-2\frac{4}{5}=3\frac{7}{5}-2\frac{4}{5}=1\frac{3}{5}$ (km) 더 멉니다.

평가 기준	배점
집에서 어느 곳이 더 먼지 구했나요?	2점
몇 km 더 먼지 구했나요?	3점

20 예 $1\frac{4}{9}+1\frac{7}{9}=\frac{13}{9}+\frac{16}{9}=\frac{29}{9}$

$\frac{29}{9}>\frac{\square}{9}$에서 $29>\square$입니다.

따라서 $\square$ 안에 들어갈 수 있는 자연수 중에서 가장 큰 수는 28입니다.

평가 기준	배점
주어진 분수의 덧셈을 계산했나요?	3점
$\square$ 안에 들어갈 수 있는 자연수 중에서 가장 큰 수를 구했나요?	2점

수시 평가 대비 Level ❷

30~32쪽

1 (예) / 4

2 $2\frac{3}{4}$

3 1, 3 / 3, 1 / 3, 1

4 (1) $10\frac{2}{7}$　(2) $4\frac{6}{12}$

5 $\frac{7}{10}+\frac{8}{10}=\frac{7+8}{10}=\frac{15}{10}=1\frac{5}{10}$

6 $\frac{3}{16}$　　　**7** $5\frac{4}{5}$ cm

8

9 (위에서부터) $7\frac{2}{14}$ / $\frac{11}{14}$, $6\frac{3}{14}$

10 $4\frac{5}{7}+1\frac{3}{7}$에 ○표

11 $3\frac{1}{4}$ / $1\frac{3}{4}$　　**12** $6\frac{1}{11}$

13 6　　　**14** $7\frac{5}{7}-3\frac{6}{7}=3\frac{6}{7}$

15 $176\frac{4}{10}$ km　　**16** 8개

17 $\frac{5}{8}$ m　　**18** $8\frac{9}{10}$

19 $3\frac{2}{5}$ km　　**20** 3시간 55분

2 $1\frac{2}{4}+1\frac{1}{4}=2\frac{3}{4}$

4 (1) $5\frac{4}{7}+4\frac{5}{7}=(5+4)+\left(\frac{4}{7}+\frac{5}{7}\right)$
$=9\frac{9}{7}=10\frac{2}{7}$

(2) $6\frac{1}{12}-1\frac{7}{12}=5\frac{13}{12}-1\frac{7}{12}$
$=(5-1)+\left(\frac{13}{12}-\frac{7}{12}\right)$
$=4\frac{6}{12}$

6 $1-\frac{13}{16}=\frac{16}{16}-\frac{13}{16}=\frac{3}{16}$

7 $9\frac{2}{5}-3\frac{3}{5}=8\frac{7}{5}-3\frac{3}{5}$
$=(8-3)+\left(\frac{7}{5}-\frac{3}{5}\right)=5\frac{4}{5}$(cm)

8 $3\frac{7}{11}+1\frac{10}{11}$에서 자연수끼리 더하면 4, 분수끼리 더하면 1이 넘으므로 계산 결과는 5와 6 사이의 수입니다.

9

$\bigcirc=9\frac{7}{14}-2\frac{5}{14}=(9-2)+\left(\frac{7}{14}-\frac{5}{14}\right)=7\frac{2}{14}$

$\bigcirc=2\frac{5}{14}-1\frac{8}{14}=1\frac{19}{14}-1\frac{8}{14}=\frac{11}{14}$

$\bigcirc=7\frac{2}{14}-\frac{13}{14}=6\frac{16}{14}-\frac{13}{14}=6\frac{3}{14}$

10 $2\frac{4}{7}+3\frac{2}{7}=5\frac{6}{7}$, $4\frac{5}{7}+1\frac{3}{7}=6\frac{1}{7}$

11 $\bigcirc=\frac{3}{4}$, $\bigcirc=2\frac{2}{4}$이므로

$\bigcirc+\bigcirc=\frac{3}{4}+2\frac{2}{4}=2\frac{5}{4}=3\frac{1}{4}$,

$\bigcirc-\bigcirc=2\frac{2}{4}-\frac{3}{4}=1\frac{6}{4}-\frac{3}{4}=1\frac{3}{4}$입니다.

12 $\square=2\frac{6}{11}+3\frac{6}{11}=5+\frac{12}{11}=5+1\frac{1}{11}=6\frac{1}{11}$

13 $\frac{5}{13}+\frac{\square}{13}=\frac{12}{13}$라 하면 $\frac{\square}{13}=\frac{12}{13}-\frac{5}{13}=\frac{7}{13}$이므로 □ 안에 들어갈 수 있는 자연수 중에서 가장 큰 수는 6입니다.

14 $7\frac{5}{7}-3\frac{6}{7}=6\frac{12}{7}-3\frac{6}{7}$
$=(6-3)+\left(\frac{12}{7}-\frac{6}{7}\right)=3\frac{6}{7}$

15 $180\dfrac{2}{10}-3\dfrac{8}{10}=179\dfrac{12}{10}-3\dfrac{8}{10}$

$\qquad\qquad\quad=(179-3)+\left(\dfrac{12}{10}-\dfrac{8}{10}\right)$

$\qquad\qquad\quad=176\dfrac{4}{10}\text{(km)}$

16 $\dfrac{14}{13}+1\dfrac{2}{13}=\dfrac{14}{13}+\dfrac{15}{13}=\dfrac{29}{13},$

$\dfrac{\square}{13}+1\dfrac{7}{13}=\dfrac{\square}{13}+\dfrac{20}{13}=\dfrac{\square+20}{13}$이므로

$\dfrac{29}{13}>\dfrac{\square+20}{13}$, $29>\square+20$, $9>\square$입니다.

따라서 □ 안에 들어갈 수 있는 수는 9보다 작고
0보다 큰 수이므로 1, 2, 3, 4, 5, 6, 7, 8로 모두 8개입니다.

17 (묶기 전의 두 끈의 길이의 합)$=3\dfrac{2}{8}+2\dfrac{4}{8}=5\dfrac{6}{8}$(m)

➡ $5\dfrac{6}{8}-5\dfrac{1}{8}=\dfrac{5}{8}$(m)

18 $3\dfrac{9}{10}\heartsuit6\dfrac{8}{10}=6-3\dfrac{9}{10}+6\dfrac{8}{10}$

$\qquad\qquad\quad=5\dfrac{10}{10}-3\dfrac{9}{10}+6\dfrac{8}{10}$

$\qquad\qquad\quad=2\dfrac{1}{10}+6\dfrac{8}{10}=8\dfrac{9}{10}$

19 예 (학교에서 소방서까지의 거리)=(집에서 소방서까지의 거리)−(집에서 학교까지의 거리)이므로

$5-1\dfrac{3}{5}=4\dfrac{5}{5}-1\dfrac{3}{5}=3\dfrac{2}{5}$(km)입니다.

평가 기준	배점
학교에서 소방서까지의 거리를 구하는 식을 썼나요?	2점
학교에서 소방서까지의 거리를 구했나요?	3점

20 예 하은이가 오늘 공부한 시간은

$2\dfrac{5}{12}+1\dfrac{6}{12}=3\dfrac{11}{12}$(시간)입니다.

따라서 하은이가 오늘 공부한 시간은 3시간 55분입니다.

평가 기준	배점
오늘 공부한 시간이 몇 시간인지 구했나요?	3점
분수를 몇 시간 몇 분으로 나타냈나요?	2점

2 삼각형

삼각형은 평면도형 중 가장 간단한 형태로 평면도형에서 가장 기본이 되는 도형이면서 학생들에게 친숙한 도형이기도 합니다. 이미 3-1에서 직각삼각형과 4-1에서 예각과 둔각 및 삼각형의 세 각의 크기의 합을 배웠습니다. 이번 단원에서는 더 나아가 삼각형을 변의 길이에 따라 분류하고 또 각의 크기에 따라 분류해 보면서 삼각형에 대한 폭넓은 이해를 가질 수 있게 됩니다. 또 이후에 학습할 사각형, 다각형 등의 기초가 되므로 다양한 분류 활동 및 구체적인 조작 활동을 통해 학습의 기초를 다질 수 있도록 합니다.

※ 선분 ㄱㄴ과 같이 기호를 나타낼 때 선분 ㄴㄱ으로 읽어도 정답으로 인정합니다.

STEP 1 교과개념 **1. 삼각형을 변의 길이에 따라 분류하기** 35쪽

1 ① 이등변삼각형 ② 정삼각형

2 가, 라

3 ① 6 ② 8

4 ① 4, 4 ② 7, 7

2 두 변의 길이가 같은 삼각형을 찾습니다.

3 ① 이등변삼각형은 두 변의 길이가 같습니다.
길이가 같은 두 변은 6 cm인 변이므로
□=6입니다.
② 이등변삼각형은 두 변의 길이가 같습니다.
길이가 같은 두 변은 8 cm인 변이므로
□=8입니다.

4 ① 한 변의 길이가 4 cm인 정삼각형이므로
나머지 두 변의 길이는 각각 4 cm입니다.
② 한 변의 길이가 7 cm인 정삼각형이므로
나머지 두 변의 길이는 각각 7 cm입니다.

STEP 1 교과개념 · 2. 이등변삼각형의 성질, 정삼각형의 성질 37쪽

1 ① 이등변삼각형 ② 55°

2 예

/ 60

3 ① 75 ② 50

4 ① 60 ② 60

1 ② 이등변삼각형은 두 각의 크기가 같으므로
(각 ㄱㄷㄴ)=(각 ㄱㄴㄷ)=55°입니다.

2 정삼각형은 세 각의 크기가 모두 같으므로 정삼각형의 한 각의 크기는 180°÷3=60°입니다.

STEP 1 교과개념 · 3. 삼각형을 각의 크기에 따라 분류하기 39쪽

1 ① 직각삼각형 ② 예각삼각형 ③ 둔각삼각형

2 (위에서부터) 직, 예, 둔 / 직, 둔, 예

3 예

1 ① 가와 같이 한 각이 직각인 삼각형은 직각삼각형입니다.
② 나, 마와 같이 세 각이 모두 예각인 삼각형은 예각삼각형입니다.
③ 다, 라, 바와 같이 한 각이 둔각인 삼각형은 둔각삼각형입니다.

3 예각삼각형: 세 각이 모두 예각이 되게 삼각형을 그립니다.
직각삼각형: 한 각이 직각이 되게 삼각형을 그립니다.
둔각삼각형: 한 각이 둔각이 되게 삼각형을 그립니다.

STEP 1 교과개념 · 4. 삼각형을 두 가지 기준으로 분류하기 41쪽

1 ① 이등변삼각형 ② 예각삼각형

2 ① 이등변삼각형 ② 둔각삼각형

3 ① 가, 나, 마 / 다, 라, 바 ② 나, 라 / 가, 바 / 다, 마
③ 나, 가, 마 / 라, 바, 다

1 두 변의 길이가 같으므로 이등변삼각형이고, 세 각이 모두 예각이므로 예각삼각형입니다.

2 두 변의 길이가 같으므로 이등변삼각형이고, 한 각이 둔각이므로 둔각삼각형입니다.

3 ③ 이등변삼각형은 가, 나, 마이고, 이 중에서 예각삼각형은 나, 둔각삼각형은 가, 직각삼각형은 마입니다.
세 변의 길이가 모두 다른 삼각형은 다, 라, 바이고, 이 중에서 예각삼각형은 라, 둔각삼각형은 바, 직각삼각형은 다입니다.

STEP 2 꼭 나오는 유형 42~46쪽

1

	두 변의 길이가 같은 삼각형	세 변의 길이가 같은 삼각형
기호	가, 나, 라, 바	나, 바
이름	이등변삼각형	정삼각형

2 7 **3** 22 cm

4

5 예

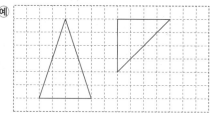

6 ( ) (○) ( )

7 예 정삼각형은 세 변의 길이가 모두 같으므로 두 변의 길이가 같은 이등변삼각형이라고 할 수 있습니다.

준비 ㉡ **8** ㉠, ㉢

9 80° / 50° **10** 33 cm

11 예

12 (예)

13 50°와 50°, 20°와 80°에 ○표

14 ③　　　　　　　　　**15** (1) 4　(2) 60

16 같은 점 (예) 각 삼각형의 세 변의 길이가 같습니다.
　　　　　 또는 세 각의 크기가 모두 60°로 같습니다.

　　　다른 점 (예) 두 삼각형의 한 변의 길이가 서로 다릅니다.

17 39 cm

18

19 (예)

20

㉑ (예)

준비 (○) (×) (△)

22

예각삼각형	직각삼각형	둔각삼각형
다, 바	가, 마	나, 라

23 세에 ○표 / 예각삼각형에 ○표

24

25 나, 다, 미, 이

26 (예)

㉗ (예)

28

	예각 삼각형	직각 삼각형	둔각 삼각형
이등변 삼각형	나, 마	가	다
세 변의 길이가 모두 다른 삼각형		바	라

29 (1) ×　(2) ○　(3) ○　(4) ×

30 ㉡　　　　　　**31** 이등변삼각형, 예각삼각형

32 예각삼각형, 이등변삼각형, 정삼각형

㉝ (예)

예각삼각형, 이등변삼각형

1

2 정삼각형은 세 변의 길이가 모두 같은 삼각형입니다.

3 나머지 한 변의 길이는 8 cm입니다.
　　(세 변의 길이의 합)=6+8+8=22(cm)

4 두 변의 길이가 같은 삼각형을 모두 색칠합니다.

6 왼쪽과 오른쪽 삼각형은 두 변의 길이가 같은 이등변삼각형입니다.

7

평가 기준
이등변삼각형과 정삼각형의 관계를 설명했나요?

준비 ㉠ 삼각형은 3개의 선분으로 둘러싸여 있습니다.
　　㉡ 모든 변의 길이가 항상 같지는 않습니다.

8 ㉡ 꼭짓점은 3개가 있습니다.
　　㉢ 세 변의 길이가 항상 같지는 않습니다.

9 이등변삼각형이므로 ㉡=50°이고
㉠=180°−50°−50°=80°입니다.

10 두 각의 크기가 같으면 이등변삼각형이므로 두 변의 길이가 같습니다.
따라서 세 변의 길이의 합은 15+9+9=33(cm)입니다.

11 두 변이 2 cm인 이등변삼각형과 한 변이 2 cm이고 나머지 두 변의 길이가 같은 이등변삼각형으로 그릴 수 있습니다.

12 오른쪽 도형은 왼쪽 이등변삼각형 6개로 나누어집니다.

13 이등변삼각형이므로 크기가 같은 두 각이 있어야 합니다.
크기가 같은 두 각의 크기가 각각 80°인 경우 나머지 한 각의 크기는 180°−80°−80°=20°가 될 수 있습니다.
나머지 두 각의 크기가 같은 경우 나머지 두 각의 크기의 합은 180°−80°=100°이므로
(나머지 두 각 중 한 각의 크기)=100°÷2=50°입니다.
따라서 나머지 두 각의 크기가 될 수 있는 각도는 80°와 20°, 50°와 50°입니다.

14 선분의 양 끝점을 ③과 이으면 세 변의 길이가 같은 정삼각형이 만들어집니다.

15 (1) 세 각의 크기가 모두 60°인 삼각형이므로 정삼각형입니다. 한 변의 길이가 4 cm이므로 다른 한 변의 길이도 모두 4 cm입니다.
(2) 세 변의 길이가 같은 삼각형이므로 정삼각형입니다. 정삼각형의 한 각의 크기는 60°입니다.

16

평가 기준
두 삼각형의 같은 점과 다른 점을 한 가지씩 바르게 썼나요?

17 삼각형의 세 각의 크기의 합은 180°이므로
(나머지 한 각의 크기)=180°−60°−60°=60°입니다.
따라서 주어진 삼각형은 정삼각형이므로 삼각형의 세 변의 길이의 합은 13+13+13=39(cm)입니다.

18 자와 각도기를 이용하여 세 각의 크기가 모두 60°인 삼각형을 그립니다.

19 병아리 3마리가 모두 정삼각형 안에 들어갈 수 있게 그립니다.

20 파란색 큰 정삼각형과 주황색 작은 정삼각형이 반복되는 규칙입니다.

😊 내가 만드는 문제
21 세 변의 길이가 같은 삼각형으로 나누어 봅니다.

준비 0°보다 크고 직각보다 작은 각은 예각, 직각보다 크고 180°보다 작은 각은 둔각입니다.

24 한 각이 둔각인 삼각형이 2개 만들어지도록 선분을 긋습니다.

25 세 각이 모두 예각인 삼각형은 나, 다, 마, 아입니다.

26 세 각이 모두 예각인 삼각형을 그립니다.

29 (1) 정삼각형은 사각형 안에 있습니다.
(4) 둔각삼각형이 사각형과 원 안에 모두 있습니다.

30 ㉠, ㉡, ㉢은 모두 이등변삼각형이고, ㉠은 둔각삼각형, ㉡은 예각삼각형, ㉢은 직각삼각형이므로 이등변삼각형이면서 예각삼각형인 삼각형은 ㉡입니다.

31 지워진 각의 크기는 180°−50°−80°=50°입니다.
두 각의 크기가 같으므로 이등변삼각형이고, 세 각이 모두 예각이므로 예각삼각형입니다.

32 세 변의 길이가 모두 같은 삼각형이므로 정삼각형입니다. 정삼각형은 예각삼각형도 되고 이등변삼각형도 됩니다.

STEP
3 자주 틀리는 유형   47~49쪽

1 ㉢   **2** ㉣   **3** ㉡, ㉢

4 ㉠, ㉣

5 이등변삼각형, 정삼각형, 예각삼각형에 ○표

6 이등변삼각형, 직각삼각형

7 7 cm, 9 cm   **8** 9 cm, 13 cm   **9** 8, 11

10 (14 cm, 8 cm), (11 cm, 11 cm)

11 6 cm   **12** 7 cm   **13** 8 cm

14 50°   **15** 140   **16** 115°

17 9   **18** 4   **19** 12

1 삼각형의 세 각의 크기의 합은 180°이므로 나머지 한 각의 크기를 구해 보면 ㉠ 110°, ㉡ 100°, ㉢ 85°, ㉣ 90°입니다.
예각삼각형은 세 각이 모두 예각이므로 세 각이 모두 예각인 것은 ㉢입니다.

2 삼각형의 세 각의 크기의 합은 180°이므로 나머지 한 각의 크기를 구해 보면 ㉠ 70°, ㉡ 60°, ㉢ 90°, ㉣ 105°입니다.
둔각삼각형은 한 각이 둔각이므로 한 각이 둔각인 것은 ㉣입니다.

3 삼각형의 세 각의 크기의 합은 180°이므로 나머지 한 각의 크기를 구해 보면 ㉠ 45°, ㉡ 70°, ㉢ 40°, ㉣ 30°입니다.
이등변삼각형은 두 각이 같아야 하므로 두 각이 같은 것은 ㉡, ㉢입니다.

4 (나머지 한 각의 크기)$=180°-35°-35°=110°$
두 각의 크기가 같으므로 이등변삼각형이고,
한 각이 둔각이므로 둔각삼각형입니다.

5 (나머지 한 각의 크기)$=180°-60°-60°=60°$
세 각의 크기가 같으므로 정삼각형이고, 정삼각형은 이등변삼각형입니다. 세 각이 모두 예각이므로 예각삼각형입니다.

6 (나머지 한 각의 크기)$=180°-45°-45°=90°$
두 각의 크기가 같으므로 이등변삼각형이고, 한 각이 직각이므로 직각삼각형입니다.

7 이등변삼각형은 두 변의 길이가 같아야 하므로 나머지 한 변의 길이는 7 cm 또는 9 cm이어야 합니다.

8 이등변삼각형은 두 변의 길이가 같아야 하므로 나머지 한 변의 길이는 9 cm 또는 13 cm이어야 합니다.

9 이등변삼각형은 두 변의 길이가 같아야 하므로 나머지 한 변의 길이는 8 cm 또는 11 cm이어야 합니다.

10 14 cm인 변이 2개일 때 나머지 한 변은
$36-14-14=8$(cm)입니다.
다른 두 변의 길이가 같을 때 $36-14=22$이므로 두 변의 길이는 각각 $22÷2=11$(cm)이어야 합니다.

11 굵은 선의 길이는 정삼각형의 한 변의 길이의 4배이므로
(정삼각형의 한 변의 길이)$=24÷4=6$(cm)입니다.

12 굵은 선의 길이는 정삼각형의 한 변의 길이의 5배이므로
(정삼각형의 한 변의 길이)$=35÷5=7$(cm)입니다.

13 굵은 선의 길이는 정삼각형의 한 변의 길이의 6배이므로
(정삼각형의 한 변의 길이)$=48÷6=8$(cm)입니다.

14

㉡$=25°$, ㉢$=180°-25°-25°=130°$
➡ ㉠$=180°-$㉢$=180°-130°=50°$

15

이등변삼각형은 두 각의 크기가 같으므로
㉠$=180°-70°-70°=40°$,
□°$=180°-40°=140°$입니다.

16 (각 ㄱㄴㄷ)$+$(각 ㄱㄷㄴ)$=180°-50°=130°$
(각 ㄱㄴㄷ)$=$(각 ㄱㄷㄴ)$=130°÷2=65°$
(각 ㄱㄴㄹ)$=180°-65°=115°$

17 왼쪽 이등변삼각형의 세 변의 길이의 합은
$8+8+10=26$(cm)입니다.
오른쪽 이등변삼각형의 세 변의 길이의 합도 26 cm이고 나머지 한 변의 길이는 □cm입니다.
□$+$□$+8=26$, □$+$□$=18$, □$=9$

18 왼쪽 이등변삼각형의 세 변의 길이의 합은
$5+5+7=17$(cm)입니다.
오른쪽 이등변삼각형의 세 변의 길이의 합도 17 cm이고 나머지 한 변의 길이는 □cm입니다.
□$+$□$+9=17$, □$+$□$=8$, □$=4$

19 정삼각형의 세 변의 길이의 합은 $9+9+9=27$(cm)입니다.
오른쪽 이등변삼각형의 세 변의 길이의 합도 27 cm이고 나머지 한 변의 길이는 □cm입니다.
□$+$□$+3=27$, □$+$□$=24$, □$=12$

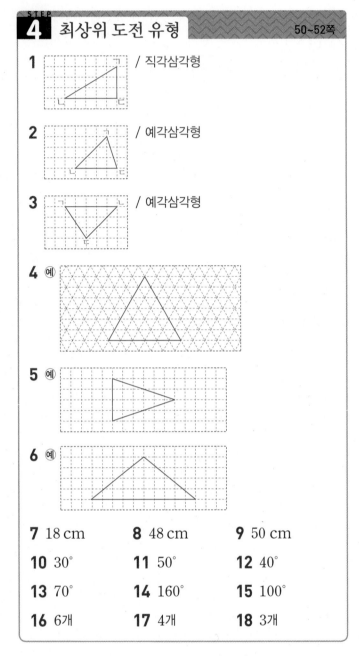

STEP 4 최상위 도전 유형 50~52쪽

1 / 직각삼각형

2 / 예각삼각형

3 / 예각삼각형

4 예

5 예

6 예

7 18 cm	**8** 48 cm	**9** 50 cm
10 30°	**11** 50°	**12** 40°
13 70°	**14** 160°	**15** 100°
16 6개	**17** 4개	**18** 3개

1 한 각이 직각이므로 직각삼각형입니다.

2 세 각이 모두 예각이므로 예각삼각형입니다.

3 세 각이 모두 예각이므로 예각삼각형입니다.

4 세 변의 길이가 같은 삼각형은 정삼각형입니다.

5 두 변의 길이가 같은 삼각형은 이등변삼각형입니다.
세 각이 모두 예각인 삼각형은 예각삼각형입니다.

6 두 변의 길이가 같은 삼각형은 이등변삼각형입니다.
한 각이 둔각인 삼각형은 둔각삼각형입니다.

7
5 cm 5 cm
3 cm
4 cm 4 cm

(둔각삼각형의 세 변의 길이의 합)
=5+5+4+4=18(cm)

8
15 cm 15 cm
9 cm 9 cm

(예각삼각형의 세 변의 길이의 합)
=15+15+9+9=48(cm)

참고 | 9 cm인 변을 이어 붙이면 둔각삼각형이 만들어집니다.

9
13 cm 13 cm
12 cm 12 cm

(둔각삼각형의 세 변의 길이의 합)
=13+13+12+12=50 (cm)

참고 | 12 cm인 변을 이어 붙이면 예각삼각형이 만들어집니다.

10 삼각형 ㄱㄴㄷ은 이등변삼각형이므로
(각 ㄴㄱㄷ)=(각 ㄴㄷㄱ)=75°입니다.
(각 ㄱㄴㄷ)=180°-75°-75°=30°
따라서 삼각형 ㄱㄴㄷ에서 접혀진 각의 크기는 같으므로
(각 ㄹㅂㅁ)=(각 ㄱㄴㄷ)=30°입니다.

11 (변 ㄱㄹ)=(변 ㄱㅂ)이므로 삼각형 ㄱㄹㅂ은 이등변삼각형입니다.
(각 ㄱㅂㄹ)=(각 ㄱㄹㅂ)=65°,
(각 ㄹㄱㅂ)=180°-65°-65°=50°
따라서 삼각형 ㄱㄴㄷ에서 접혀진 각의 크기는 같으므로
(각 ㄹㅁㅂ)=(각 ㄹㄱㅂ)=50°입니다.

12 정삼각형 ㄱㄴㄷ에서 접혀진 각의 크기는 같으므로
(각 ㄹㅂㅁ)=(각 ㄷㅂㅁ)=80°,
(각 ㅁㄹㅂ)=(각 ㅁㄷㅂ)=60°입니다.
따라서 (각 ㄹㅁㅂ)=180°-80°-60°=40°입니다.

13 삼각형 ㄱㄴㄷ에서
(각 ㄱㄴㄷ)+(각 ㄱㄷㄴ)=180°-100°=80°이므로
(각 ㄱㄴㄷ)=80°÷2=40°
삼각형 ㄷㄴㄹ에서
(각 ㄷㄴㄹ)+(각 ㄷㄹㄴ)=180°-120°=60°이므로
(각 ㄷㄴㄹ)=60°÷2=30°
따라서 (각 ㄱㄴㄹ)=(각 ㄱㄴㄷ)+(각 ㄷㄴㄹ)
=40°+30°=70°입니다.

14 삼각형 ㄱㄴㄷ에서 (각 ㄱㄷㄴ)=(각 ㄱㄴㄷ)=65°
(각 ㄴㄱㄷ)=180°−65°−65°=50°
삼각형 ㄱㄹㅁ에서 (각 ㄱㅁㄹ)=(각 ㄱㄹㅁ)=35°
(각 ㄹㄱㅁ)=180°−35°−35°=110°
따라서 (각 ㄴㄱㅁ)=(각 ㄴㄱㄷ)+(각 ㄹㄱㅁ)
=50°+110°=160°입니다.

15 삼각형 ㄱㄴㄷ은 정삼각형이므로 (각 ㄴㄷㄱ)=60°입니다.
삼각형 ㅁㄷㄹ에서 (각 ㄷㅁㄹ)=(각 ㄷㄹㅁ)=70°
(각 ㅁㄷㄹ)=180°−70°−70°=40°
따라서 (각 ㄴㄷㄹ)=(각 ㄴㄷㄱ)+(각 ㅁㄷㄹ)
=60°+40°=100°입니다.

16
삼각형 1개짜리: ②, ④, ⑥, ⑧ → 4개
삼각형 4개짜리: ②+③+⑤+⑥, ③+④+⑤+⑧
→ 2개
➡ 4+2=6(개)

17
삼각형 1개짜리: ②, ④, ⑥ → 3개
삼각형 4개짜리: ②+③+⑤+⑥ → 1개
➡ 3+1=4(개)

18
예각삼각형: ③, ②+③, ③+④, ①+②+③,
②+③+④, ③+④+⑤, ①+②+③+④,
②+③+④+⑤, ①+②+③+④+⑤ → 9개
둔각삼각형: ①, ②, ④, ⑤, ①+②, ④+⑤ → 6개
예각삼각형과 둔각삼각형의 개수의 차는 9−6=3(개)
입니다.

---

1 가, 나, 마, 바 **2** 가, 마

3 ( )(○)( ) **4** 5, 5

5 ㉢ **6**

7 나, 마 / 가, 다, 라, 바 **8** ②, ③

9 140 **10**

11 8 cm

12 ⓔ

13 석진

14 ⓔ

15 ①, ⑤

16 12 cm, 8 cm / 10 cm, 10 cm

17 90° **18** 64 cm

19 ㉡, ㉣ **20** 45°

---

1 두 변의 길이가 같은 삼각형은 가, 나, 마, 바입니다.

2 세 변의 길이가 같은 삼각형은 가, 마입니다.

3 이등변삼각형은 두 변의 길이가 같아야 하므로 2개의 막
대의 길이가 같은 것을 고릅니다.

4 정삼각형이므로 세 변의 길이가 모두 5 cm입니다.

5 예각삼각형은 세 각이 모두 예각인 삼각형입니다.

6 크기가 같은 두 각의 크기는 각각 50°입니다.
나머지 한 각의 크기는 180°−50°−50°=80°입니다.

7 • 세 각이 모두 예각인 삼각형은 나, 마입니다.
• 한 각이 둔각인 삼각형은 가, 다, 라, 바입니다.

8 점 ㄱ과 점 ㄴ을 ①, ⑤와 이으면 둔각삼각형, ②, ③과 이으면 예각삼각형, ④와 이으면 직각삼각형을 그릴 수 있습니다.

9

이등변삼각형은 두 각의 크기가 같습니다.
$\bigcirc = 180° - 70° - 70° = 40°$
일직선은 $180°$이므로 $\square = 180° - 40° = 140°$입니다.

10 한 각이 둔각이 되도록 선분을 긋습니다.

11 $24 \div 3 = 8(cm)$

12 세 변의 길이가 같은 삼각형 4개로 나누어 봅니다.

13 • 모든 정삼각형의 크기가 같은 것은 아니므로 변의 길이가 같지는 않습니다.
• 모든 정삼각형의 각의 크기는 $60°$로 같습니다.
• 모든 정삼각형은 예각삼각형입니다.

14 빨간 점 2개가 들어가는 세 각이 모두 예각인 삼각형을 그립니다.

15 두 각의 크기가 같으므로 이등변삼각형입니다.
나머지 한 각의 크기가 $180° - 35° - 35° = 110°$로 둔각이므로 둔각삼각형입니다.

16 • 길이가 같은 두 변의 길이가 $12\,cm$인 경우:
$12\,cm$, $12\,cm$, $32 - 12 - 12 = 8(cm)$
• 길이가 다른 한 변의 길이가 $12\,cm$인 경우:
$32 - 12 = 20(cm)$, $20 \div 2 = 10(cm)$이므로
$12\,cm$, $10\,cm$, $10\,cm$

17 삼각형 ㄱㄴㄷ은 정삼각형이므로 (각 ㄱㄴㄷ) $= 60°$입니다.
삼각형 ㄷㄹㅁ은 이등변삼각형이므로
각 ㄹㄷㅁ은 $180° - 120° = 60°$, $60° \div 2 = 30°$입니다.
따라서 $\bigcirc = 180° - 60° - 30° = 90°$입니다.

18

(둔각삼각형의 세 변의 길이의 합)
$= 17 + 15 + 15 + 17 = 64(cm)$

19 예 삼각형에서 나머지 한 각의 크기를 구합니다.
$\bigcirc\ 180° - 55° - 15° = 110°$
$\bigcirc\ 180° - 60° - 60° = 60°$
$\bigcirc\ 180° - 30° - 50° = 100°$
$\bigcirc\ 180° - 75° - 20° = 85°$
따라서 예각삼각형은 세 각이 모두 예각인 ⓒ, ⓔ입니다.

평가 기준	배점
나머지 한 각의 크기를 구했나요?	2점
예각삼각형을 모두 찾아 기호를 썼나요?	3점

20 예 두 변의 길이가 $11\,cm$로 같으므로 이등변삼각형입니다. 이등변삼각형은 두 각의 크기가 같습니다.
(각 ㄱㄴㄷ) $+$ (각 ㄱㄷㄴ) $= 180° - 90° = 90°$,
$90° \div 2 = 45°$이므로 각 ㄱㄷㄴ의 크기는 $45°$입니다.

평가 기준	배점
이등변삼각형은 두 각의 크기가 같음을 알고 있나요?	2점
각 ㄱㄷㄴ의 크기를 구했나요?	3점

1 나, 다, 라, 바 / 나, 바

2 예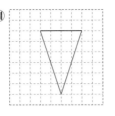

3 나, 라

4 ⑤

5 (1) 60 (2) 7

6 2개

7 ㉢

8 ㉠, ㉢

9 75

10 8 cm, 12 cm

11

12 예각삼각형

13 19 cm

14 120°

15 12 cm

16 30 cm

17 9개

18 85°

19 이등변삼각형, 예각삼각형

20 130°

---

1 두 변의 길이가 같은 삼각형을 찾아보면 나, 다, 라, 바입니다.
세 변의 길이가 모두 같은 삼각형을 찾아보면 나, 바입니다.

2 나머지 두 변이 같은 삼각형을 그리거나, 주어진 선분과 같은 길이의 변을 그리고 나머지 한 변을 그립니다.

3

세 각이 모두 예각인 삼각형은 나, 라입니다.

4

한 각이 둔각이 되는 점을 찾으면 ⑤입니다.

---

5 (1) 세 변의 길이가 같은 삼각형이므로 정삼각형입니다.
정삼각형의 한 각의 크기는 60°입니다.
(2) 세 각의 크기가 모두 60°인 삼각형이므로 정삼각형입니다. 한 변의 길이가 7 cm이므로 다른 변의 길이도 모두 7 cm입니다.

6 둔각삼각형은 다, 라로 모두 2개입니다.

7 크기가 같은 두 각이 없는 것을 찾습니다.

8 이등변삼각형은 두 변의 길이가 같고, 두 각의 크기가 같습니다.

9 이등변삼각형은 두 각의 크기가 같으므로 크기가 같은 두 각의 크기의 합은 180°−30°=150°입니다.
따라서 □°=150°÷2=75°입니다.

10 이등변삼각형은 두 변의 길이가 같습니다. 삼각형의 세 변 중 두 변이 각각 8 cm, 12 cm이므로 8 cm, 8 cm, 12 cm 또는 8 cm, 12 cm, 12 cm인 삼각형을 만들 수 있습니다.

11 한 각이 둔각인 삼각형과 세 각이 모두 예각인 삼각형이 만들어지도록 선분을 긋습니다.

12 (나머지 한 각의 크기)=180°−35°−65°=80°
세 각이 모두 예각이므로 예각삼각형입니다.

13 이등변삼각형이므로 변 ㄱㄷ과 변 ㄴㄷ의 길이는 같습니다.
따라서 세 변의 길이의 합은 7+7+5=19(cm)입니다.

14 정삼각형은 세 각의 크기가 60°로 같습니다.
(각 ㄴㄷㄹ)=(각 ㄴㄷㄱ)+(각 ㄱㄷㄹ)
=60°+60°=120°

15 이등변삼각형은 두 변의 길이가 같으므로 나머지 한 변은 14 cm입니다.
(세 변의 길이의 합)=8+14+14=36(cm)
정삼각형은 세 변의 길이가 같으므로 한 변은 36÷3=12(cm)로 해야 합니다.

16 삼각형 ㄱㄷㄹ은 이등변삼각형이므로
(변 ㄱㄹ)=(변 ㄹㄷ)=6 cm입니다.
세 변의 길이의 합이 21 cm이므로
(변 ㄱㄷ)=21−6−6=9(cm)입니다.

정삼각형은 세 변의 길이가 모두 같으므로
(사각형 ㄱㄴㄷㄹ의 네 변의 길이의 합)
$=9+9+6+6=30(cm)$입니다.

17

삼각형 1개짜리: ①, ②, ③, ④, ⑤, ⑥, ⑦ → 7개
삼각형 4개짜리: ④+⑤+⑥+⑦ → 1개
삼각형 7개짜리: ①+②+③+④+⑤+⑥+⑦ → 1개
➡ $7+1+1=9$(개)

18 삼각형 ㄱㄴㄷ에서 (각 ㄱㄴㄷ)+(각 ㄱㄷㄴ)
$=180°-90°=90°$이므로 (각 ㄱㄷㄴ)$=90°÷2=45°$
입니다.
삼각형 ㄷㄴㄹ에서 (각 ㄷㄴㄹ)$=$(각 ㄷㄹㄴ)$=70°$이므
로 (각 ㄴㄷㄹ)$=180°-70°-70°=40°$입니다.
따라서 (각 ㄱㄷㄹ)$=$(각 ㄱㄷㄴ)+(각 ㄴㄷㄹ)
$=45°+40°=85°$입니다.

19 ⑩ 삼각형의 두 각의 크기가 각각 55°, 70°이므로 나머지
한 각의 크기는 $180°-55°-70°=55°$입니다.
이 삼각형은 두 각의 크기가 같으므로 이등변삼각형이
고, 세 각이 모두 예각이므로 예각삼각형입니다.

평가 기준	배점
나머지 한 각의 크기를 구했나요?	2점
삼각형의 이름을 모두 썼나요?	3점

20 ⑩ 삼각형 ㄱㄴㄷ은 정삼각형이므로 (각 ㄱㄷㄴ)$=60°$입
니다. 삼각형 ㄱㄷㄹ에서
(각 ㄷㄱㄹ)$=$(각 ㄷㄹㄱ)$=55°$이므로
(각 ㄱㄷㄹ)$=180°-55°-55°=70°$입니다.
따라서 (각 ㄴㄷㄹ)$=$(각 ㄱㄷㄴ)+(각 ㄱㄷㄹ)
$=60°+70°=130°$입니다.

평가 기준	배점
각 ㄱㄷㄴ과 각 ㄱㄷㄹ의 크기를 구했나요?	3점
각 ㄴㄷㄹ의 크기를 구했나요?	2점

3 소수의 덧셈과 뺄셈

3-1에서 $\frac{1}{10}=0.1$임을 학습하였습니다. 이번에는 더 나아가 $\frac{1}{100}$, $\frac{1}{1000}$과 0.01, 0.001과의 관계를 알아보면서 소수 두 자리 수, 소수 세 자리 수의 읽고 쓰기 및 자릿값, 크기 비교 등의 학습을 합니다. 소수의 덧셈과 뺄셈은 자연수의 덧셈과 뺄셈과 같은 계산 방법이지만 계산 결과의 소수점 오른쪽 끝 0은 생략하거나 소수점의 위치에 맞추어 계산하는 등의 차이점이 있습니다. 수 모형, 모눈종이, 수직선 등 다양한 활동을 통해 자연수의 연산과의 공통점과 차이점을 인식할 수 있도록 지도합니다. 소수는 분수에 비해 일상적으로 활용되는 빈도가 높으므로 분수와 소수와의 관계, 계산 원리 등을 완벽히 이해할 수 있도록 합니다.

STEP 1 교과 개념 **1. 소수 두 자리 수** 61쪽

1 ① $\frac{6}{100}$ ② 0.06

2 ① 0.43, 영 점 사삼 ② 3.58, 삼 점 오팔

3 (위에서부터) 5, 6 / 4, 0.06

4 3.57, 3.64

5 ① 6 ② 0.9 ③ 소수 둘째, 0.05

1 모눈 한 칸의 크기는 분수로 $\frac{1}{100}$, 소수로 0.01입니다.
색칠된 부분은 모눈 6칸이므로 분수로 $\frac{6}{100}$, 소수로 0.06입니다.

2 소수를 읽을 때 소수점 오른쪽의 수는 숫자만 하나씩 차례대로 읽습니다.

4 작은 눈금 한 칸의 크기는 0.1을 똑같이 10으로 나눈 것 중의 1이므로 0.01입니다.

5 $6.95=6+0.9+0.05$

STEP 1 교과개념 2. 소수 세 자리 수
63쪽

1 ① 0.525 ② 0.537

2 ① 0.213, 영 점 이일삼 ② 3.108, 삼 점 일영팔

3 ① 1, 3 ② 2, 7

4 ① 일, 9 ② 0.5 ③ 소수 둘째, 0.06 ④ 0.008

---

1 ① ㉠은 0.52에서 0.001씩 5칸 더 갔으므로 0.525입니다.

② ㉡은 0.53에서 0.001씩 7칸 더 갔으므로 0.537입니다.

2 소수점 오른쪽의 숫자 사이에 있는 0은 반드시 읽습니다.

> **주의** 3.108을 삼 점 일팔과 같이 소수 둘째 자리를 빼고 읽지 않도록 주의합니다.

3 ① 0.513=0.5+0.01+0.003
② 4.237=4+0.2+0.03+0.007

4 9.568=9+0.5+0.06+0.008

STEP 1 교과개념 3. 소수의 크기 비교, 소수 사이의 관계
65쪽

1 예 , > , 예

2 / <

3 ① < ② > ③ < ④ <

4 (위에서부터) 0.1 / 0.007, 0.07, 70 / 0.495, 495, 4950

5 ① 9, 90 ② 0.57, 0.057

---

1 색칠한 칸 수가 0.44가 더 많으므로 0.44>0.39입니다.

2 2.475가 2.458보다 오른쪽에 있으므로 2.458<2.475 입니다.

3 ① 0.09<0.13
└0<1┘
② 5.64>5.496
└6>4┘
③ 4.012<7.001
└4<7┘
④ 9.678<9.688
└7<8┘

---

4 수를 10배 하면 소수점을 기준으로 수가 왼쪽으로 한 자리 이동하고, 수의 $\frac{1}{10}$은 소수점을 기준으로 수가 오른쪽으로 한 자리 이동합니다.

5 ① 0.9의 10배 ➡ 9, 0.9의 100배 ➡ 90
② 5.7의 $\frac{1}{10}$ ➡ 0.57, 5.7의 $\frac{1}{100}$ ➡ 0.057

STEP 1 교과개념 4. 소수 한 자리 수의 덧셈
67쪽

1 ① 예   ② 0.8

2 0.5, 0.9

3 ① (위에서부터) 2 / 5 / 0.7, 7
② (위에서부터) 3 / 28 / 3.1, 31

4 (왼쪽에서부터) 1, 2 / 1, 2, 2

5 ① 1, 1, 1 ② 1, 7, 2

---

1 ① 0.2는 0.1이 2개, 0.6은 0.1이 6개이므로 2칸을 빨간색으로 색칠하고, 이어서 6칸을 파란색으로 색칠합니다.
② 모눈종이에 색칠한 칸은 모두 8칸이므로 0.2+0.6=0.8입니다.

2 오른쪽으로 0.1씩 4칸 간 다음 오른쪽으로 0.1씩 5칸 더 갔으므로 오른쪽으로 모두 0.1씩 9칸 간 것입니다.
➡ 0.4+0.5=0.9

3 ② 0.3+2.8은 0.1이 3+28=31(개)이므로 0.3+2.8=3.1입니다.

4
```
    1
    0.5
 +  1.7
 ------
    2.2
```

5 ①
```
    1
    0.3
 +  0.8
 ------
    1.1
```
②
```
    1
    4.9
 +  2.3
 ------
    7.2
```

정답과 풀이 **21**

STEP 1 교과개념 5. 소수 한 자리 수의 뺄셈 69쪽

1 0.3, 0.3

2 0.5, 0.8

3 ① (위에서부터) 7 / 4 / 0.3, 3
　　② (위에서부터) 56 / 29 / 2.7, 27

4 (왼쪽에서부터) 1, 10, 6 / 1, 10, 1, 6

5 ① 0, 7　② 6, 10, 2, 9

---

1 오른쪽으로 0.1씩 6칸을 간 다음 왼쪽으로 0.1씩 3칸을 되돌아오면 0.3을 가리킵니다. ➡ 0.6−0.3=0.3

2 모눈종이에 1.3만큼 색칠하고 0.5만큼 ×로 지웠으므로 남은 부분은 0.8입니다.
➡ 1.3−0.5=0.8

4
$$\begin{array}{r} \overset{1\ 10}{\cancel{2}.5} \\ -\ 0.9 \\ \hline 1.6 \end{array}$$

5 ①
$$\begin{array}{r} 0.9 \\ -\ 0.2 \\ \hline 0.7 \end{array}$$
　②
$$\begin{array}{r} \overset{6\ 10}{\cancel{7}.4} \\ -\ 4.5 \\ \hline 2.9 \end{array}$$

STEP 1 교과개념 6. 소수 두 자리 수의 덧셈 71쪽

1 ① 예 　② 0.38

2 0.39

3 ① (위에서부터) 42 / 54 / 0.96, 96
　　② (위에서부터) 271 / 546 / 8.17, 817

4 (왼쪽에서부터) 5 / 1, 3, 5 / 1, 6, 3, 5

5 ① 0, 8, 9　② 1, 1, 8, 0, 5

---

1 ① 0.21은 0.01이 21개, 0.17은 0.01이 17개이므로 21칸을 빨간색으로 색칠하고, 이어서 17칸을 파란색으로 색칠합니다.

② 모눈종이에 색칠한 칸은 모두 38칸이므로 0.21+0.17=0.38입니다.

2 오른쪽으로 0.01씩 16칸 간 다음 오른쪽으로 0.01씩 23칸 더 갔으므로 오른쪽으로 모두 0.01씩 39칸 간 것입니다. ➡ 0.16+0.23=0.39

3 ② 2.71+5.46은 0.01이 271+546=817(개)이므로 2.71+5.46=8.17입니다.

5 ①
$$\begin{array}{r} 0.7\ 3 \\ +\ 0.1\ 6 \\ \hline 0.8\ 9 \end{array}$$
　②
$$\begin{array}{r} \overset{1\ \ 1}{}3.4\ 6 \\ +\ 4.5\ 9 \\ \hline 8.0\ 5 \end{array}$$

STEP 1 교과개념 7. 소수 두 자리 수의 뺄셈 73쪽

1 ① 예 　② 0.42

2 0.65

3 ① (위에서부터) 121 / 65 / 0.56, 56
　　② (위에서부터) 626 / 470 / 1.56, 156

4 (왼쪽에서부터) 4, 10, 4 / 1, 14, 10, 1, 7, 4

5 ① 8, 11, 10, 1, 5, 5　② 5, 13, 10, 4, 6, 8

---

1 ① 0.65는 0.01이 65개, 0.23은 0.01이 23개이므로 65칸을 색칠한 후 23칸을 ×로 지웁니다.
② 남은 부분은 42칸이므로 0.65−0.23=0.42입니다.

2 오른쪽으로 1.1만큼 간 다음 왼쪽으로 0.45만큼 되돌아오면 0.65를 가리킵니다. ➡ 1.1−0.45=0.65

4
$$\begin{array}{r} \overset{1\ 14\ 10}{\cancel{2}.\cancel{5}\ 0} \\ -\ 0.7\ 6 \\ \hline 1.7\ 4 \end{array}$$

5 ①
$$\begin{array}{r} \overset{8\ 11\ 10}{\cancel{9}.\cancel{2}\ 3} \\ -\ 7.6\ 8 \\ \hline 1.5\ 5 \end{array}$$
　②
$$\begin{array}{r} \overset{5\ 13\ 10}{\cancel{6}.\cancel{4}\ 0} \\ -\ 1.7\ 2 \\ \hline 4.6\ 8 \end{array}$$

STEP 2 꼭 나오는 유형　　74~81쪽

1 (위에서부터) 3 / 7, 0.04

2 예

쓰기 1.64　읽기 일 점 육사

3 (1) 2.15　(2) $\frac{307}{100}=3.07$　(3) $\frac{5061}{100}=50.61$

　(4) $\frac{4810}{100}=48.1$

4 4.78, 4.86　　준비 0.8, 3.8

5 (1) 0.7, 0.04, 6.74　(2) 26.58

6 5, 0.6, 0.04에 ○표

7 0.76, 0.01이 76개, $\frac{1}{100}$이 76개에 ○표

8 (위에서부터) 4 / 8, 0, 0.006

9

10 (1) 5.016　(2) 5.976

11 4.577, 4.578, 4.579

12 0.537 / 0.037 / 0.007

13 1.095 km　　**14** 9.573

15 두 수　예 8.015, 0.015

　공통점　예 소수 첫째 자리 숫자가 0, 소수 둘째 자리 숫자가 1, 소수 셋째 자리 숫자가 5로 같습니다.

준비 65, 62 / >　　**16** 324, 327 / <

17 (1) <　(2) >　(3) <

18 2.530에 ○표　**19** 0.25

20 3.06, 4.931

21

　0.062 kg　　0.041 kg　　0.058 kg

22 (1) 예 6.8 0 9 < 1 0.0 1
　(2) 예 4 0.7 1 > 9.7 2 6

23

0.01	0.1	1	10	100
0.006	0.06	0.6	6	60
0.245	2.45	24.5	245	2450

24 문, 제, 유, 형　　**25** 0.025, 0.25, 2.5

26 © 　　**27** 54.1, 5.41, 0.541

28 (왼쪽에서부터) 327.4, 100, 10

29 (1) 1000　(2) $\frac{1}{100}$　(3) $\frac{1}{10}$

30 3, 5, 8 / 0.8　　**31**

32 (위에서부터) 15.3, 14.6

33 (1) 2　(2) 5　　**34** 13.2

35 9.6　　**36** 예 3 / 1.2 kg

37 8.4 g　　**38** 8, 6, 2 / 0.2

39
$$\begin{array}{r} {}^{6}\!\!\!\!{}^{\,10}\\ 7.5 \\ -\ 4.6 \\ \hline 2.9 \end{array}$$

40 (1) 5.7 / 5.5 / 5.3 / 5.1　(2) 3.9 / 4.1 / 4.3 / 4.5

41 (위에서부터) 0.9 / 0.2 / 0.7 / 0.4

준비 19 / 19　　**42** 2.9 / 2.9

43 16.6 m　　**44** 예 5, 4, 2, 9 / 2.5

45 581 / 5.81　　**46** 0.6, 0.09 / 47.69

47
$$\begin{array}{r} {}^{1}\\ 6.8\ 2 \\ +\ 2.3\ 2 \\ \hline 9.1\ 4 \end{array}$$

48 4.34

49 5.57

50 (위에서부터) 42.71, 53.05

51 2.99 L　　**52** 7.26, 9.5

53 475 / 4.75　　**54** 1.81

55 5.19 / 3.16

56 예 7.98, 4.46, 3.52

57 (1) +, −　(2) −, +

58 (1) 4.72 m　(2) 6.37 m

준비 3, 3　　**59** (위에서부터) 5, 3, 8

1 $7.34 = 7 + 0.3 + 0.04$

3 (4) 소수 끝자리의 0은 생략 가능합니다.

4 0.1을 똑같이 10으로 나누었으므로 작은 눈금 한 칸의 크기는 0.01입니다.

6 $5.64 = 5 + 0.6 + 0.04$

7 그림은 0.76을 나타냅니다.
일 점 칠육: 1.76, 0.1이 76개: 7.6,
0.01이 76개: 0.76, $\dfrac{1}{100}$이 76개: 0.76,
$\dfrac{1}{1000}$이 76개: 0.076

8 $8.406 = 8 + 0.4 + 0.006$

9 3보다 0.405만큼 더 큰 수: 3.405, $\dfrac{345}{1000} = 0.345$

10
➡ 5와 가장 가까운 소수는 5.016이고 6과 가장 가까운 소수는 5.976입니다.

11 $4.58 = 4.580$으로 바꾸어 풉니다.
4.576과 4.580 사이의 수는 4.577, 4.578, 4.579입니다.

13 $1\ km\ 95\ m = 1\ km + 90\ m + 5\ m$
$= 1\ km + 0.09\ km + 0.005\ km$
$= 1.095\ km$

14 1이 8개이면 8, 0.1이 15개이면 1.5, 0.01이 7개이면 0.07, 0.001이 3개이면 0.003입니다.
따라서 $8 + 1.5 + 0.07 + 0.003 = 9.573$입니다.

😊 내가 만드는 문제
15 5.128, 5.123을 고른 경우: 자연수 부분, 소수 첫째 자리 숫자, 소수 둘째 자리 숫자가 각각 같습니다.
0.008, 5.128을 고른 경우: 소수 셋째 자리 숫자가 8로 같습니다.
등 여러 가지 답이 나올 수 있습니다.

준비 65 > 62이므로 6.5 > 6.2입니다.

16 324 < 327이므로 3.24 < 3.27입니다.

17 (1) $0.632 \underset{\underset{2 < 7}{\rule{3em}{0pt}}}{<} 0.637$

(2) $2.904 \underset{\underset{9 > 0}{\rule{3em}{0pt}}}{>} 2.094$

(3) $31.562 \underset{\underset{6 < 9}{\rule{3em}{0pt}}}{<} 31.59$

18 $2.50 = 2.5$, $2.530 = 2.53$, $2.060 = 2.06$이므로 2.5와 2.6 사이의 소수는 2.53입니다.

19 예 $\dfrac{1}{10}$이 2개, $\dfrac{1}{100}$이 5개인 수는 0.25이고, 영 점 일 오칠은 0.157입니다.
0.25와 0.157의 자연수 부분이 0으로 같으므로 소수 첫째 자리 숫자를 비교하면 $2 > 1$입니다.
따라서 0.25가 더 큰 소수입니다.

평가 기준
설명하는 수를 소수로 나타냈나요?
더 큰 소수를 구했나요?

20 2.597은 3보다 작고, 5.84는 5보다 크므로 ☐ 안에 들어갈 수 없습니다.
$3.06 \underset{\underset{3 < 4}{\rule{3em}{0pt}}}{<} 4.931$

21 공의 무게가 빨간색 공 > 노란색 공, 노란색 공 > 파란색 공이므로 공의 무게는 빨간색 공 > 노란색 공 > 파란색 공이어야 합니다.
$0.062 > 0.058 > 0.041$이므로 0.062는 빨간색, 0.058은 노란색, 0.041은 파란색으로 색칠해야 합니다.

22 (1) $68.09 < 100.1$, $6.809 < 100.1$도 답이 될 수 있습니다.
(2) $407.1 > 97.26$, $407.1 > 9.726$도 답이 될 수 있습니다.

24 제: 0.043의 100배 ➡ 4.3, 형: 0.43의 100배 ➡ 43, 문: 4.3의 $\dfrac{1}{100}$ ➡ 0.043, 유: 4.3의 $\dfrac{1}{10}$ ➡ 0.43

25 $1\ g = 0.001\ kg$이므로 설탕 한 봉지는 $25\ g = 0.025\ kg$입니다.
0.025의 10배는 0.25이므로 작은 상자는 $0.25\ kg$입니다.
0.25의 10배는 2.5이므로 큰 상자는 $2.5\ kg$입니다.

26 ㉠, ㉡, ㉣ ➡ 5.12, ㉢ ➡ 0.512

27 보기 의 규칙은 오른쪽 수가 왼쪽 수의 $\frac{1}{10}$이 되는 규칙입니다.

$$541 \xrightarrow{\frac{1}{10}} 54.1 \xrightarrow{\frac{1}{10}} 5.41 \xrightarrow{\frac{1}{10}} 0.541$$

28 32.74의 10배 ➡ 327.4, 327.4의 $\frac{1}{100}$ ➡ 3.274, 3.274의 10배 ➡ 32.74

29 (1) 175의 $\frac{1}{1000}$은 0.175이므로 175는 0.175의 1000배입니다.

(2) $\frac{9}{100}$의 100배는 9이므로 $\frac{9}{100}$는 9의 $\frac{1}{100}$입니다.

(3) 0.016의 10배는 $0.16=\frac{16}{100}$이므로 0.016은 $\frac{16}{100}$의 $\frac{1}{10}$입니다.

30 0.3+0.5는 0.1이 8개이므로 0.8입니다.

31 두 소수의 덧셈의 순서를 바꾸어 더해도 계산 결과는 같습니다.

32 8.6+6.7=8.6+6+0.7

33 (1) 0.1+0.2+0.3+0.4=1입니다.
따라서 □+1=3, □=3-1=2입니다.
(2) 0.1+0.2+0.3+0.4=1이므로
□-0.1-0.2-0.3-0.4는 □-1과 같습니다.
따라서 □-1=4, □=4+1=5입니다.

34
$$\begin{array}{r} 1\text{이 } 8\text{개} \Rightarrow \quad 8 \\ \frac{1}{10}(=0.1)\text{이 } 25\text{개} \Rightarrow \quad 2.5 \\ \hline 10.5 \end{array}$$
10.5보다 2.7만큼 더 큰 수는 10.5+2.7=13.2입니다.

35 ㉠ 3.4 ㉡ 6.2
➡ 3.4+6.2=9.6

😊 내가 만드는 문제
36 사과를 산 개수 만큼 더합니다. 3개를 샀다면 0.4+0.4+0.4=1.2(kg)입니다.

37 자연수로 생각하면 ●+●=168, 84+84=168입니다.
따라서 8.4+8.4=16.8이므로 빨간 공 하나의 무게는 8.4 g입니다.

38 0.8-0.6은 0.1이 2개이므로 0.2입니다.

39 소수점끼리 맞추어 쓴 다음, 소수끼리 뺄 수 없으면 자연수에서 10을 받아내림하여 계산합니다.

40 (1) 같은 수에서 큰 수를 뺄수록 계산 결과는 더 작아집니다. 빼는 수가 0.2씩 커지므로 계산 결과는 0.2씩 작아집니다.
(2) 빼어지는 수가 0.2씩 커지므로 계산 결과는 0.2씩 커집니다.

41 1-0.1=0.9, 1-0.8=0.2,
1-0.3=0.7, 1-0.6=0.4

43 예 사자는 얼룩말보다 1초에 달릴 수 있는 거리가 1.2 m 짧습니다.
(사자가 1초에 달릴 수 있는 거리)
=(얼룩말이 1초에 달릴 수 있는 거리)-1.2
=17.8-1.2=16.6(m)

평가 기준
사자가 1초에 몇 m까지 달릴 수 있는지 식을 세웠나요?
사자가 1초에 몇 m까지 달릴 수 있는지 구했나요?

😊 내가 만드는 문제
44 소수 한 자리 수를 2개 만들어 계산합니다. 빼어지는 수가 빼는 수보다 커야 합니다.
예 5.4-2.9=2.5

45
$$\begin{array}{r} \overset{1}{}232 \\ +\ 349 \\ \hline 581 \end{array} \Rightarrow \begin{array}{r} \overset{1}{}2.32 \\ +\ 3.49 \\ \hline 5.81 \end{array}$$
자연수의 덧셈과 같은 방법으로 계산한 후 소수점을 맞추어 찍습니다.

47 소수 첫째 자리끼리의 덧셈에서 10이 넘어 받아올림하여 계산해야 하는데 받아올림을 하지 않고 계산하여 틀렸습니다.

48 빼는 만큼 더하면 계산 결과가 같아집니다.
$$\begin{array}{ccccc} 3.67 & + & 3.67 & = & 7.34 \\ \downarrow {\scriptstyle -0.67} & & \downarrow {\scriptstyle +0.67} & & \\ 3 & + & 4.34 & = & 7.34 \end{array}$$

49 2.33+3.24=5.57

50 32.37+10.34=42.71, 42.71+10.34=53.05

51 예 (빨간색 페인트의 양)＋(파란색 페인트의 양)
＝(보라색 페인트의 양)＝1.04＋1.95＝2.99(L)

평가 기준
보라색 페인트의 양을 구하는 식을 세웠나요?
보라색 페인트의 양을 구했나요?

52 1.12씩 커지는 규칙입니다.

53
$$\begin{array}{r} {}^{6}\!\!\not7\,{}^{10}\!\!\not2\,8 \\ -\,2\,5\,3 \\ \hline 4\,7\,5 \end{array} \Rightarrow \begin{array}{r} {}^{6}\!\!\not7.{}^{10}\!\!\not2\,8 \\ -\,2.5\,3 \\ \hline 4.7\,5 \end{array}$$

자연수의 뺄셈과 같은 방법으로 계산한 후 소수점을 맞추어 찍습니다.

54 1이 3개, 0.1이 7개, 0.01이 5개인 수는 3.75입니다.
➡ 3.75－1.94＝1.81

55 덧셈은 두 수를 바꾸어 더해도 값이 같습니다.

😊 내가 만드는 문제
56 수직선에서는 오른쪽에 있는 수가 큰 수이므로 수를 하나 고른 다음 그 수의 왼쪽에 있는 수들 중 하나를 골라 뺍니다.

57 ＋ 또는 －를 넣어 보며 계산해 결괏값에 맞는 기호를 써넣습니다.

58 (1) 5 m 97 cm－1 m 25 cm
＝5.97 m－1.25 m＝4.72 m
(2) 7 m 36 cm－99 cm
＝7.36 m－0.99 m＝6.37 m

준비
$$\begin{array}{r} {}^{7}\!\!\not8\,{}^{10}\!\!\not3\,9 \\ -\,\square\,7\,\square \\ \hline 4\,6\,6 \end{array}$$
일의 자리 계산: 9－□＝6, □＝3
백의 자리 계산: 8－1－□＝4, □＝3

59
$$\begin{array}{r} \square.{}^{5}\!\!\not6\,{}^{10}\!5 \\ -\,2.\square\,7 \\ \hline 3.2\,\square \end{array}$$
소수 둘째 자리 계산: 15－7＝□ ➡ □＝8
소수 첫째 자리 계산: 6－1－□＝2 ➡ □＝3
일의 자리 계산: □－2＝3 ➡ □＝5

---

1 6.75에 ○표
2 76.02에 ○표
3 4.32에 ○표
4 8.541, 0.862, 17.081, 1.168
5 100배
6 $\dfrac{1}{1000}$
7 200배
8 $\dfrac{1}{2000}$

9
$$\begin{array}{r} 6.8 \\ +\,0.1\,7 \\ \hline 6.9\,7 \end{array}$$

10
$$\begin{array}{r} 7.9\,5 \\ -\,2.3 \\ \hline 5.6\,5 \end{array}$$

11
$$\begin{array}{r} {}^{1} \\ 5.9\,4 \\ +\,2.8 \\ \hline 8.7\,4 \end{array}$$

12
$$\begin{array}{r} {}^{2}\!\!\not3\,{}^{10}\,2.9 \\ -\,4.6 \\ \hline 2\,8.3 \end{array}$$

13 하진
14 수애
15 승희
16 현석
17 (1) ＜ (2) ＞
18 (1) ＞ (2) ＜
19 (위에서부터) 3 / 1 / 2
20 1.91
21 6.4
22 1.5
23 3.446

---

1 5.0<u>3</u> ➡ 5, 6.7<u>5</u> ➡ 0.05, 2.<u>5</u>1 ➡ 0.5, <u>5</u>2.88 ➡ 50
따라서 숫자 5가 나타내는 값이 가장 작은 수는 6.75입니다.

2 5.0<u>7</u>5 ➡ 0.07, 6.<u>7</u>1 ➡ 0.7, <u>7</u>6.02 ➡ 70, 8<u>7</u>.154 ➡ 7
따라서 숫자 7이 나타내는 값이 가장 큰 수는 76.02입니다.

3 <u>3</u>.14 ➡ 3, 9.10<u>3</u> ➡ 0.003, 4.<u>3</u>2 ➡ 0.3, 12.2<u>3</u> ➡ 0.03
따라서 숫자 3이 나타내는 값이 가장 큰 수는 3.14이고 두 번째로 큰 수는 4.32입니다.

4 0.<u>8</u>62 ➡ 0.8, <u>8</u>.541 ➡ 8, 1.16<u>8</u> ➡ 0.008, 17.0<u>8</u>1 ➡ 0.08
따라서 숫자 8이 나타내는 값이 큰 순서대로 쓰면 8.541, 0.862, 17.081, 1.168입니다.

5 ㉠은 6, ㉡은 0.06을 나타냅니다. 0.06에서 소수점을 기준으로 수를 왼쪽으로 두 자리 옮기면 6이므로 6은 0.06의 100배입니다.

6 ㉠은 8, ㉡은 0.008을 나타냅니다. 8에서 소수점을 기준으로 수를 오른쪽으로 세 자리 옮기면 0.008이므로 0.008은 8의 $\frac{1}{1000}$입니다.

7 ㉠은 0.8, ㉡은 0.004를 나타냅니다. 8은 4의 2배이고 0.004에서 소수점을 기준으로 수를 왼쪽으로 두 자리 옮기면 0.4이므로 0.8은 0.004의 200배입니다.

8 ㉠은 60, ㉡은 0.03을 나타냅니다. 3은 6의 $\frac{1}{2}$이고 60(=60.0)에서 소수점을 기준으로 수를 오른쪽으로 세 자리 옮기면 0.06이므로 0.03은 60의 $\frac{1}{2000}$입니다.

9 소수점끼리 맞추어 써서 계산합니다.

10 소수점끼리 맞추어 써서 계산합니다.

11 같은 자리 수끼리 더해 10이 넘으면 바로 윗자리로 받아올림하여 계산합니다.

12 같은 자리 수끼리 뺄 수 없으면 바로 윗자리에서 10을 받아내림하여 계산합니다.

13 더 무겁다는 것은 같은 단위일 때 수가 더 커야 합니다. 같은 단위로 바꾸어 수의 크기를 비교합니다.
730 g=0.73 kg, 0.51<0.73이므로 하진이가 키우는 거북이가 더 무겁습니다.

14 더 짧다는 것은 같은 단위일 때 수가 더 작아야 합니다. 같은 단위로 바꾸어 수의 크기를 비교합니다.
175 cm=1.75 m, 1.54<1.75이므로 수애의 줄넘기가 더 짧습니다.

15 더 높다는 것은 같은 단위일 때 수가 더 커야 합니다. 같은 단위로 바꾸어 수의 크기를 비교합니다.
1012 m=1.012 km, 1.12>1.012이므로 승희가 더 높은 산을 올랐습니다.

16 더 많이 마셨다는 것은 같은 단위일 때 수가 더 커야 합니다. 같은 단위로 바꾸어 수의 크기를 비교합니다.
351 mL=0.351 L, 0.351<0.45이므로 현석이가 주스를 더 많이 마셨습니다.

17 (1) 같은 수에 더하는 수가 클수록 계산 결과는 커집니다.
(2) 더하는 수가 같으면 더해지는 수가 클수록 계산 결과는 커집니다.

18 (1) 같은 수에서 빼는 수가 클수록 계산 결과는 작아집니다.
(2) 같은 수를 뺄 경우 빼어지는 수가 클수록 계산 결과는 커집니다.

19 빼어지는 수가 같으므로 빼는 수가 작을수록 계산 결과는 커집니다.

20 0.8과 0.9 사이를 10등분 했으므로 작은 눈금 한 칸의 크기는 0.01입니다.
➡ ㉠+㉡=0.88+1.03=1.91

21 3.1과 3.2 사이를 10등분 했으므로 작은 눈금 한 칸의 크기는 0.01입니다.
➡ ㉠+㉡=3.14+3.26=6.4

22 4.5와 4.6 사이를 10등분 했으므로 작은 눈금 한 칸의 크기는 0.01입니다. ➡ 가=4.56
6과 6.1 사이를 10등분 했으므로 작은 눈금 한 칸의 크기는 0.01입니다. ➡ 나=6.06
➡ 나-가=6.06-4.56=1.5

23 6.7과 6.71 사이를 10등분 했으므로 작은 눈금 한 칸의 크기는 0.001입니다. ➡ 가=6.706
3.2와 3.3 사이를 10등분 했으므로 작은 눈금 한 칸의 크기는 0.01입니다. ➡ 나=3.26
➡ 가-나=6.706-3.26=3.446

STEP 4 최상위 도전 유형 85~88쪽

1 4.92	**2** 7.035
3 6.549	**4** 0, 1, 2, 3, 4, 5
5 7, 8, 9	**6** 0, 1, 2, 3
7 4, 5, 6	**8** 0.2 / 0.1, 0.1
9 0.04 / 0.02, 0.02	**10** 0.6 / 0.3, 0.3
11 0.23 / 0.2, 0.03	**12** 2.84
13 6.21	**14** 4.558 / 4.454
15 0.78	**16** 254.6
17 3	**18** 2

19 78.87   **20** 69.3

21 11.11 / 6.354   **22** 2.35 cm

23 0.1 m   **24** 0.01 cm

25 2 cm   **26** 4.64 km

27 4.11 km   **28** 8.15 km

---

1 소수 두 자리 수 중에서 4보다 크고 5보다 작은 수는 4.□□입니다. 소수 첫째 자리 숫자가 9이므로 4.9□이고, 소수 둘째 자리 숫자가 2이므로 4.92입니다.

2 소수 세 자리 수 중에서 7보다 크고 8보다 작은 수는 7.□□□입니다. 소수 첫째 자리 숫자가 0이므로 7.0□□이고, 소수 둘째 자리 숫자가 3이므로 7.03□이고, 소수 셋째 자리 숫자가 5이므로 7.035입니다.

3 6보다 크고 7보다 작은 소수 세 자리 수는 6.□□□입니다. 소수 첫째 자리 숫자가 5, 소수 둘째 자리 숫자가 $9-5=4$, 소수 셋째 자리 숫자가 9이므로 6.549입니다.

4 소수 둘째 자리 숫자를 비교하면 $4<8$이므로 □는 6보다 작아야 합니다.
따라서 □ 안에 들어갈 수 있는 수는 0, 1, 2, 3, 4, 5입니다.

5 소수 둘째 자리 숫자를 비교하면 $5<6$이므로 □는 6보다 커야 합니다.
따라서 □ 안에 들어갈 수 있는 수는 7, 8, 9입니다.

6 소수 셋째 자리 숫자를 비교하면 $1<4$이므로 □는 4보다 작아야 합니다. 따라서 □ 안에 들어갈 수 있는 수는 0, 1, 2, 3입니다.

7 $4.436<4.□45$에서 소수 둘째 자리 숫자를 비교하면 $3<4$이므로 □는 4와 같거나 4보다 커야 합니다.
➡ 4, 5, 6, 7, 8, 9
$4.□45<4.729$에서 소수 둘째 자리 숫자를 비교하면 $4>2$이므로 □는 7보다 작아야 합니다.
➡ 0, 1, 2, 3, 4, 5, 6
따라서 □ 안에 들어갈 수 있는 수는 4, 5, 6입니다.

8 $0.9=1-0.1$이므로
$0.9+0.9=1-0.1+1-0.1=2-0.2$입니다.

9 $0.98=1-0.02$이므로
$0.98+0.98=1-0.02+1-0.02=2-0.04$입니다.

10 $3.7=4-0.3$, $4.7=5-0.3$이므로
$3.7+4.7=4-0.3+5-0.3=9-0.6$입니다.

11 $2.8=3-0.2$, $1.97=2-0.03$이므로
$2.8+1.97=3-0.2+2-0.03=5-0.23$입니다.

12 ㉠ 0.1이 23개이면 2.3 ⎤
    0.01이 7개이면 0.07 ⎦ 2.37
㉡ 4.7의 $\frac{1}{10}$은 0.47입니다.
➡ $2.37+0.47=2.84$

13 ㉠ 0.1이 5개이면 0.5 ⎤
    0.01이 12개이면 0.12 ⎬ 0.63
    0.001이 10개이면 0.01 ⎦
㉡ 0.684의 10배는 6.84입니다.
➡ $6.84-0.63=6.21$

14 ㉠ 0.1이 45개이면 4.5 ⎤
    0.001이 6개이면 0.006 ⎦ 4.506
㉡ 5.2의 $\frac{1}{100}$은 0.052입니다.
➡ 합: $4.506+0.052=4.558$
    차: $4.506-0.052=4.454$

15 어떤 수의 100배가 78이므로 어떤 수는 78의 $\frac{1}{100}$인 0.78입니다.

16 어떤 수의 $\frac{1}{100}$은 2.546이므로 어떤 수는 2.546의 100배인 254.6입니다.

17 어떤 수의 100배가 1.3이므로 어떤 수는 1.3의 $\frac{1}{100}$인 0.013입니다.
따라서 0.013의 소수 셋째 자리 숫자는 3입니다.

18 어떤 수의 $\frac{1}{100}$은 6.142이므로 어떤 수는 6.142의 100배인 614.2입니다.
따라서 614.2의 소수 첫째 자리 숫자는 2입니다.

19 가장 큰 소수 한 자리 수: 75.3
가장 작은 소수 두 자리 수: 3.57
➡ $75.3+3.57=78.87$

20 가장 큰 소수 한 자리 수: 85.1

가장 작은 소수 한 자리 수: 15.8
➡ 85.1−15.8=69.3

21 가장 큰 소수 세 자리 수: 8.732
가장 작은 소수 세 자리 수: 2.378
➡ 합: 8.732+2.378=11.11
차: 8.732−2.378=6.354

22 블록 한 개의 높이는 블록 10개의 높이의 $\frac{1}{10}$과 같으므로 23.5 cm의 $\frac{1}{10}$은 2.35 cm입니다.

23 상자 500개를 쌓은 높이가 50 m이면 100개일 때 10 m, 10개일 때 1 m, 1개일 때 0.1 m입니다.

24 종이 300장을 쌓은 높이가 3 cm이면 100장일 때 1 cm, 10장일 때 0.1 cm, 1장일 때 0.01 cm입니다.

25 지우개 200개일 때 높이가 400 cm이면, 100개일 때 200 cm, 10개일 때 20 cm, 1개일 때 2 cm입니다.

26 (가~라)=(가~다)+(나~라)−(나~다)
=2.49+3.47−1.32
=5.96−1.32=4.64(km)

27 (ⓛ~ⓒ)=(㉠~ⓒ)+(ⓛ~㉣)−(㉠~㉣)
=7.51+5.94−9.34
=13.45−9.34=4.11(km)

28 (㉠~ⓗ)=(㉠~ⓒ)+(ⓛ~ⓜ)+(㉣~ⓗ)−(ⓛ~ⓒ)
    −(㉣~ⓜ)
=2.43+4.85+2.07 −0.6−0.6
=9.35−0.6−0.6=8.15(km)

수시 평가 대비 Level ❶

1 0.95, 0.05

2 0.008, 3, 0.4, 0.07에 ○표

3 5.3, 5.4, 5.5   **4** (1) 10 (2) $\frac{1}{100}$

5 5.418 / 오 점 사일팔   **6** (위에서부터) 4.5, 5.3

7 ㉣   **8** (위에서부터) 2.9, 2.74

9 0.1, 0.01, 0.25   **10** $\frac{1}{100}$

11 10 / 4.4   **12** 10.11 L

13 7.8, 0.78, 0.078   **14** 7, 8, 9

15 3.06   **16** 1, 8.04

17 (위에서부터) 6, 8, 5   **18** ⓛ

19 0.04   **20** 0.84

1 1.95=1+0.95
=1+1−0.05=2−0.05

2 3.478=3+0.4+0.07+0.008

3 더해지는 수가 같을 때 더하는 수가 0.1씩 커지면 계산 결과도 0.1씩 커집니다.

4 (1) 0.3의 10배는 3입니다.
(2) 6.2의 $\frac{1}{100}$은 0.062입니다.

5 1이 5개인 수는 5, 0.1이 4개인 수는 0.4, 0.001이 18개인 수는 0.018이므로 5+0.4+0.018=5.418입니다.

6 6.3−1.8=$\underset{5.3}{6.3−1}$−0.8=4.5

7 ㉠ 6의 $\frac{1}{100}$: 0.06
ⓛ 0.06의 10배: 0.6
ⓒ 0.6의 100배: 60
㉣ 0.06의 $\frac{1}{10}$: 0.006

8 3.06−0.16=2.9,
2.9−0.16=2.74

9 0.9+0.1=1, 0.99+0.01=1, 0.75+0.25=1

10 ㉠은 5를 나타내고, ⓛ은 0.05를 나타냅니다.
0.05는 5의 $\frac{1}{100}$입니다.

11 7.2>6.5>4.3>2.8이므로 가장 큰 수는 7.2이고 가장 작은 수는 2.8입니다.
합: 7.2+2.8=10, 차: 7.2−2.8=4.4

12 1 L=1000 mL이므로 3580 mL=3.58 L입니다.
➡ 6.53+3.58=10.11(L)

13 보기 의 규칙은 오른쪽으로 $\frac{1}{10}$이 되는 규칙입니다.

14 3.8□5>3.869이므로 □ 안에는 6보다 큰 수가 들어가
$\underset{5<9}{\underline{\quad\quad}}$
야 합니다.
따라서 □ 안에 들어갈 수 있는 수는 7, 8, 9입니다.

15 3.06+3.06=6.12

16 0.99를 1보다 0.01만큼 더 작은 수로 생각합니다.
9.03−0.99=9.03−1+0.01
=8.03+0.01=8.04

17
$$\begin{array}{r} ⓒ.1 \\ -\ 2.5\ ⓐ \\ \hline 3.ⓑ\ 2 \end{array}$$
• 10−ⓐ=2, ⓐ=8
• 1−1+10−5=ⓑ, ⓑ=5
• ⓒ−1−2=3, ⓒ=6

18 • 2.35+ⓐ=4.01 ➡ 4.01−2.35=ⓐ, ⓐ=1.66
• ⓑ−0.68=1.24 ➡ 1.24+0.68=ⓑ, ⓑ=1.92
1.66<1.92이므로 더 큰 수는 ⓑ입니다.

19 예 0.01이 274개인 수는 2.74입니다.
2.74에서 숫자 4는 소수 둘째 자리 숫자이므로 0.04
를 나타냅니다.

평가 기준	배점
0.01이 274개인 수를 구했나요?	2점
숫자 4가 나타내는 값을 구했나요?	3점

20 예 어떤 수를 □라 하면 □+0.88=2.6입니다.
2.6−0.88=□, □=1.72
어떤 수가 1.72이므로 바르게 계산하면
1.72−0.88=0.84입니다.

평가 기준	배점
어떤 수를 구했나요?	3점
바르게 계산한 값을 구했나요?	2점

수시 평가 대비 Level ❷
92~94쪽

1 $\frac{76}{100}$ / 0.76

2 (1) 영 점 오영육에 ○표 (2) 삼십오 점 이이에 ○표

3 (위에서부터) 2 / 9, 0.04

4 (1) < (2) >　　　　**5** (1) 10 (2) 100

6 (1) 5.2 (2) 1.5 (3) 9.6 (4) 3.15

7
$$\begin{array}{r} 1 \\ 0.5 \\ +\ 0.9 \\ \hline 1.4 \end{array}$$
8 (1) 0.06 (2) 0.005

9 ⓑ　　　　**10** (1) < (2) >

11 3.13 / 3.13　　　　**12** 41.585

13 4.92　　　　**14** 예 7.1 5 8 < 4 9.2 3

15 4.81　　　　**16** 0.03 / 0.01, 0.02

17 90.098　　　　**18** 18.63 km

19 100배　　　　**20** 6개

1 100으로 나눈 작은 모눈 한 칸은 전체의 $\frac{1}{100}$=0.01입
니다. 색칠한 부분은 작은 모눈이 76칸이므로
$\frac{76}{100}$=0.76입니다.

2 자연수 부분은 숫자와 자릿값을 읽고, 소수점 아래 부분
은 숫자만 차례로 읽습니다.

3 9.24=9+0.2+0.04

4 높은 자리 숫자부터 차례로 비교합니다.

5 소수점을 기준으로 수가 몇 자리 이동했는지 알아봅니다.

6 가로셈을 계산할 때에는 소수점의 자리를 맞추어 계산하
도록 주의해야 합니다.

7 소수 첫째 자리 숫자의 합이 14이므로 10을 일의 자리로
받아올림해야 합니다.

8 (1) 밑줄 친 숫자 6은 소수 둘째 자리 숫자이고 0.06을
나타냅니다.
(2) 밑줄 친 숫자 5는 소수 셋째 자리 숫자이고 0.005를
나타냅니다.

9 ㉠ 26.1의 $\frac{1}{10}$ ➡ 2.61 ㉡ 2.61의 100배 ➡ 261

㉢ 0.261의 10배 ➡ 2.61 ㉣ 261의 $\frac{1}{100}$ ➡ 2.61

10 (1) 같은 수에 큰 수를 더할수록 계산 결과는 더 커집니다.
(2) 같은 수에서 작은 수를 뺄수록 계산 결과는 더 커집니다.

12 10이 4개이면 40, 0.1이 15개이면 1.5, 0.01이 8개이면 0.08, 0.001이 5개이면 0.005이므로 40+1.5+0.08+0.005=41.585입니다.

13 가장 큰 수는 7.1, 가장 작은 수는 2.18입니다.
따라서 7.1−2.18=4.92입니다.

14 7.158<492.3, 71.58<492.3도 답이 됩니다.

15 수직선에서 작은 눈금 한 칸은 0.01을 나타냅니다.
➡ ㉠+㉡=2.34+2.47=4.81

16 3.99=4−0.01, 1.98=2−0.02이므로 3.99+1.98=4−0.01+2−0.02=6−0.03 입니다.

17 가장 큰 소수 두 자리 수: 86.53
가장 작은 소수 세 자리 수: 3.568
➡ 86.53+3.568=90.098

18 (가~라)=(가~다)+(나~라)−(나~다)
=9.87+12.3−3.54
=22.17−3.54=18.63(km)

19 ㉔ ㉠은 0.3, ㉡은 0.003을 나타냅니다.
0.003에서 소수점을 기준으로 수를 왼쪽으로 두 자리 이동하면 0.3이 되므로 0.3은 0.003의 100배입니다.

평가 기준	배점
㉠과 ㉡이 나타내는 값을 각각 구했나요?	3점
㉠이 나타내는 값은 ㉡이 나타내는 값의 몇 배인지 구했나요?	2점

20 ㉔ 8.34−4.675=3.665,
3.665>3.□8에서 소수 둘째 자리 숫자를 비교하면 6<8이므로 □는 6보다 작아야 합니다.
따라서 □ 안에 들어갈 수 있는 수는 0, 1, 2, 3, 4, 5 로 모두 6개입니다.

평가 기준	배점
8.34−4.675를 계산했나요?	2점
□ 안에 들어갈 수 있는 수의 개수를 구했나요?	3점

4 사각형

일상생활에서 운동장의 철봉이나 책장 등에서 수직과 평행을 찾을 수 있습니다. 수직과 평행은 실생활에서 밀접할 뿐 아니라 수학적인 측면에서도 중요한 의미를 가집니다. 도형의 구성 요소인 선분이나 직선의 관계를 규정하거나 사각형의 이름을 정할 때에도 절대적으로 필요합니다. 이 단원에서는 3−1에서 각과 직각 등을 통해 직각삼각형, 직사각형, 정사각형에 대해 배운 내용을 바탕으로 수직과 평행을 학습한 후 사각형을 분류해 봄으로써 여러 가지 사각형의 성질을 이해할 수 있습니다. 이후 다각형을 학습함으로써 평면도형에 대한 마무리를 하게 됩니다.

※ 선분 ㄱㄴ과 같이 기호를 나타낼 때 선분 ㄴㄱ으로 읽어도 정답으로 인정합니다.

STEP 1 교과개념 **1. 수직을 알고 수선 긋기** 97쪽

1 ① 다 ② 수선

2 ① ② ③

3 ① ②

4 ③

1 ① 직선 가와 만나서 이루는 각이 직각인 직선을 찾습니다. ➡ 직선 다
② 직선 가와 직선 다는 서로 수직으로 만납니다. 따라서 직선 가에 대한 수선은 직선 다입니다.

2 **주의** ② 두 직선이 서로 수직으로 만날 때 직각인 곳은 4곳입니다. 직각 표시를 1개만 하지 않도록 주의합니다.

3 삼각자의 직각을 낀 다른 한 변을 따라 수선을 긋습니다.

4 각도기에서 90°가 되는 눈금 위에 찍힌 점과 직선으로 이어야 합니다.

STEP 1 교과개념 2. 평행을 알고 평행선 긋기 99쪽

1 ① 나, 라 ② 평행, 평행선

2 가

3 ( ) (○) ( ) ( )

4 ① 예 | | ② 예 ———

1 한 직선에 수직인 두 직선은 서로 만나지 않으므로 평행합니다.

2 서로 평행한 두 직선을 찾으면 가입니다.

3 아래쪽 삼각자는 고정하고, 위쪽 삼각자를 움직여 평행선을 긋습니다.

4 한 삼각자를 주어진 직선에 수직이 되도록 고정하고 다른 삼각자를 고정한 삼각자와 수직이 되도록 놓은 후 움직여 평행선을 긋습니다.

STEP 1 교과개념 3. 평행선 사이의 거리 알아보기 101쪽

1 ① ㉡ ② 평행선 사이의 거리

2 ③

3 3 cm

4 ① 1 cm ② 2 cm

1 ① 평행선 사이의 선분 중에서 수직인 선분의 길이가 가장 짧습니다.
② 평행선 사이에 수직인 선분의 길이를 평행선 사이의 거리라고 합니다.

2 평행선 사이의 거리는 평행선 사이에 그은 수직인 선분의 길이로 그 길이가 가장 짧습니다.

3 평행선 사이에 수직인 선분의 길이는 3 cm입니다.

4 평행선 사이에 수직인 선분을 긋고 그 길이를 재어 봅니다.

STEP 1 교과개념 4. 사다리꼴, 평행사변형 알아보기 103쪽

1 ① 변 ㄱㄹ과 변 ㄴㄷ ② 사다리꼴

2 ① 나, 라 ② 나

3 ① 예

②

4 (위에서부터) ① 5, 7 ② 120, 60

1 ② 평행한 변이 한 쌍 있으므로 사다리꼴입니다.

2 ① 평행한 변이 한 쌍이라도 있는 사각형은 나, 라이므로 사다리꼴은 나, 라입니다.
② 마주 보는 두 쌍의 변이 서로 평행한 사각형은 나이므로 평행사변형은 나입니다.

4 ① 평행사변형은 마주 보는 두 변의 길이가 같습니다.
② 평행사변형은 마주 보는 두 각의 크기가 같습니다.

STEP 1 교과개념 5. 마름모 알아보기 105쪽

1 ① 변 ㄴㄷ, 변 ㄷㄹ, 변 ㄹㄱ ② 마름모

2 다, 라

3

4 (위에서부터) ① 5, 5 ② 105, 75

1 네 변의 길이가 모두 같은 사각형을 마름모라고 합니다.

2 네 변의 길이가 모두 같은 사각형은 다, 라입니다.

3 주어진 선분을 두 변으로 하고 네 변의 길이가 모두 같도록 마름모를 각각 완성합니다.

4 ① 마름모는 네 변의 길이가 모두 같습니다.
　② 마름모는 마주 보는 두 각의 크기가 같습니다.

STEP 1 교과개념 **6. 여러 가지 사각형 알아보기**　　107쪽

1 나, 라, 마 / 라, 마

2 ① 가, 나, 다, 라, 마　② 가, 나, 라, 마　③ 가, 라
　④ 가, 나

3 ① 가, 나, 다, 라, 마　② 가, 다, 라, 마　③ 가, 다

2 ① 평행한 변이 한 쌍이라도 있는 사각형을 찾습니다.
　② 마주 보는 두 쌍의 변이 서로 평행한 사각형을 찾습니다.
　③ 네 변의 길이가 모두 같은 사각형을 찾습니다.
　④ 네 각이 모두 직각인 사각형을 찾습니다.

STEP 2 **꼭 나오는 유형**　　108~113쪽

1 선분 ㄱㅁ　　준비 변 ㄱㄴ, 변 ㄹㄷ

2 (1) 빨간색　(2) 파란색　　**3** 7 m

4 (1) 　(2)

5 ⑤

6 예 직선 가는 직선 라에 대한 수선입니다.

7 해길

8 예

9 (1) 예 　(2) 예

⑩ 예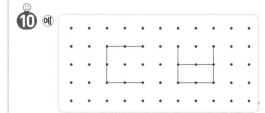

11 선분 ㄴㅅ, 선분 ㄹㅇ

12 / 2 cm

13 3.5 cm

14

15 (1) 예

　(2) 예

16 예 평행사변형

17 예

18

19 (1) 예

⑳ 예

21 3 cm　　**22** 예

23 (1) 60°　(2) 50°

24 예

25 답 예 평행사변형입니다.

이유 예 와 같이 마주 보는 두 쌍의 변이 서로 평행하기 때문에 평행사변형입니다.

준비 **26** / 예 평행사변형

27 (1) 예 마름모 (2) 90° **28** 예 마름모

29 예

30

준비 5 cm **31** 9 cm

32

33 (1) 나, 라, 마 (2) 마 (3) 라, 마

34 예

35

36
사다리꼴

평행사변형

마름모 | 정사각형 | 직사각형

37 (1) × (2) ○

38 예

1 선분 ㄱㄴ과 수직인 선분은 선분 ㄱㅁ입니다.

준비

2

(1) 초록색 변과 만나서 직각을 이루는 변은 빨간색입니다.
(2) 보라색 변과 만나서 직각을 이루는 변은 파란색입니다.

3 직사각형에서 가로에 대한 수선은 세로이므로 가에 대한 수선의 길이는 7 m입니다.

4 한 점을 지나고 한 직선에 대한 수선은 1개뿐입니다.

5 한 직선에 대한 수선은 셀 수 없이 많이 그을 수 있습니다.

6 예 직선 나와 직선 라는 수직입니다.

평가 기준
알 수 있는 사실을 썼나요?

7 사랑길과 평행한 길은 길을 아무리 늘여도 만나지 않는 해길입니다.

8 직선 가를 위쪽 또는 아래쪽으로 2 cm만큼 밀었을 때의 모양을 그립니다.

9 삼각자의 직각인 변을 이용하여 평행선을 긋습니다.

내가 만드는 문제
10 수직도 있고 평행한 선분도 있는 한글 자음을 찾아봅니다.

11 평행선 사이의 거리를 나타내는 선분은 평행선 사이에 그은 수직인 선분이므로 선분 ㄴㅅ과 선분 ㄹㅇ입니다.

12 점 ㄱ을 지나면서 직선 가와 만나지 않는 직선을 긋고 평행선 사이의 거리를 재어 봅니다.

13

아무리 늘여도 만나지 않는 두 선을 찾아 두 선 사이에 수직인 선분의 길이를 재어 보면 $3.5 \, \text{cm}$입니다.

14 주어진 평행선 사이의 거리가 $3 \, \text{cm}$이므로 두 직선 사이 한가운데에 평행한 직선을 긋습니다.

15 (1) 주어진 선분을 이용하여 평행한 변이 한 쌍이라도 있는 사각형을 그립니다.
(2) 주어진 선분을 이용하여 마주 보는 두 쌍의 변이 서로 평행한 사각형을 그립니다.

16 마주 보는 두 쌍의 변이 서로 평행하므로 평행사변형입니다.

17 사각형의 네 변 중에서 한 변과 평행하도록 선을 그어 자릅니다.

18 평행사변형에서 마주 보는 두 변의 길이는 같으므로 $12.5 \, \text{mm}$이고, 마주 보는 두 각의 크기는 같으므로 $120°$입니다.

19 사다리꼴의 한 꼭짓점을 옮겨 마주 보는 두 쌍의 변이 서로 평행하도록 그립니다.

😊 내가 만드는 문제
20 사다리꼴을 이용하여 자유롭게 그림을 그려 봅니다.

21

마주 보는 두 쌍의 평행선 사이의 거리를 재어 보면 $5 \, \text{cm}$와 $2 \, \text{cm}$입니다. 따라서 두 평행선 사이의 거리의 차는 $5 - 2 = 3 \, (\text{cm})$입니다.

22 도 답이 될 수 있습니다.

23 (1)
60°
평행사변형은 이웃하는 두 각의 크기의 합이 $180°$이므로
ⓛ$=180°-60°=120°$입니다.
따라서 ㉠$=180°-120°=60°$입니다.
(2)
50°
사각형의 네 각의 크기의 합은 $360°$이므로
ⓛ$=360°-90°-90°-50°=130°$입니다.
따라서 ㉠$=180°-130°=50°$입니다.

24 각 집이 같은 모양과 같은 크기의 땅을 갖도록 선을 그으면 사다리꼴 3개가 생깁니다.

25

평가 기준
크기와 모양이 같은 삼각형을 이어 붙이면 어떤 도형이 되는지 썼나요?
평행사변형의 특징을 알고 있나요?

준비 도형을 시계 방향으로 $90°$만큼 돌리면 도형의 위쪽이 오른쪽으로 이동합니다.

26 오른쪽 도형을 돌리기하여 왼쪽 도형에 붙이면 평행사변형이 됩니다.

27 (1) 네 변의 길이가 모두 같은 마름모가 만들어집니다.
(2) 접힌 부분은 ◇이므로 $90°$입니다.

28 네 변의 길이가 모두 같은 마름모가 만들어집니다.

29 주어진 선분을 이용하여 네 변의 길이가 모두 같은 사각형을 그립니다.

30 마름모는 마주 보는 두 각의 크기가 같으므로 $40°$와 $140°$이고, 마주 보는 두 변의 길이가 같으므로 $5 \, \text{cm}$입니다.

준비 정사각형은 네 변의 길이가 모두 같으므로 정사각형의 한 변의 길이는 $20 \div 4 = 5 \, (\text{cm})$입니다.

31 마름모는 네 변의 길이가 모두 같으므로 마름모의 한 변의 길이는 $36 \div 4 = 9 \, (\text{cm})$입니다.

32 각 점들을 연결하여 네 변의 길이가 같은 사각형 3개를 더 그려 봅니다.

34 조건을 만족하는 도형은 평행사변형이므로 서로 다른 크기의 평행사변형을 그려 봅니다.

35 사다리꼴의 오른쪽에 거울을 놓고 비추면 오른쪽으로 뒤집기 한 모양의 사다리꼴이 나옵니다.

37 (1) 사다리꼴 안에 있는 도형은 ▲, ●, ■, ♥, ★입니다.

😊 내가 만드는 문제
38 모양 조각 여러 개를 이용하여 자유롭게 평행사변형을 만들어 봅니다.

STEP 3 자주 틀리는 유형 114~116쪽

1 ㉢	**2** ㉠	**3** ㉠, ㉣
4 ㉠	**5** ㉡	**6** ㉠, ㉢, ㉡
7 30 cm	**8** 32 cm	**9** 50 cm
10 7쌍	**11** 3쌍	**12** 6쌍
13 ㉡	**14** ㉢	**15** ㉡
16 9개	**17** 6개	**18** 8개

1 아무리 늘여도 만나지 않는 것을 찾으면 ㉢입니다.

2 아무리 늘여도 만나지 않는 것을 찾으면 ㉡과 ㉢입니다.

3 아무리 늘여도 만나지 않는 것을 찾으면 ㉠과 ㉣입니다.

4
㉠ 2쌍   ㉡ 없음   ㉢ 1쌍
따라서 평행선이 가장 많은 도형은 ㉠입니다.

5
㉠ 1쌍   ㉡ 2쌍   ㉢ 없음
따라서 평행선이 가장 많은 도형은 ㉡입니다.

6
㉠ 6쌍   ㉡ 1쌍   ㉢ 3쌍
따라서 평행선이 많은 순서대로 기호를 쓰면 ㉠, ㉢, ㉡ 입니다.

7 마름모는 네 변의 길이가 모두 같습니다. 따라서 굵은 선의 길이는 5 cm가 6개이므로 $5 \times 6 = 30$(cm)입니다.

8 정사각형은 네 변의 길이가 모두 같습니다. 따라서 굵은 선의 길이는 4 cm가 8개이므로 $4 \times 8 = 32$(cm)입니다.

9 (변 ㄱㄴ)=(변 ㅂㄷ)=(변 ㅁㄹ)=7 cm
➡ $7 + 11 + 7 + 7 + 7 + 11 = 50$(cm)

10
①과 ②, ③과 ④, ③과 ⑤,
③과 ⑥, ④와 ⑤, ④와 ⑥,
⑤와 ⑥ ➡ 7쌍

11
①과 ⑥, ②와 ④, ③과 ⑤ ➡ 3쌍

12
①과 ⑥, ①과 ③, ③과 ⑥,
②와 ⑤, ②와 ④, ④와 ⑤
➡ 6쌍

13 ㉡ 네 각의 크기가 모두 같은 사각형은 직사각형과 정사각형입니다.

14 ㉢ 정사각형은 네 각이 직각이므로 직사각형이라고 할 수 있습니다.

15 ㉡ 마름모는 네 각이 직각이 아닌 경우도 있으므로 직사각형이 아닙니다.

16
1개짜리: ①, ②, ③, ④ → 4개
2개짜리: ①+②, ②+③, ③+④, ①+④ → 4개
4개짜리: ①+②+③+④ → 1개
➡ 9개

17
1개짜리: ②, ⑤ → 2개
2개짜리: ②+⑤ → 1개
3개짜리: ①+②+③, ④+⑤+⑥ → 2개
6개짜리: ①+②+③+④+⑤+⑥ → 1개
➡ 6개

18
1개짜리: ①, ②, ③, ④ → 4개
2개짜리: ②+③, ③+④ → 2개
3개짜리: ②+③+④ → 1개
4개짜리: ①+②+③+④ → 1개
➡ 8개

1

18 〈예〉 / 5

19 120°   **20** 150°

21 105°   **22** 65°

23 100°   **24** 45°

1 주어진 선분의 양 끝점에서 수선을 각각 2 cm가 되도록 긋고 두 선의 끝점을 이어 직사각형을 완성합니다.

4 (직선 가와 직선 다 사이의 거리)
= (직선 가와 직선 나 사이의 거리)＋(직선 나와 직선 다 사이의 거리)＝4＋3＝7(cm)

5 (직선 가와 직선 다 사이의 거리)
= (직선 가와 직선 나 사이의 거리)＋(직선 나와 직선 다 사이의 거리)＝12＋10＝22(cm)

6 (직선 가와 직선 다 사이의 거리)
= (직선 가와 직선 나 사이의 거리)＋(직선 나와 직선 다 사이의 거리)＝2.5＋2.5＝5(cm)

7 (변 ㄱㄴ과 변 ㅂㅁ 사이의 거리)
= (변 ㄴㄷ)＋(변 ㄹㅁ)＝8＋5＝13(cm)

8 (변 ㄱㅂ과 변 ㄴㄷ 사이의 거리)
= (변 ㅂㅁ)＋(변 ㄹㄷ)＝6＋6＝12(cm)

9 (변 ㄱㄴ과 변 ㄹㄷ 사이의 거리)
= (변 ㄱㅇ)＋(변 ㅅㅂ)＋(변 ㅁㄹ)
＝8＋8＋5＝21(cm)

4 7 cm   **5** 22 cm

6 5 cm   **7** 13 cm

8 12 cm   **9** 21 cm

10 32°, 18°   **11** 24°, 40°

12 47°, 58°   **13** 85°

14 70°   **15** 16°

16 〈예〉 / 2

17 〈예〉 / 3

10 직선 가에 대한 수선이 직선 나이므로 직선 가와 직선 나가 이루는 각도는 90°입니다.
➡ ㉠＝90°－58°＝32°, ㉡＝90°－72°＝18°

11 직선 가에 대한 수선이 직선 나이므로 직선 가와 직선 나가 이루는 각도는 90°입니다.
➡ ㉠＝90°－66°＝24°, ㉡＝90°－50°＝40°

12 직선 가에 대한 수선이 직선 나이므로 직선 가와 직선 나가 이루는 각도는 90°입니다.
➡ ㉠＝90°－19°－24°＝47°, ㉡＝90°－32°＝58°

13 평행사변형은 이웃하는 두 각의 크기의 합이 $180°$이므로
각 ㄱㄴㄷ의 크기는 $180°-50°=130°$입니다.
따라서 각 ㄱㄴㄹ의 크기는 $130°-45°=85°$입니다.

14 평행사변형은 이웃하는 두 각의 크기의 합이 $180°$이므로
각 ㄴㄷㄹ의 크기는 $180°-60°=120°$입니다.
따라서 각 ㄱㄷㄹ의 크기는 $120°-50°=70°$입니다.

15 (변 ㄱㄴ)=(변 ㄱㄹ)=(변 ㄱㅂ)이므로
삼각형 ㄱㄴㅂ은 이등변삼각형입니다.
마름모 ㄱㄴㄷㄹ에서
(각 ㄴㄱㄹ)$=180°-122°=58°$이므로
(각 ㄴㄱㅂ)$=58°+90°=148°$입니다.
따라서 이등변삼각형 ㄱㄴㅂ에서
(각 ㄱㄴㅂ)+(각 ㄱㅂㄴ)$=180°-148°=32°$
➡ (각 ㄱㄴㅂ)$=32°÷2=16°$입니다.

19 각 ㅂㅅㄷ의 크기는 $180°-60°=120°$입니다.
각 ㅇㅅㄷ과 각 ㅇㅅㅂ의 크기는 같으므로 각 ㅇㅅㄷ의
크기는 $120°÷2=60°$입니다. 각 ㅇㄹㄷ과 각 ㄹㄷㅅ의
크기는 $90°$이므로 각 ㅅㅇㄹ의 크기는
$360°-90°-90°-60°=120°$입니다.

20 마름모는 이웃하는 두 각의 크기의 합이 $180°$이고,
각 ㄴㄱㅁ과 각 ㄴㅂㅁ의 크기는 같으므로
각 ㄴㅂㅁ의 크기는 $180°-30°=150°$입니다.

21 평행사변형은 이웃하는 두 각의 크기의 합이 $180°$이므로
각 ㅅㄱㄴ의 크기는 $180°-40°=140°$입니다.
각 ㄴㄱㄷ과 각 ㄷㄱㄹ의 크기는 같으므로 각 ㄴㄱㄷ의
크기는 $140°-70°=70°$, $70°÷2=35°$입니다.
따라서 삼각형의 세 각의 크기의 합은 $180°$이므로
각 ㄱㄷㄴ의 크기는 $180°-35°-40°=105°$입니다.

22

평행선에 점 ㄱ을 지나는 수직인 선분을 그으면
삼각형 ㄱㄴㄷ이 생깁니다.
(각 ㄴㄱㄷ)$=90°-40°=50°$,
(각 ㄱㄷㄴ)$=90°-25°=65°$
삼각형의 세 각의 크기의 합은 $180°$이므로
㉠$=180°-50°-65°=65°$입니다.

23

평행선에 점 ㄷ을 지나는 수직인 선분을 그으면
사각형 ㄱㄴㄷㄹ이 생깁니다.
(각 ㄹㄷㄴ)$=90°-35°=55°$
사각형의 네 각의 크기의 합은 $360°$이므로
㉠$=360°-115°-90°-55°=100°$입니다.

24

평행선에 점 ㄱ을 지나는 수직인 선분을 그으면
사각형 ㄱㄴㄷㄹ이 생깁니다.
㉡$=180°-165°=15°$이므로
(각 ㄴㄱㄹ)$=90°-15°=75°$입니다.
(각 ㄴㄷㄹ)$=180°-30°=150°$이고,
사각형의 네 각의 크기의 합은 $360°$이므로
㉠$=360°-75°-90°-150°=45°$입니다.

1

2 직선 라

3 직선 다와 직선 마

4 7 cm

5 (위에서부터) 135, 7

6 2개

7 예

8 12 cm

9 예 네 각이 모두 직각이 아니기 때문입니다.

10 우석

11 1 cm

12 3개

13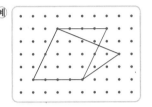

1 cm

1 cm

14 35°

15 평행사변형, 마름모

16 12개

17 120°

18 20°

19 30 cm

20 10 cm

---

1 각도기나 삼각자의 직각 부분을 이용하여 찾습니다.

2

나 다 라 마

가

직선 가와 수직으로 만나는 직선은 직선 라입니다.

3 아무리 길게 늘여도 서로 만나지 않는 두 직선을 찾으면 직선 다와 직선 마입니다.

4

가

9 cm 8 cm 7 cm 10 cm

나

평행선 사이의 거리는 평행선 사이에 수직인 선분의 길이이므로 7 cm입니다.

5 평행사변형은 마주 보는 두 변의 길이가 같고, 마주 보는 두 각의 크기가 같습니다.

6

ㄱ ㄹ

ㄴ ㄷ

변 ㄱㄹ과 수직인 변은 변 ㄱㄴ, 변 ㄹㄷ으로 모두 2개입니다.

7 마주 보는 두 쌍의 변이 서로 평행하도록 한 꼭짓점을 옮깁니다.

8 마름모는 네 변의 길이가 모두 같습니다.
(네 변의 길이의 합)=$3 \times 4 = 12$(cm)

9 마름모는 네 변의 길이가 모두 같고 마주 보는 두 각의 크기가 같으므로 네 각의 크기가 모두 같지 않을 수 있습니다.

10 한 직선에 평행한 두 직선은 서로 평행합니다.

11

4 cm

3 cm

두 쌍의 마주 보는 두 평행선 사이의 거리를 자를 이용하여 재어 보면 3 cm와 4 cm입니다.
따라서 두 평행선 사이의 거리의 차는 $4-3=1$(cm)입니다.

12 • 수선이 있는 글자: ㄴ, ㄷ, ㅁ, ㅌ
• 평행선이 있는 글자: ㄷ, ㅁ, ㅌ, ㅎ
• 수선도 있고 평행선도 있는 글자: ㄷ, ㅁ, ㅌ
➡ 3개

13 주어진 평행선 사이의 거리가 2 cm이므로 두 직선 사이 한가운데에 평행한 직선을 긋습니다.

14 직선 가와 직선 나가 만나서 이루는 각의 크기가 90°이므로 ㉠$+55°=90°$, ㉠$=90°-55°=35°$입니다.

15 정삼각형은 세 변의 길이가 모두 같습니다.
크기가 같은 정삼각형 2개를 이어 붙여 만든 사각형은 마주 보는 두 쌍의 변이 서로 평행하므로 평행사변형이고, 네 변의 길이가 모두 같으므로 마름모입니다.

16

* 1개짜리: ③, ④ → 2개
* 2개짜리: ①+②, ⑤+⑥, ①+⑥, ②+⑤, ③+④
  → 5개
* 3개짜리: ①+②+③, ④+⑤+⑥ → 2개
* 4개짜리: ①+②+⑤+⑥, ②+③+④+⑤ → 2개
* 6개짜리: ①+②+③+④+⑤+⑥ → 1개
➡ 2+5+2+2+1=12(개)

17 90°÷3=30°이므로 각 ㄱㄹㄷ을 3등분한 한 각의 크기는 30°입니다.
따라서 ㉠=30°+90°=120°입니다.

18 (변 ㅇㅁ)=(변 ㅇㅅ)이므로 삼각형 ㅇㅁㅅ은 이등변삼각형입니다.
180°−40°=140°, 140°÷2=70°이므로
(각 ㅇㅅㅁ)=70°입니다.
따라서 (각 ㅇㅅㄷ)=90°−70°=20°입니다.

19 예 평행사변형은 마주 보는 두 변의 길이가 서로 같습니다.
(변 ㄱㄹ)=(변 ㄴㄷ)=9 cm,
(변 ㄹㄷ)=(변 ㄱㄴ)=6 cm
따라서 평행사변형의 네 변의 길이의 합은
9+6+9+6=30(cm)입니다.

평가 기준	배점
평행사변형의 네 변의 길이를 각각 구했나요?	3점
평행사변형의 네 변의 길이의 합을 구했나요?	2점

20 예 직선 가와 직선 나 사이의 거리는 7 cm입니다.
직선 나와 직선 다 사이의 거리는 3 cm입니다.
따라서 직선 가와 직선 다 사이의 거리는
7+3=10(cm)입니다.

평가 기준	배점
직선 가와 직선 나 사이의 거리를 구했나요?	1점
직선 나와 직선 다 사이의 거리를 구했나요?	1점
직선 가와 직선 다 사이의 거리를 구했나요?	3점

수시 평가 대비 Level ❷
124~126쪽

1 ③

2 예

3 ㉢

4 / 1.5 cm

5 변 ㄹㄷ   **6** 가, 나, 다, 라, 마

7 나, 라, 마   **8** 120 / 3.5 / 3.5 cm

9 ㉢   **10** 16 cm

11

12 예

13

14 75   **15**

16 35°   **17** 9 cm

18 20°

19 답 평행사변형이 아닙니다.
이유 예 평행사변형은 마주 보는 두 쌍의 변이 서로 평행해야 합니다. 한 쌍의 변이 평행하므로 평행사변형이 아닌 사다리꼴입니다.

20 75°

1 아무리 늘여도 만나지 않는 것을 찾으면 ③입니다.

2 삼각자의 직각 부분을 이용하여 수선을 긋습니다.

3 평행선 사이의 거리를 나타내는 선분은 평행선 사이에 그은 수직인 선분이므로 직선 가와 직선 나에 대한 수직인 선분을 찾으면 ㉢입니다.

4 점 ㄱ을 지나고 직선 가와 평행한 직선을 긋고 두 직선 사이에 수직인 선분을 그어 수직인 선분의 길이를 재어 봅니다.

5 변 ㄱㄴ과 평행한 변은 변 ㄹㄷ입니다.

6 직사각형은 마주 보는 두 변이 평행하므로 직사각형의 위와 아래의 두 변을 포함한 사각형으로 자르면 항상 사다리꼴입니다.

7 마주 보는 두 쌍의 변이 서로 평행한 사각형을 찾으면 나, 라, 마입니다.

8 마름모는 네 변의 길이가 모두 같고 이웃하는 두 각의 크기의 합이 $180°$입니다.
따라서 $180°-60°=120°$와 $3.5\,\text{cm}$입니다.

9 ㉢ 평행사변형은 이웃하는 두 각의 크기의 합이 $180°$입니다.

10 마름모는 네 변의 길이가 모두 같으므로 한 변의 길이는 $64÷4=16(\text{cm})$입니다.

11 평행사변형의 왼쪽에 거울을 놓고 비추면 왼쪽으로 뒤집기 한 모양의 평행사변형이 나옵니다.

12 사각형의 네 변 중에서 한 변과 평행하도록 선을 그어 자릅니다.
다른 풀이
마주 보는 한 쌍의 변이 평행하도록 선을 긋습니다.

13 평행선 사이의 거리가 $2\,\text{cm}$가 되도록 평행선을 주어진 직선의 왼쪽과 오른쪽에 각각 그어 봅니다.

14

직선 나는 직선 가에 대한 수선이므로 직선 가와 직선 나가 이루는 각의 크기는 $90°$입니다.
따라서 $\square=90°-15°=75°$입니다.

15 ① 점 ㄷ을 지나고 선분 ㄷㄹ에 수직인 직선을 긋습니다.
② ①의 직선과 변 ㄱㄴ이 만나는 점에서 변 ㄷㄹ과 평행한 직선을 긋습니다.

16 삼각형의 세 각의 크기의 합은 $180°$이므로
각 ㄹㄴㄷ의 크기는 $180°-115°-35°=30°$이고
평행사변형은 이웃하는 두 각의 크기의 합이 $180°$이므로
각 ㄱㄴㄷ의 크기는 $180°-115°=65°$입니다.
따라서 각 ㄱㄴㄹ의 크기는 $65°-30°=35°$입니다.

17 (변 ㄱㅂ과 변 ㄴㄷ 사이의 거리)
$=$(변 ㅂㅁ)$+$(변 ㄹㄷ)$=3+6=9(\text{cm})$

18 마름모는 이웃하는 두 각의 크기의 합이 $180°$입니다.
따라서 각 ㄱㄴㄷ의 크기는 $180°-130°=50°$입니다.
접은 부분과 접힌 부분의 각의 크기는 서로 같으므로
각 ㅂㄴㄹ의 크기는 $15°$입니다. 따라서 각 ㄱㄴㅂ의 크기는 $50°-15°-15°=20°$입니다.

19

평가 기준	배점
평행사변형인지 아닌지 구했나요?	2점
그 이유를 알맞게 썼나요?	3점

20

㉠ 평행선 사이에 점 ㄷ을 지나는 수직인 선분을 그으면 사각형 ㄱㄴㄷㄹ이 생깁니다.
(각 ㄹㄷㄴ)$=180°-30°-90°=60°$
사각형의 네 각의 크기의 합은 $360°$이므로
㉠$=360°-90°-135°-60°=75°$입니다.

평가 기준	배점
각 ㄹㄷㄴ의 크기를 구했나요?	2점
㉠의 각도를 구했나요?	3점

5 꺾은선그래프

그래프는 조사한 자료 값을 한눈에 정리하여 나타낸 것입니다. 그중 꺾은선그래프는 시간에 따른 자료 값을 선으로 나타내어 알아보기 쉽게 나타낸 것으로 각종 보고서나 신문 등에서 자주 사용되고 있습니다. 꺾은선그래프는 시간의 흐름에 따라 변화하는 자료 값을 나타낸 것이므로 측정하지 않은 값을 예상해 볼 수 있는 장점이 있습니다. 따라서 꺾은선그래프를 배움으로써 다양한 표현 방법과 자료를 해석하는 능력을 기를 수 있습니다. 3-2에서는 그림그래프를, 4-1에서는 막대그래프를 학습한 내용을 바탕으로 자료의 내용에 따라 꺾은선그래프로 나타냄으로써 자료 표현 능력을 기를 수 있도록 합니다.

STEP 1 교과개념 1. 꺾은선그래프 알아보기 129쪽

1 ① 꺾은선그래프 ② 월, 키

2 ① 1 ℃ ② 교실의 온도의 변화 ③ 20 ℃

1 ① 월별 화초의 키를 점으로 표시하고, 그 점들을 선분으로 이어 그린 그래프이므로 꺾은선그래프입니다.

2 ① 세로 눈금 5칸이 5 ℃를 나타내므로 세로 눈금 한 칸은 1 ℃를 나타냅니다.

STEP 1 교과개념 2. 꺾은선그래프 내용 알아보기 131쪽

1 ① 연도, 판매량 ② 10대 ③ 2020년

2 ① 예 나 그래프는 물결선이 있습니다.
   ② 나

1 ③ 2018년에 비해 2019년은 10대, 2019년에 비해 2020년은 40대, 2020년에 비해 2021년은 20대 줄어들었으므로 자동차 판매량이 가장 많이 줄어든 때는 2020년입니다.

2 ② 나 그래프는 필요 없는 부분을 물결선으로 줄였으므로 값을 더 잘 읽을 수 있습니다.

STEP 1 교과개념 3. 꺾은선그래프로 나타내기, 꺾은선그래프 이용하기 133쪽

1 ① 기온

② 예

아침 최저 기온

2 ① 나 ② 가

1 ② 세로 눈금 한 칸의 크기는 1 ℃가 되게 정합니다.

2 ① 1월에 잰 가 강아지의 무게는 4.1 kg이고, 나 강아지의 무게는 4.4 kg이므로 처음에 더 무거운 강아지는 나 강아지입니다.
   ② 선분이 많이 기울어진 그래프는 가 강아지의 무게를 나타낸 그래프입니다. 따라서 무게가 더 빠르게 늘어난 강아지는 가 강아지입니다.

STEP 2 꼭 나오는 유형 134~141쪽

1 월에 ○표, 물고기 수에 ○표

2 1마리   3 9마리

4 나

5 울릉도의 2월 적설량의 변화

6 52.2, 53.6, 52.1, 52.8

7 (1) 막대 (2) 꺾은선 (3) 꺾은선

준비 가 마을   8 나 식물

9 가 식물 / 예 선분이 6일과 8일 사이에 오른쪽 아래로 내려가기 때문입니다.

10 (1) ㉣ (2) ㉡ (3) ㉢ (4) ㉠

11 (1) ○ (2) ○ (3) ✕

12 9 ℃   13 예 21 ℃

14 예 11 ℃   15 14 ℃

16 (1) 3월, 4월 (2) 3월

17 약간 나쁨   18 2, 1

19 34 kg   **20** 0 kg과 30 kg 사이

21 나   **22** 5일

23 100대   **24** 89대

25 ⓔ 생산량이 가장 적은 때는 4일입니다.
6일의 생산량은 26대입니다.

26 ⓔ 0명과 120명 사이   **27** ⓔ 100명

28
연도별 감기 환자 수

29 ㉢   **30** 1.6 cm

31 ⓔ 82.6 cm   **32** ⓔ 늘어날 것입니다.

33 815 mm   **34** 강수량

35 ⓔ 2 mm   **36** 30 mm

37
월별 강수량

38 20.1 ℃부터 20.6 ℃까지

39
ⓔ 바닷물 온도

40 ⓔ 줄넘기 횟수의 가장 작은 값이 60회이므로 60회 밑
부분을 물결선으로 줄여서 나타내야 하는데 꺾은선을
지나가도록 잘못 그렸습니다.

41
수애의 몸무게

42
인형 판매량

43 ⓔ 필요 없는 부분을 생략하였으므로 인형 판매량의 변
화를 뚜렷하게 알 수 있습니다.

준비 7, 5 /
혈액형별 학생 수

44 238, 235, 231 /
박물관의 입장객 수

준비 ⓔ 막대의 길이가 늘어나고 있으므로 2024년의 방문자
수는 늘어날 것입니다.

45 (1) ×   (2) ○   **46** ⓔ 70개

47 ⓔ 늘어날 것입니다.   **48** ⓔ 화요일

2 세로 눈금 5칸은 5마리를 나타내므로 세로 눈금 한 칸은
5÷5＝1(마리)를 나타냅니다.

3 8월에 물고기 수는 9칸이므로 9마리입니다.

4 막대그래프는 수량의 비교가 쉬우므로 각 자료의 크기를
비교할 때 쓰이고 꺾은선그래프는 시간에 따른 변화를 알
아보기 쉬우므로 변화하는 양을 나타낼 때 쓰입니다.

6 세로 눈금 한 칸은 0.1 cm를 나타냅니다.

7 시간에 따른 변화를 알아보기 위해서는 꺾은선그래프로
나타내는 것이 좋습니다.

9

평가 기준
시들기 시작한 식물을 찾았나요?
그 이유를 바르게 썼나요?

11 (3) 11월부터 감 생산량은 줄어들었습니다.

12 세로 눈금 한 칸의 크기는 1 ℃입니다.
오전 11시에 교실의 온도는 세로 눈금이 9칸이므로 9 ℃
입니다.

13 오후 1시는 20 ℃이고 오후 2시는 22 ℃이므로
오후 1시 30분에 교실의 온도는 그 중간인 21 ℃였을 것
같습니다.

😊 내가 만드는 문제

14 낮 12시와 오후 1시 사이의 선분이 가장 많이 기울어지
도록 온도를 정합니다.

15 오전 10시에 교실의 온도는 8 ℃이고 오후 2시에 교실의
온도는 22 ℃이므로 22−8=14(℃)만큼 낮습니다.

16 (1) 선분이 오른쪽 위로 기울어진 구간을 찾으면 2월과 3
월 사이, 3월과 4월 사이이므로 3월과 4월입니다.
(2) 2월과 3월 사이, 3월과 4월 사이 중 선분이 더 기울
어진 때는 2월과 3월 사이입니다.

17 수요일의 미세 먼지 농도는 90 μg/m³이므로 약간 나쁨
입니다.

18 가 그래프의 세로 눈금 5칸은 10 kg을 나타내므로 세로
눈금 한 칸은 10÷5=2(kg)을 나타냅니다.
나 그래프의 세로 눈금 5칸은 5 kg을 나타내므로 세로
눈금 한 칸은 5÷5=1(kg)을 나타냅니다.

21 물결선을 사용한 꺾은선그래프로 나타내면 변화하는 양
을 뚜렷하게 알아볼 수 있습니다.

22 선분이 가장 많이 기울어진 날짜를 찾으면 4일과 5일 사
이이므로 전날에 비해 생산량의 변화가 가장 큰 때는 5일
입니다.

23 3일에는 24대, 4일에는 22대, 5일에는 28대, 6일에는
26대이므로 4일 동안 생산한 자동차는 모두
24+22+28+26=100(대)입니다.

24 판매할 수 있는 자동차 수는 4일 동안 생산한 자동차 수
에서 불량품 수를 빼어 구합니다. 4일 동안 생산한 자동
차는 100대이므로 판매할 수 있는 자동차는
100−11=89(대)입니다.

25

평가 기준
알 수 있는 내용을 1가지 썼나요?
알 수 있는 내용을 1가지 더 썼나요?

26 꺾은선그래프에서 필요 없는 부분은 0명과 120명 사이
입니다.

27 물결선을 넣는다면 0명과 100명 사이에 물결선을 넣는
것이 좋겠습니다.

29 ⓒ 2012년과 2015년 사이에 환자 수는 30명 늘어났습
니다.

30 월요일에는 81.6 cm, 금요일에는 83.2 cm이므로 5일
동안 무궁화는 83.2−81.6=1.6(cm) 자랐습니다.

31

무궁화의 키

수요일 오후 10시는 수요일과 목요일 사이이므로 수요일
의 키 82.4 cm와 목요일의 키 82.8 cm의 중간인
82.6 cm였을 것 같습니다.

32 매일 0.4 cm씩 자랐으므로 다음 주 무궁화의 키는 늘어
날 것입니다.

33 1 cm=10 mm이므로 81.5 cm=815 mm입니다.

36 필요한 부분은 8 mm부터 30 mm이므로 세로 눈금
30 mm까지 나타낼 수 있어야 합니다.

38 바닷물 온도가 20.1 ℃부터 20.6 ℃까지이므로 그래프
를 그리는 데 꼭 필요한 부분은 20.1 ℃부터 20.6 ℃까
지입니다.

40

평가 기준
잘못 그린 이유를 설명했나요?

41 세로 눈금 5칸이 10 kg을 나타내므로 세로 눈금 한 칸은
10÷5=2(kg)을 나타냅니다.
따라서 2학년 때의 몸무게를 32 kg으로 잘못 나타내었
습니다.

43

평가 기준
물결선을 사용하면 어떤 점이 좋은지 썼나요?

준비 세로 눈금 5칸은 5명을 나타내므로 세로 눈금 한 칸은 1명을 나타냅니다. 따라서 A형은 7명, B형은 5명이고 O형은 8명이므로 8칸, AB형은 3명이므로 3칸이 되도록 막대를 그립니다.

44 세로 눈금 5칸은 5명을 나타내므로 세로 눈금 한 칸은 1명을 나타냅니다. 따라서 2019년에는 238명, 2020년에는 235명, 2021년에는 231명이고 2017년은 243명 눈금에, 2018년은 242명 눈금에 점을 찍어 선분으로 잇습니다.

45 (1) 초등학생 수가 가장 많이 변한 때는 2018년과 2021년 사이입니다.
(2) 2012년부터 초등학생 수는 줄어들었으므로 2030년의 초등학생 수는 줄어들 것입니다.

46 2019년에는 60개이고 2021년에는 80개이므로 2020년에는 60개와 80개의 중간인 70개였을 것 같습니다.

47 2015년부터 불량품 수는 늘어났으므로 2022년에 불량품 수는 늘어날 것입니다.

48 화요일에 우산 판매량이 가장 많으므로 화요일에 비가 가장 많이 왔을 것으로 예상할 수 있습니다.

STEP 3 자주 틀리는 유형　　142~143쪽

1 2 ℃　　　　　**2** 20대

3 ㉡

4 ⓔ 운동한 시간 중 가장 작은 값이 20분이므로 20분 밑부분을 줄여서 나타내야 하는데 물결선이 꺾은선을 지나가도록 잘못 그렸습니다.

5 2주, 1.4시간　　**6** 목요일, 14 kg

7 7 kg　　　　　**8** 18 cm

---

1 세로 눈금 5칸은 10 ℃를 나타내므로 세로 눈금 한 칸은 10÷5=2(℃)를 나타냅니다.

2 세로 눈금 5칸은 100대를 나타내므로 세로 눈금 한 칸은 100÷5=20(대)를 나타냅니다.

3 점들을 왼쪽에서부터 곡선이 아닌 선분으로 이어야 합니다.

---

5 선분이 오른쪽 위로 가장 많이 기울어진 주는 1주와 2주 사이이므로 지난 주에 비해 가장 많이 늘어난 주는 2주입니다. 1주는 0.6시간, 2주는 2시간으로 2−0.6=1.4(시간) 늘어났습니다.

6 선분이 오른쪽 아래로 가장 많이 기울어진 요일은 수요일과 목요일 사이이므로 전날에 비해 가장 많이 줄어든 요일은 목요일입니다. 수요일은 52 kg, 목요일은 38 kg으로 52−38=14(kg) 줄어들었습니다.

7 2018년에는 5 kg, 2021년에는 12 kg이므로 원숭이 무게는 조사한 기간 동안 12−5=7(kg) 늘었습니다.

8 2018년에는 32 cm, 2021년에는 50 cm이므로 나무의 키는 조사한 기간 동안 50−32=18(cm) 자랐습니다.

STEP 4 최상위 도전 유형　　144~146쪽

1 11월　　　　　**2** 오후 3시, 8 ℃

5 3칸　　　　　**6** 6칸

7 32 mm　　　　**8** 25 L

9 600000원　　　**10** 5500만 원

11 7시간　　　　**12** 37상자

1 운동화와 부츠의 판매량의 차가 가장 큰 때는 두 점 사이의 간격이 가장 넓은 때로 11월입니다.

2 온도 차가 가장 큰 때는 교실 안과 교실 밖의 온도를 나타내는 두 점 사이의 간격이 가장 넓은 때이므로 오후 3시입니다. 오후 3시의 교실 밖의 온도는 32 °C이고 교실 안의 온도는 24 °C이므로 온도 차는 32−24=8(°C)입니다.

3 세로 눈금 한 칸은 2 mm이므로 8월은 7월 눈금보다 2칸 더 아래로 그립니다.

4 세로 눈금 한 칸은 40명이므로 23일은 22일 눈금보다 3칸 더 위로 그립니다.

5 세로 눈금 한 칸은 10명을 나타내고 2018년과 2019년의 세로 눈금은 6칸 차이가 나므로 60명 차이입니다. 60명은 세로 눈금 한 칸을 20명으로 할 때 세로 눈금 3칸 차이입니다.

6 세로 눈금 한 칸은 1 cm를 나타내고 수요일과 목요일의 세로 눈금은 3칸 차이가 나므로 3 cm입니다. 3 cm는 세로 눈금 한 칸을 0.5 cm로 할 때 세로 눈금 6칸 차이입니다.

7 양초의 길이는 4분마다 4 mm씩 줄어들고 있으므로 20분이 되었을 때 양초의 길이는 36 mm보다 4 mm 줄어든 36−4=32(mm)입니다.

8 통에 담긴 물의 양은 2분마다 4 L씩 늘어나고 있으므로 14분이 되었을 때 통에 담긴 물의 양은 8분에서 4×3=12(L) 늘어난 13+12=25(L)입니다.

9 (월요일부터 목요일까지 판매한 빵의 수)
=150+120+60+170=500(개)
➡ (판매 금액)=1200×500=600000(원)

10 (4달 동안 판매한 의자 수)
=60+55+51+54=220(개)
➡ (판매 금액)=25×220=5500(만 원)

11 월요일에 공부한 시간은 7시간, 화요일에 공부한 시간은 6시간입니다. 목요일에 공부한 시간을 □시간이라 하면
7+6+4+□+8=32(시간)이므로
□=32−7−6−4−8=7(시간)입니다.

12 6월은 38상자입니다. 8월의 고구마 생산량을 □상자라 하면 35+38+40+□=150(상자)이므로
□=150−35−38−40=37(상자)입니다.

수시 평가 대비 Level ❶
147~149쪽

1 꺾은선그래프   **2** 주 / 판매량

3 10개   **4** 130개

5 60권부터 81권까지   **6** 예 0권과 60권 사이

7 예 1권

8

세영이네 모둠 학생들이 읽은 책 수

9 13일   **10** 5일

11 1.4, 2.2, 2.8, 4, 4.8   **12** 예 4.4 cm

13 220명   **14** 목요일

15 140명   **16** 꺾은선그래프

17 예

지유의 100 m 달리기 기록

18 13일, 6잔   **19** 2018년, 2020년

20 34명

---

1 연속적으로 변화하는 양을 점으로 표시하고, 그 점들을 선분으로 이어 그린 그래프를 꺾은선그래프라고 합니다.

2 가로는 1주, 2주, 3주, 4주, 5주의 주를 나타내고, 세로는 0개에서 220개까지 판매량을 나타냅니다.

3 세로 눈금 5칸이 50개를 나타내므로 세로 눈금 한 칸은 10개를 나타냅니다.

4 100개에서 세로 눈금 3칸 위이므로 130개입니다.

5 가장 적은 책 수는 60권이고, 가장 많은 책 수는 81권입니다.

6 책 수가 60권부터 있으므로 0권과 60권 사이를 물결선으로 줄여서 나타낼 수 있습니다.

7 책 수가 1권 단위입니다.

8 가로 눈금과 세로 눈금이 만나는 곳에 점을 찍고, 점들을 차례로 선분으로 잇습니다.

9 선분이 4 cm 위로 올라가기 시작하는 때는 13일 이후부터입니다.

10 세로 눈금 한 칸은 0.2 cm를 나타냅니다.
점이 2 cm보다 세로 눈금 1칸 위에 찍혀 있는 때는 5일입니다.

11 세로 눈금 한 칸은 0.2 cm를 나타냅니다.

12 식물의 키가 13일에 4 cm, 17일에 4.8 cm이므로 15일에 식물의 키는 그 중간인 4.4 cm였을 것 같습니다.

13 세로 눈금 한 칸은 20명을 나타냅니다.
화요일은 200명에서 세로 눈금 1칸 위이므로 220명입니다.

14 선분이 가장 적게 기울어진 때는 수요일과 목요일 사이입니다.
따라서 전날에 비해 입장객 수의 변화가 가장 적은 때는 목요일입니다.

15 선분이 가장 많이 기울어진 때는 금요일과 토요일 사이입니다.
토요일은 금요일보다 세로 눈금 7칸 위에 있으므로 입장객 수의 차는 140명입니다.

16 시간이 지남에 따라 변화를 한눈에 알아보기 쉬운 그래프는 꺾은선그래프입니다.

17 꺾은선그래프를 그리는 데 꼭 필요한 부분은 19.3초부터 20.5초까지이므로 필요 없는 부분인 0초와 19초 사이에 물결선을 넣어 꺾은선그래프로 나타냅니다.

18 두 점 사이의 간격이 가장 넓은 때는 13일입니다.
세로 눈금 6칸만큼 차이가 나므로 차는 6잔입니다.

19 ⑩ 선분이 오른쪽 위로 기울어진 때를 알아봅니다.
선분이 오른쪽 위로 기울어진 때는 2017년과 2018년 사이, 2019년과 2020년 사이이므로 전년에 비해 초등학생 수가 더 늘어난 때는 2018년, 2020년입니다.

평가 기준	배점
초등학생 수가 더 늘어난 때를 구하는 방법을 알고 있나요?	2점
초등학생 수가 더 늘어난 때를 모두 구했나요?	3점

20 ⑩ 초등학생 수가 가장 많은 때는 2018년이고, 가장 적은 때는 2021년입니다.
초등학생 수는 2018년에 102명, 2021년에 68명이므로 차는 102−68=34(명)입니다.

평가 기준	배점
초등학생 수가 가장 많은 때와 가장 적은 때를 각각 구했나요?	2점
초등학생 수가 가장 많은 때와 가장 적은 때의 차를 구했나요?	3점

수시 평가 대비 Level ❷
150~152쪽

1 2℃

2 오후 2시

3 16℃

4 나

5 월 / 무게

6 7 kg

7

토끼 무게

8 막대그래프 / 꺾은선그래프

9 민지의 체온의 변화

10 0.4℃

11 오후 7시

12 ⑩ 37.2℃

13 31명부터 40명까지

14 ⑩

전시회의 입장객 수

15 6 cm

16 13만 원

17 4만 원

18 8개

19 11일

20 136000원

1 세로 눈금 5칸은 10 ℃이므로 세로 눈금 한 칸의 크기는 10÷5=2(℃)입니다.

2 기온이 낮아지기 시작한 시각은 선분이 오른쪽 아래로 기울어지기 시작한 오후 2시입니다.

4 물결선으로 필요 없는 부분을 생략하면 변화하는 모습이 더 잘 나타납니다.

5 무게의 변화를 확인하기 위해서는 가로에 월, 세로에 무게를 나타내야 합니다.

6 조사한 기간 중 가장 무거운 무게는 7 kg이므로 적어도 7 kg까지 나타내야 합니다.

7 무게를 점으로 표시하고 그 점들을 선분으로 이어 꺾은선그래프로 나타냅니다.

8 시간에 따른 변화는 꺾은선그래프로 나타내는 것이 더 좋습니다.

10 오후 5시에 체온은 36.6 ℃이고 오후 8시에 체온은 37 ℃이므로 37−36.6=0.4(℃)입니다.

11 선분이 올라갔다 내려가기 시작한 때는 오후 7시입니다.

12 오후 7시에 체온은 37.4 ℃이고 오후 8시에 체온은 37 ℃이므로 오후 7시 30분에 체온은 그 중간인 37.2 ℃였을 것 같습니다.

13 전시회의 입장객 수는 31명부터 40명까지이므로 31명부터 40명까지 필요합니다.

14 0명과 30명 사이에 물결선을 넣어 꺾은선그래프를 그려 봅니다.

15 두 점 사이의 간격이 가장 넓은 때를 찾으면 2021년입니다. 2021년 지수는 132 cm, 수애는 126 cm이므로 지수가 수애보다 132−126=6(cm) 더 큽니다.

16 통장에 있는 금액은 매달 2만 원씩 늘어나고 있으므로 9월에 서진이의 통장에 있는 금액은 9+2+2=13(만 원)입니다.

17 6월에 통장에 있는 금액은 7만 원이므로 3만 원짜리 장난감을 구매하면 7−3=4(만 원)이 남습니다.

18 모자 판매량은 화요일에는 4개, 목요일에는 6개입니다. 수요일에 판매한 모자를 □개라 하면 7+4+□+6+11=36(개)이므로 □=36−7−4−6−11=8(개)입니다.

19 ㉠ 선분이 가장 많이 기울어진 때는 10일과 11일 사이입니다. 따라서 전날에 비해 볼펜 판매량의 변화가 가장 큰 때는 11일입니다.

평가 기준	배점
선분이 가장 많이 기울어진 때를 찾았나요?	3점
전날에 비해 볼펜 판매량의 변화가 가장 큰 때를 구했나요?	2점

20 ㉠ (4일 동안 판매한 볼펜 수)
=8+20+18+22=68(자루)
따라서 판매 금액은 2000×68=136000(원)입니다.

평가 기준	배점
4일 동안 판매한 볼펜 수를 모두 구했나요?	3점
4일 동안 볼펜을 판매한 금액을 구했나요?	2점

6 다각형

1, 2학년 때에는 □, △, ○ 모양을 사각형, 삼각형, 원이라 하고, 변과 꼭짓점의 개념과 함께 오각형, 육각형을 학습하였습니다. 3학년 때에는 선의 종류와 각을 알아보면서 직각삼각형, 직사각형, 정사각형의 개념과 원을, 4-1에는 각도와 삼각형, 사각형의 내각의 합과 평면도형의 이동을 배웠습니다. 이 단원은 앞에서 배운 도형들을 다각형으로 분류하고 여러 가지 모양을 만들고 채워 보는 활동을 통해 문제 해결 및 도형에 대해 학습한 내용을 총괄적으로 평가해 볼 수 있는 단원입니다. 생활 주변에서 다각형을 찾아보고 다각형을 구성하는 다양한 활동 등을 통해 수학의 유용성과 심미성을 경험할 수 있도록 지도합니다.

※ 선분 ㄱㄴ과 같이 기호를 나타낼 때 선분 ㄴㄱ으로 읽어도 정답으로 인정합니다.

STEP 1 교과개념 1. 다각형 알아보기 155쪽

1 ① 가, 나, 라 ② 다각형

2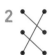

3 나, 라

4 ① 정오각형 ② 정육각형

1 선분으로만 둘러싸인 도형을 다각형이라고 합니다.

2 변이 8개인 다각형은 팔각형, 변이 5개인 다각형은 오각형, 변이 3개인 다각형은 삼각형입니다.

3 변의 길이가 모두 같고, 각의 크기가 모두 같은 다각형은 나, 라입니다.

4 ① 변이 5개인 정다각형은 정오각형입니다.
   ② 변이 6개인 정다각형은 정육각형입니다.

> **주의** ① 정다각형의 이름을 물어 보았으므로 오각형이 아닌 정오각형으로 써야 합니다.

STEP 1 교과개념 2. 대각선 알아보기 157쪽

1 대각선

2 ①   ②

3 3개

4 ① 다, 라 ② 다, 마

1 다각형에서 이웃하지 않는 두 꼭짓점을 이은 선분을 대각선이라고 합니다.

2 이웃하지 않는 꼭짓점끼리 선으로 잇습니다.

3 한 꼭짓점과 이웃하지 않는 꼭짓점이 3개이므로 한 꼭짓점에서 대각선을 3개 그을 수 있습니다.

> **참고** 대각선은 자기 자신과 이웃하는 두 꼭짓점에는 그을 수 없습니다.

4 ① 두 대각선의 길이가 같은 사각형은 정사각형과 직사각형입니다.
   ② 두 대각선이 서로 수직으로 만나는 사각형은 정사각형과 마름모입니다.

STEP 1 교과개념 3. 모양 만들기, 모양 채우기 159쪽

1 삼각형, 사각형, 육각형에 ○표

2 2, 3

1 ▲ 모양 조각은 삼각형, ⬡ 모양 조각은 육각형,
◆ 모양 조각은 사각형입니다.

2 모양 조각: 삼각형

 모양 조각과 모양 조각: 사각형

3 평행한 변이 한 쌍이라도 있는 사각형을 만듭니다.

 , 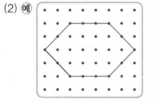 등과 같

이 여러 가지 방법으로 만들 수 있습니다.

STEP 2 꼭 나오는 유형

160~164쪽

준비 선분에 ○표　　　**1** 다각형

2 (1) ○　(2) ×　(3) ×

3

가, 마, 아	나, 라, 사	다, 바
삼각형	오각형	칠각형

4 (1) 예　　　(2) 예

5 (1) ＞　(2) ＜

6 가, 다, 바, 아　　　**7** 정사각형

8 답 정다각형이 아닙니다.

이유 예 변의 길이가 모두 같지 않고 각의 크기가 모두 같지 않으므로 정다각형이 아닙니다.

9 정십각형　　　**10** 예

11 (위에서부터) 7, 108

12 예

13

14

---

15 1개, 2개, 3개　　　**16** 2개, 5개, 9개

준비 사다리꼴, 마름모, 평행사변형

17 가, 나, 다, 라, 마　　　**18** 나, 라, 마

19 예

20 예 삼각형, 육각형　　　**21** $\frac{1}{4}$

22 3개　　　**23** ④

24 예 / 예

25 예 / 예 고래

26 예 삼각형, 사각형　　준비 예

27

28 예 삼각형, 사각형　　　**29** 4개

30 6개, 3개, 2개

31 예　　　　　　**32** 예

---

2 (2) 오각형의 오른쪽에 있는 도형은 육각형입니다.
　　(3) 가장 오른쪽에 있는 도형은 삼각형입니다.

4 (1) 변(꼭짓점)의 수가 4개가 되도록 그립니다.
　　(2) 변(꼭짓점)의 수가 6개가 되도록 그립니다.

5 (1) 오각형의 변의 수: 5, 사각형의 각의 수: 4
　　　➡ 5＞4
　　(2) 삼각형의 꼭짓점의 수: 3, 십각형의 변의 수: 10
　　　➡ 3＜10

6 변의 길이와 각의 크기가 모두 같은 다각형을 찾습니다.

7 사각형을 찾을 수 있습니다. 이 사각형은 변의 길이와 모든 각의 크기가 같으므로 정사각형입니다.

8

평가 기준
오른쪽 도형이 정다각형인지 아닌지 썼나요?
오른쪽 도형이 정다각형이 아닌 이유를 설명했나요?

9 10개의 선분으로 둘러싸여 있으므로 십각형입니다.
십각형 중에서 변의 길이가 모두 같고 각의 크기가 모두 같은 도형은 정십각형입니다.

10 변의 길이와 각의 크기가 모두 같은 다각형을 그립니다.

11 정다각형은 변의 길이가 모두 같고 각의 크기가 모두 같습니다.

14 이웃하지 않는 두 꼭짓점을 잇습니다.
모든 다각형에 대각선이 있는 것은 아닙니다.

15 한 꼭짓점에서 이웃하지 않는 두 꼭짓점을 이어야 합니다.

16 이웃하지 않는 두 꼭짓점을 모두 이어 세어 봅니다.

 ➡ 2개, ➡ 5개, ➡ 9개

17 한 대각선이 다른 대각선을 반으로 나누는 사각형은 평행사변형, 마름모, 직사각형, 정사각형입니다.

18 두 대각선이 수직으로 만나는 사각형은 마름모와 정사각형입니다.

😊 내가 만드는 문제
19 점과 점을 연결하여 두 선분을 한 점을 겹치게 그린 다음 선분의 끝끼리 연결하여 사각형을 그립니다.

21 오른쪽 모양을 만들려면 왼쪽 모양 조각 4개가 필요합니다. 따라서 왼쪽 모양 조각은 4개 중에 1개이므로 $\frac{1}{4}$입니다.

22 ⑩ 사각형 모양은 빨간색 모양 조각 4개, 파란색 모양 조각 2개로 모두 6개 사용했습니다. 삼각형 모양은 초록색 모양 조각 3개를 사용했습니다. 따라서 사각형 모양 조각은 삼각형 모양 조각보다 6−3=3(개) 더 많습니다.

평가 기준
사용된 사각형, 삼각형 모양 조각의 수를 각각 구했나요?
사각형, 삼각형 모양 조각의 수의 차를 구했나요?

23 정삼각형의 한 각의 크기가 60°이므로 한 각의 크기가 90°인 직사각형은 만들 수 없습니다.

24 , 등 여러 가지 방법으로 만들 수 있습니다.

😊 내가 만드는 문제
25 모든 모양 조각을 사용하지 않아도 됩니다.
같은 모양 조각을 여러 번 사용해도 됩니다.

26 삼각형과 사각형을 사용하여 꾸민 모양입니다.

28 삼각형과 사각형을 빈틈 없이 이어 붙인 모양입니다.

29 ➡ 4개

30 ➡ 6개 ➡ 3개 ➡ 2개

STEP 3 자주 틀리는 유형 165~167쪽

1 선분 ㄱㄷ, 선분 ㄴㄹ

2 선분 ㄱㄷ, 선분 ㄴㅁ, 선분 ㄷㅁ

3 선분 ㄱㄷ, 선분 ㄴㅁ, 선분 ㅂㄷ

4 나, 다

5

6 정사각형

7 나, 라

8 ㉢, ㉣

9 ⑩

10 ⑩

11 ⑩

12 예

13 90 **14** 90° **15** 45°

16 5 cm **17** 12 cm **18** 18 cm

1 이웃하지 않는 두 꼭짓점을 이은 선분을 찾습니다.

2 선분 ㄱㅂ은 한 꼭짓점에서 변에 그은 선분이므로 대각선이 아닙니다.

3 선분 ㄱㅅ과 선분 ㅂㅅ은 한 꼭짓점에서 변에 그은 선분이므로 대각선이 아닙니다.

4 나와 다는 두 대각선의 길이가 같습니다.

5 직사각형과 정사각형은 두 대각선의 길이가 같습니다.
마름모와 정사각형은 두 대각선이 서로 수직으로 만납니다.

6 두 대각선의 길이가 같은 사각형 ➡ 직사각형, 정사각형
두 대각선이 서로 수직으로 만나는 사각형
➡ 마름모, 정사각형
한 대각선이 다른 대각선을 반으로 나누는 사각형
➡ 평행사변형, 직사각형, 마름모, 정사각형
따라서 모든 조건을 만족하는 사각형은 정사각형입니다.

7 가: 정삼각형, 나: 직사각형, 다: 정사각형, 라: 평행사변형
정다각형이 아닌 도형은 나, 라입니다.

8 ㉢ 마름모는 각의 크기가 모두 같지 않습니다.
㉣ 직사각형은 변의 길이가 모두 같지 않습니다.

9 변의 길이와 각의 크기가 모두 같은 오각형을 그립니다.
➡ 정오각형

10 모양 조각이 서로 겹치지 않게 길이가 같은 변끼리 이어 붙입니다.

11 삼각형, 사다리꼴, 평행사변형 모양 조각을 1번씩 사용하여 정육각형을 만듭니다.

12 모양 조각이 서로 겹치지 않게 길이가 같은 변끼리 이어 붙입니다.

13 마름모는 두 대각선이 서로 수직(90°)으로 만납니다.

14 정사각형은 두 대각선이 서로 수직으로 만나므로 각 ㄹㅁㄷ의 크기는 90°입니다.

15 정사각형의 대각선은 서로 수직으로 만나고 똑같이 둘로 나눕니다. 또 대각선의 길이가 서로 같습니다.
따라서 각 ㄹㅁㄷ의 크기는 90°이고 삼각형 ㄹㅁㄷ에서 각 ㅁㄹㄷ의 크기와 각 ㅁㄷㄹ의 크기가 같습니다.
각 ㅁㄹㄷ의 크기를 □라 하면 □+□+90°=180°,
□+□=90°, □=45°입니다.

16 정사각형은 두 대각선의 길이가 같으므로 선분 ㄴㄹ의 길이는 5 cm입니다.

17 마름모는 한 대각선이 다른 대각선을 반으로 나눕니다.
➡ (선분 ㄱㄷ)=6×2=12(cm)

18 평행사변형은 한 대각선이 다른 대각선을 반으로 나눕니다.
➡ (선분 ㄴㄹ)=9×2=18(cm)

STEP 4 최상위 도전 유형 168~170쪽

1 12 cm **2** 8 cm **3** 6 cm
4 30 cm **5** 24 cm **6** 16 cm
7 14개 **8** 20개 **9** 27개
10 **11** 예
12 6 **13** 60° **14** 70°
15 30° **16** 135° **17** 60°
18 60°

1 (정사각형의 모든 변의 길이의 합)=15×4=60(cm)
정오각형의 모든 변의 길이의 합은 60 cm이므로
(정오각형의 한 변의 길이)=60÷5=12(cm)입니다.

2 (정사각형의 모든 변의 길이의 합)=12×4=48(cm)
정육각형의 모든 변의 길이의 합은 48 cm이므로
(정육각형의 한 변의 길이)=48÷6=8(cm)입니다.

3 (정삼각형의 모든 변의 길이의 합)=16×3=48(cm)
정팔각형의 모든 변의 길이의 합은 48 cm이므로
(정팔각형의 한 변의 길이)=48÷8=6(cm)입니다.

4 직사각형은 두 대각선의 길이가 서로 같으므로
(선분 ㄹㄴ)＝(선분 ㄱㄷ)＝13 cm이고
마주 보는 변의 길이가 서로 같으므로
(변 ㄴㄷ)＝(변 ㄱㄹ)＝12 cm입니다.
➡ (삼각형 ㄹㄴㄷ의 세 변의 길이의 합)
　＝13＋12＋5＝30(cm)

5 (변 ㄱㄴ)＋(변 ㄱㄹ)＋9＝21(cm)
➡ (변 ㄱㄴ)＋(변 ㄱㄹ)＝12 cm
(변 ㄱㄴ)＝(변 ㄱㄹ)이므로
(변 ㄱㄴ)＝(변 ㄱㄹ)＝6 cm입니다.
따라서 마름모는 네 변의 길이가 모두 같으므로 네 변의
길이의 합은 6×4＝24(cm)입니다.

6 (선분 ㄱㄷ)＝20－12＝8(cm)
평행사변형은 한 대각선이 다른 대각선을 반으로 나누므
로 (선분 ㅁㄴ)＝12÷2＝6(cm),
(선분 ㅁㄷ)＝8÷2＝4(cm)입니다.
➡ (삼각형 ㅁㄴㄷ의 세 변의 길이의 합)
　＝6＋6＋4＝16(cm)

7

한 꼭짓점에서 그을 수 있는 대각선은 4개이므로
4×7＝28이고, 겹치는 대각선의 수를 제외하면 칠각형
에 그을 수 있는 대각선의 수는 모두 28÷2＝14(개)입니
다.

8

한 꼭짓점에서 그을 수 있는 대각선은 5개이므로
5×8＝40이고, 겹치는 대각선의 수를 제외하면 팔각형
에 그을 수 있는 대각선의 수는 모두 40÷2＝20(개)입니
다.

9

구각형의 한 꼭짓점에서 그을 수 있는 대각선은 6개이므
로 6×9＝54이고, 겹치는 대각선의 수를 제외하면 구각
형에 그을 수 있는 대각선의 수는 모두 54÷2＝27(개)
입니다.

10 가장 작은 삼각형 모양이 많이 들어가도록 채웁니다.

11 가장 큰 육각형 모양 조각부터 채워 봅니다.

12 사용한 모양 조각의 수가 많으려면 가장 작은 삼각형 모양 조각이 많이 들어가야 하므로 삼각형 12개로 채워집니다.

사용한 모양 조각의 수가 적으려면 큰 조각부터 차례로
채워 봅니다. 육각형을 넣으면 나머지 칸에 삼각형 6개가
들어가므로 모두 7개가 필요합니다.

 사다리꼴 모양을 최대한 넣고 나머지 칸을 삼각형으로 채우면 모두 6개로 채워집니다.

다음과 같은 6개의 모양 조각으로도 모양을 채울 수 있습
니다.

따라서 가장 많을 때와 가장 적을 때의 모양 조각의 수의
차는 12－6＝6입니다.

13 (각 ㄱㅁㄴ)＝180°－120°＝60°
(선분 ㄱㅁ)＝(선분 ㄴㅁ)이므로
삼각형 ㄱㄴㅁ은 이등변삼각형입니다.
따라서 (각 ㄱㄴㅁ)＋(각 ㄴㄱㅁ)＋60°＝180°,
(각 ㄱㄴㅁ)＋(각 ㄴㄱㅁ)＝120°,
(각 ㄱㄴㅁ)＝120°÷2＝60°입니다.

14 (각 ㄱㅁㄴ)＝180°－140°＝40°
직사각형은 두 대각선의 길이가 같고 한 대각선이 다른
대각선을 반으로 나누므로 삼각형 ㄱㅁㄴ은 이등변삼각
형입니다.
따라서 (각 ㄴㄱㅁ)＋(각 ㄱㄴㅁ)＋40°＝180°,
(각 ㄴㄱㅁ)＋(각 ㄱㄴㅁ)＝140°,
(각 ㄴㄱㅁ)＝140°÷2＝70°입니다.

15 마름모의 두 대각선은 서로 수직으로 만나므로 각 ㄱㅁㄴ
은 90°입니다.
따라서 (각 ㄱㄴㅁ)＋(각 ㄴㄱㅁ)＋(각 ㄱㅁㄴ)＝180°,
(각 ㄱㄴㅁ)＋60°＋90°＝180°,
(각 ㄱㄴㅁ)＝180°－60°－90°＝30°입니다.

16

(정팔각형의 모든 각의 크기의 합)=180°×6=1080°
(정팔각형의 한 각의 크기)=1080°÷8=135°

다른 풀이

(정팔각형의 모든 각의 크기의 합)
=360°×3=1080°
(정팔각형의 한 각의 크기)
=1080°÷8=135°

17

(정육각형의 모든 각의 크기의 합)=180°×4=720°
(정육각형의 한 각의 크기)=720°÷6=120°
➡ ㉠=180°−120°=60°

다른 풀이

정육각형은 사각형 2개로 나누어지므로
(정육각형의 모든 각의 크기의 합)=360°×2=720°
(정육각형의 한 각의 크기)=720°÷6=120°
➡ ㉠=180°−120°=60°

18 (정육각형의 모든 각의 크기의 합)=180°×4=720°
(정육각형의 한 각의 크기)=720°÷6=120°
삼각형 ㅂㄱㅁ과 삼각형 ㅁㄷㄹ은 이등변삼각형이므로
(각 ㅂㄱㅁ)+(각 ㅂㅁㄱ)=180°−120°=60°,
(각 ㅂㄱㅁ)=(각 ㅂㅁㄱ)=60°÷2=30°이고
(각 ㄹㅁㄷ)+(각 ㄹㄷㅁ)=180°−120°=60°,
(각 ㄹㅁㄷ)=(각 ㄹㄷㅁ)=60°÷2=30°입니다.
➡ (각 ㄱㅁㄷ)=120°−30°−30°=60°

수시 평가 대비 Level ❶
171~173쪽

1 가, 나, 라, 바　　**2** 라, 정육각형

3 예 사다리꼴

4 예 선분으로 둘러싸여 있지 않고 열려 있으므로 다각형이 아닙니다.

5 (1) × (2) × (3) ○　　**6** / 5개

7 정구각형　　**8** 540°

9 정육각형, 정삼각형, 정사각형

10 예 (삼각형)　　**11** 예 (육각형)

12 6개　　**13** 90°

14 20 cm　　**15** 32 cm

16 32 cm　　**17** 12 cm

18 135° / 45°　　**19** 9개

20 35°

1 선분으로만 둘러싸인 도형은 가, 나, 라, 바입니다.

2 다각형 중에서 변의 길이가 모두 같고 각의 크기가 모두 같은 도형은 라입니다.
라는 변이 6개인 정다각형이므로 정육각형입니다.

5 (1) 직사각형은 두 대각선의 길이가 같습니다.
(2) 마름모는 두 대각선이 서로 수직으로 만납니다.

6 대각선은 이웃하지 않는 두 꼭짓점을 이은 선분입니다.

7 9개의 선분으로 둘러싸인 도형은 구각형입니다.
변의 길이가 모두 같고 각의 크기가 모두 같은 정다각형이므로 정구각형입니다.

8 정오각형은 각이 5개 있고, 그 각의 크기는 모두 같습니다.
따라서 모든 각의 크기의 합은 108°×5=540°입니다.

9 가는 정육각형, 다는 정삼각형, 라는 정사각형입니다.

12 가 (평행사변형)　　나

13 정사각형은 두 대각선이 서로 수직으로 만나므로 각 ㄱㅁㄴ의 크기는 90°입니다.

14 직사각형은 두 대각선의 길이가 같습니다.
(선분 ㄴㄹ)=(선분 ㄱㄷ)=20 cm

15 정다각형은 변의 길이가 모두 같고, 정팔각형의 변은 8개입니다.
따라서 필요한 철사의 길이는 4×8=32(cm)입니다.

16 평행사변형은 한 대각선이 다른 대각선을 반으로 나눕니다.
(선분 ㄱㄷ)=10×2=20(cm)
(선분 ㄴㄹ)=6×2=12(cm)
따라서 두 대각선의 길이의 합은 20+12=32(cm)입니다.

17 (정삼각형의 모든 변의 길이의 합)=20×3=60(cm)
정오각형의 모든 변의 길이의 합은 60 cm이므로
(정오각형의 한 변의 길이)=60÷5=12(cm)입니다.

18 정팔각형은 사각형 3개로 나눌 수 있으므로 모든 각의 크기의 합은 360°×3=1080°입니다.
정팔각형의 8개의 각의 크기가 모두 같으므로
㉠=1080°÷8=135°입니다.
직선이 이루는 각도는 180°이므로
㉡=180°-135°=45°입니다.

19 ⑩ 삼각형과 육각형에 각각 대각선을 그어 봅니다.

⇒ 0개, ⇒ 9개

따라서 대각선의 수의 차는 9-0=9(개)입니다.

평가 기준	배점
삼각형의 대각선의 수를 구했나요?	2점
육각형의 대각선의 수를 구했나요?	2점
대각선의 수의 차를 구했나요?	1점

20 ⑩ (각 ㄹㅁㄷ)=180°-70°=110°
직사각형의 두 대각선의 길이는 같고, 한 대각선은 다른 대각선을 반으로 나누므로 (선분 ㄹㅁ)=(선분 ㄷㅁ)입니다.
이등변삼각형 ㄹㅁㄷ에서
(각 ㅁㄹㄷ)+(각 ㅁㄷㄹ)=180°-110°=70°이므로 (각 ㅁㄹㄷ)=70°÷2=35°입니다.

평가 기준	배점
각 ㄹㅁㄷ의 크기를 구했나요?	1점
삼각형 ㄹㅁㄷ이 어떤 삼각형인지 알았나요?	2점
각 ㅁㄹㄷ의 크기를 구했나요?	2점

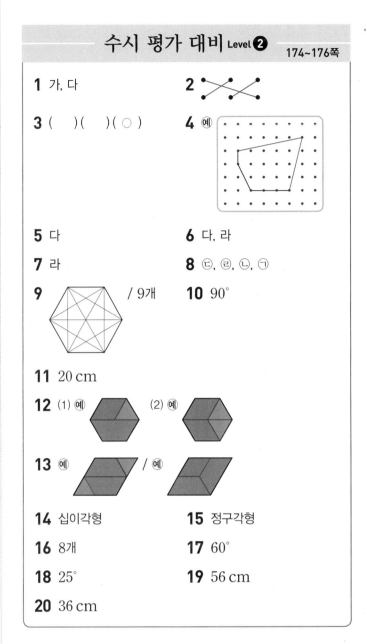

1 가, 다

2 ✕✕

3 ( )( )(○)

4 ⑩

5 다

6 다, 라

7 라

8 ㉢, ㉣, ㉡, ㉠

9 / 9개

10 90°

11 20 cm

12 (1) ⑩   (2) ⑩

13 ⑩ / ⑩

14 십이각형

15 정구각형

16 8개

17 60°

18 25°

19 56 cm

20 36 cm

1 다각형은 선분으로만 둘러싸인 도형인데 가는 곡선으로만, 다는 선분과 곡선으로 둘러싸여 있으므로 다각형이 아닙니다.

2 다각형의 이름은 변의 수에 따라 정해집니다.
변이 4개: 사각형, 변이 5개: 오각형, 변이 6개: 육각형

3 대각선은 이웃하지 않는 두 꼭짓점을 이은 선분입니다.

4 변이 5개인 다각형을 그립니다.

5 6개의 변의 길이가 모두 같고 6개의 각의 크기가 모두 같은 육각형을 찾습니다.

6 두 대각선의 길이가 같은 사각형은 직사각형과 정사각형입니다.

7 두 대각선의 길이가 같고 서로 수직으로 만나는 사각형은 정사각형입니다.

8 각의 수가 많을수록 대각선의 수가 많아지므로 대각선을 그어 보지 않아도 알 수 있습니다.

9 이웃하지 않는 두 꼭짓점을 모두 잇습니다.
한 꼭짓점에서 그을 수 있는 대각선은 3개이고, 꼭짓점이 6개이므로 $3 \times 6 = 18$이고, 겹치는 대각선의 수를 제외하면 육각형에 그을 수 있는 대각선의 수는 모두 $18 \div 2 = 9$(개)입니다.

10 네 변의 길이가 같으므로 마름모입니다.
마름모의 두 대각선은 수직으로 만납니다.

11 직사각형은 한 대각선이 다른 대각선을 반으로 나눕니다.
(선분 ㅁㄴ)$=40 \div 2 = 20$(cm)

14 선분으로만 둘러싸인 도형입니다. ➡ 다각형
다각형 중에서 변과 꼭짓점이 각각 12개인 도형은 십이각형입니다.

15 정다각형은 변의 길이가 모두 같으므로 변은
$54 \div 6 = 9$(개)입니다.
따라서 변이 9개인 정다각형은 정구각형입니다.

16

 ➡ 8개

17

(정육각형의 모든 각의 크기의 합)$=360° \times 2 = 720°$
(정육각형의 한 각의 크기)$=720° \div 6 = 120°$이므로
㉠$=120°$, ㉡$=180° - 120° = 60°$입니다.
➡ ㉠$-$㉡$=120° - 60° = 60°$

18 직사각형에서 두 대각선의 길이는 같고 한 대각선이 다른 대각선을 반으로 나누므로 (선분 ㅁㄷ)$=$(선분 ㅁㄴ)입니다.
따라서 삼각형 ㅁㄴㄷ은 이등변삼각형입니다.
(각 ㄴㅁㄷ)$=180° - 50° = 130°$이므로
(각 ㅁㄴㄷ)$+$(각 ㅁㄷㄴ)$=180° - 130° = 50°$입니다.
따라서 (각 ㅁㄴㄷ)$=50° \div 2 = 25°$입니다.

19 예 정팔각형은 8개의 변의 길이가 모두 같으므로 모든 변의 길이의 합은 $7 \times 8 = 56$(cm)입니다.

평가 기준	배점
정팔각형의 8개의 변의 길이가 같음을 썼나요?	2점
정팔각형의 모든 변의 길이의 합을 구했나요?	3점

20 예 직사각형은 두 대각선의 길이가 같으므로
(선분 ㄹㄴ)$=$(선분 ㄱㄷ)$=20$ cm이고
한 대각선이 다른 대각선을 반으로 나누므로
(선분 ㅁㄹ)$=$(선분 ㅁㄷ)$=20 \div 2 = 10$(cm)입니다.
따라서 삼각형 ㄹㅁㄷ의 세 변의 길이의 합은
$10 + 10 + 16 = 36$(cm)입니다.

평가 기준	배점
선분 ㅁㄹ과 선분 ㅁㄷ의 길이를 구했나요?	3점
삼각형 ㄹㅁㄷ의 세 변의 길이의 합을 구했나요?	2점

1 분수의 덧셈과 뺄셈

다시 점검하는 수시 평가 대비 Level ❶   2~4쪽

1 (1) $\dfrac{7}{12}$ (2) $\dfrac{2}{7}$ **2** $1\dfrac{3}{4}$

3 $4\dfrac{2}{5}$ **4** $3\dfrac{2}{13}$ **5** ✕

6 <   **7** $5\dfrac{3}{13}$ **8** ㉠, ㉡, ㉢, ㉣

9 $\dfrac{5}{8}$ **10** $\dfrac{7}{10}$ L   **11** $8\dfrac{2}{5}$

12 $2\dfrac{1}{9}$ km   **13** $2\dfrac{3}{6}$ 시간   **14** $8\dfrac{4}{5}$ kg

15 $10\dfrac{7}{8}$ cm   **16** $8\dfrac{7}{13}$ **17** 3개

18 $11\dfrac{2}{6}$ **19** $2\dfrac{1}{9}$ 시간   **20** $1\dfrac{7}{11}$ m

1 (1) $\dfrac{5}{12}+\dfrac{2}{12}=\dfrac{5+2}{12}=\dfrac{7}{12}$

   (2) $\dfrac{6}{7}-\dfrac{4}{7}=\dfrac{6-4}{7}=\dfrac{2}{7}$

2 완전히 색칠된 원 1개와 $\dfrac{3}{4}$이 남았으므로 $1\dfrac{3}{4}$입니다.

3 $1\dfrac{3}{5}+2\dfrac{4}{5}=3+\dfrac{7}{5}=3+1\dfrac{2}{5}=4\dfrac{2}{5}$

4 큰 수에서 작은 수를 뺍니다.

  ➡ $4\dfrac{7}{13}-1\dfrac{5}{13}=3+\dfrac{2}{13}=3\dfrac{2}{13}$

5 $1\dfrac{1}{11}+\dfrac{7}{11}=1+\dfrac{8}{11}=1\dfrac{8}{11}$

  $3\dfrac{2}{11}-1\dfrac{4}{11}=2\dfrac{13}{11}-1\dfrac{4}{11}=1\dfrac{9}{11}$

6 $3\dfrac{2}{7}+4\dfrac{6}{7}=7\dfrac{8}{7}=8\dfrac{1}{7}$ ➡ $8\dfrac{1}{7}<8\dfrac{3}{7}$

7 $8\dfrac{5}{13}-\dfrac{11}{13}-2\dfrac{4}{13}=7\dfrac{18}{13}-\dfrac{11}{13}-2\dfrac{4}{13}$

              $=7\dfrac{7}{13}-2\dfrac{4}{13}=5\dfrac{3}{13}$

8 ㉠ $2\dfrac{4}{7}+1\dfrac{1}{7}=3\dfrac{5}{7}$

  ㉡ $1\dfrac{6}{7}+1\dfrac{5}{7}=2\dfrac{11}{7}=3\dfrac{4}{7}$

  ㉢ $5-1\dfrac{4}{7}=4\dfrac{7}{7}-1\dfrac{4}{7}=3\dfrac{3}{7}$

  ㉣ $5\dfrac{5}{7}-2\dfrac{6}{7}=4\dfrac{12}{7}-2\dfrac{6}{7}=2\dfrac{6}{7}$

  ➡ ㉠>㉡>㉢>㉣

9 (두 사람이 먹은 피자의 양)

  =(혜수가 먹은 피자의 양)+(동생이 먹은 피자의 양)

  $=\dfrac{3}{8}+\dfrac{2}{8}=\dfrac{5}{8}$

10 (마시고 남은 우유의 양)

   =(처음에 있던 우유의 양)−(마신 우유의 양)

   $=1-\dfrac{3}{10}=\dfrac{10}{10}-\dfrac{3}{10}=\dfrac{7}{10}$ (L)

11 □$-1\dfrac{4}{5}=6\dfrac{3}{5}$, □$=6\dfrac{3}{5}+1\dfrac{4}{5}=7\dfrac{7}{5}=8\dfrac{2}{5}$

12 (집에서 학교까지의 거리)

   =(집에서 학교를 지나 우체국까지의 거리)

     −(학교에서 우체국까지의 거리)

   $=4\dfrac{7}{9}-2\dfrac{6}{9}=2\dfrac{1}{9}$ (km)

13 (은영이가 공부를 한 시간)

   =(국어 공부를 한 시간)+(수학 공부를 한 시간)

   $=1\dfrac{4}{6}+\dfrac{5}{6}=1\dfrac{9}{6}=2\dfrac{3}{6}$ (시간)

14 (고구마의 무게)

   =(고구마가 든 상자의 무게)−(빈 상자의 무게)

   $=10\dfrac{1}{5}-1\dfrac{2}{5}=9\dfrac{6}{5}-1\dfrac{2}{5}=8\dfrac{4}{5}$ (kg)

15 (삼각형의 세 변의 길이의 합)

   $=3\dfrac{5}{8}+3\dfrac{5}{8}+3\dfrac{5}{8}=6\dfrac{10}{8}+3\dfrac{5}{8}$

   $=9\dfrac{15}{8}=10\dfrac{7}{8}$ (cm)

16 (어떤 수)$-3\dfrac{9}{13}=1\dfrac{2}{13}$,

   (어떤 수)$=1\dfrac{2}{13}+3\dfrac{9}{13}=4\dfrac{11}{13}$

따라서 바르게 계산하면

$4\frac{11}{13}+3\frac{9}{13}=7\frac{20}{13}=8\frac{7}{13}$ 입니다.

17 $5\frac{1}{7}-2\frac{5}{7}=4\frac{8}{7}-2\frac{5}{7}=2\frac{3}{7}$

$2\frac{3}{7}<2\frac{\square}{7}<3(=2\frac{7}{7})$ 이므로 $3<\square<7$ 입니다.

따라서 □ 안에 들어갈 수 있는 자연수는 4, 5, 6으로 모두 3개입니다.

18 분모가 6인 대분수 중 가장 큰 수는 $7\frac{4}{6}$ 이고,

가장 작은 수는 $3\frac{4}{6}$ 입니다.

➡ $7\frac{4}{6}+3\frac{4}{6}=10\frac{8}{6}=11\frac{2}{6}$

서술형
19 ⑳ (산을 올라갔다 내려오는 데 걸린 시간)
　 =(산을 올라가는 데 걸린 시간)
　　 +(산을 내려오는 데 걸린 시간)
　 =$1\frac{2}{9}+\frac{8}{9}=1\frac{10}{9}=2\frac{1}{9}$(시간)

평가 기준	배점(5점)
알맞은 식을 세웠나요?	2점
산을 올라갔다 내려오는 데 걸린 시간을 구했나요?	3점

서술형
20 ⑳ (색 테이프 2장의 길이의 합)
　 =$1\frac{3}{11}+\frac{8}{11}=1\frac{11}{11}=2$(m)

(이어 붙인 색 테이프의 전체 길이)
　 =$2-\frac{4}{11}=1\frac{11}{11}-\frac{4}{11}=1\frac{7}{11}$ (m)

평가 기준	배점(5점)
색 테이프 2장의 길이의 합을 구했나요?	3점
이어 붙인 색 테이프의 전체 길이를 구했나요?	2점

다시 점검하는 **수시 평가 대비** Level ❷
5~7쪽

1 $1\frac{3}{6}$ 　　 **2** $5-2\frac{1}{5}=4\frac{5}{5}-2\frac{1}{5}=2\frac{4}{5}$

3 (1) $4\frac{1}{4}$ (2) $5\frac{2}{9}$ 　　 **4** $5\frac{2}{11}, 1\frac{8}{11}$

5 ④

6 (위에서부터) $4\frac{1}{10}, 2\frac{2}{10}, 1\frac{1}{10}, \frac{8}{10}$

7 $1\frac{4}{7}$ 　 **8** $<$ 　 **9** $1\frac{7}{8}$

10 $\frac{3}{9}$ m 　 **11** ㉡, ㉢ 　 **12** $\frac{2}{9}, \frac{4}{9}$

13 $70\frac{6}{10}$ kg 　 **14** $2\frac{1}{14}$ 　 **15** $2\frac{9}{12}$ L

16 $3\frac{1}{6}$ 　 **17** $2\frac{3}{11}$ 　 **18** $2\frac{6}{9}$ m

19 지하철역, $\frac{6}{10}$ km 　 **20** 42

---

1 $\frac{5}{6}$ 만큼 색칠하고 이어서 $\frac{4}{6}$ 만큼 색칠하면 전체 색칠한

부분은 $\frac{9}{6}=1\frac{3}{6}$ 입니다.

3 (1) $1\frac{3}{4}+2\frac{2}{4}=3+\frac{5}{4}=3+1\frac{1}{4}=4\frac{1}{4}$

(2) $6\frac{1}{9}-\frac{8}{9}=5\frac{10}{9}-\frac{8}{9}=5\frac{2}{9}$

4 합: $3\frac{5}{11}+1\frac{8}{11}=4+\frac{13}{11}=4+1\frac{2}{11}=5\frac{2}{11}$

차: $3\frac{5}{11}-1\frac{8}{11}=2\frac{16}{11}-1\frac{8}{11}=1\frac{8}{11}$

5 ④ $2\frac{4}{5}+2\frac{4}{5}=4\frac{8}{5}=5\frac{3}{5}$

6 $1\frac{8}{10}+2\frac{3}{10}=3\frac{11}{10}=4\frac{1}{10}$

$\frac{7}{10}+1\frac{5}{10}=1\frac{12}{10}=2\frac{2}{10}$

$1\frac{8}{10}-\frac{7}{10}=1\frac{1}{10}$

$2\frac{3}{10}-1\frac{5}{10}=1\frac{13}{10}-1\frac{5}{10}=\frac{8}{10}$

7 $\frac{1}{7}$ 이 6개인 수는 $\frac{6}{7}$ 이고, $\frac{1}{7}$ 이 5개인 수는 $\frac{5}{7}$ 이므로

$\frac{6}{7}+\frac{5}{7}=\frac{11}{7}=1\frac{4}{7}$ 입니다.

8 $2\dfrac{5}{13}+1\dfrac{11}{13}=3\dfrac{16}{13}=4\dfrac{3}{13}$

$7-2\dfrac{6}{13}=6\dfrac{13}{13}-2\dfrac{6}{13}=4\dfrac{7}{13}$ ➡ $4\dfrac{3}{13}<4\dfrac{7}{13}$

9 $\dfrac{27}{8}=3\dfrac{3}{8}$이므로 가장 큰 수는 5, 가장 작은 수는

$3\dfrac{1}{8}$입니다.

➡ $5-3\dfrac{1}{8}=4\dfrac{8}{8}-3\dfrac{1}{8}=1\dfrac{7}{8}$

10 (두 줄넘기의 길이의 차)

$=1\dfrac{2}{9}-\dfrac{8}{9}=\dfrac{11}{9}-\dfrac{8}{9}=\dfrac{3}{9}$ (m)

11 ㉠ $2\dfrac{3}{4}-1\dfrac{1}{4}=1\dfrac{2}{4}$

㉡ $5-4\dfrac{1}{8}=4\dfrac{8}{8}-4\dfrac{1}{8}=\dfrac{7}{8}$

㉢ $1\dfrac{5}{7}-\dfrac{6}{7}=\dfrac{12}{7}-\dfrac{6}{7}=\dfrac{6}{7}$

㉣ $4\dfrac{1}{5}-2\dfrac{4}{5}=3\dfrac{6}{5}-2\dfrac{4}{5}=1\dfrac{2}{5}$

따라서 계산 결과가 1보다 작은 것은 ㉡, ㉢입니다.

12 합이 6이고 차가 2인 두 수는 2와 4이므로 두 진분수의 분자는 2와 4입니다.

➡ $\dfrac{2}{9}$, $\dfrac{4}{9}$

13 (아버지의 몸무게)

$=$(석진이의 몸무게)$+34\dfrac{9}{10}$

$=35\dfrac{7}{10}+34\dfrac{9}{10}=69\dfrac{16}{10}=70\dfrac{6}{10}$ (kg)

14 $4\dfrac{2}{14}-\dfrac{10}{14}=3\dfrac{16}{14}-\dfrac{10}{14}=3\dfrac{6}{14}$이므로

$1\dfrac{5}{14}+\square=3\dfrac{6}{14}$,

$\square=3\dfrac{6}{14}-1\dfrac{5}{14}=2\dfrac{1}{14}$입니다.

15 (처음 주전자에 담겨 있던 보리차의 양)

$=1\dfrac{6}{12}+\dfrac{8}{12}+\dfrac{7}{12}$

$=1\dfrac{14}{12}+\dfrac{7}{12}$

$=2\dfrac{2}{12}+\dfrac{7}{12}=2\dfrac{9}{12}$ (L)

16 분모가 6인 분수 중에서 $1\dfrac{2}{6}$보다 크고 $1\dfrac{5}{6}$보다 작

은 수는 $1\dfrac{3}{6}$, $1\dfrac{4}{6}$입니다.

➡ $1\dfrac{3}{6}+1\dfrac{4}{6}=2\dfrac{7}{6}=3\dfrac{1}{6}$

17 $4\dfrac{4}{11}+\dfrac{9}{11}=4\dfrac{13}{11}=5\dfrac{2}{11}$ ← ㉠

$5\dfrac{7}{11}-2\dfrac{8}{11}=4\dfrac{18}{11}-2\dfrac{8}{11}=2\dfrac{10}{11}$ ← ㉡

➡ ㉠$-$㉡$=5\dfrac{2}{11}-2\dfrac{10}{11}=4\dfrac{13}{11}-2\dfrac{10}{11}=2\dfrac{3}{11}$

18 (겹쳐진 부분의 길이)

$=$(색 테이프 2장의 길이의 합)$-$(이어 붙인 전체 길이)

$=4\dfrac{3}{9}+3\dfrac{7}{9}-5\dfrac{4}{9}$

$=7\dfrac{10}{9}-5\dfrac{4}{9}=2\dfrac{6}{9}$ (m)

서술형

19 예 $1\dfrac{5}{10}<2\dfrac{1}{10}$이고

$2\dfrac{1}{10}-1\dfrac{5}{10}=1\dfrac{11}{10}-1\dfrac{5}{10}=\dfrac{6}{10}$ (km)입니다.

따라서 지하철역이 $\dfrac{6}{10}$ km 더 멉니다.

평가 기준	배점(5점)
버스 정류장과 지하철역 중 더 먼 곳을 찾았나요?	2점
몇 km 더 먼지 구했나요?	3점

서술형

20 예 $3\dfrac{4}{8}+1\dfrac{5}{8}=4\dfrac{9}{8}=5\dfrac{1}{8}$이고 $5\dfrac{1}{8}=\dfrac{41}{8}$이므로

$\dfrac{41}{8}<\dfrac{\square}{8}$에서 $41<\square$입니다.

따라서 $\square$ 안에 들어갈 수 있는 자연수 중에서 가장 작은 수는 42입니다.

평가 기준	배점(5점)
$3\dfrac{4}{8}+1\dfrac{5}{8}$를 계산했나요?	3점
$\square$ 안에 들어갈 수 있는 자연수 중에서 가장 작은 수를 구했나요?	2점

2 삼각형

다시 점검하는 수시 평가 대비 Level ①
8~10쪽

1 ④, ⑤	**2** ㉢	**3** 3, 3
4 ㉡	**5** (위에서부터) 120, 30	

6 ㉖

7 ㉖

8 ㉖

9 ①, ⑤	**10** 21 cm
11 6 cm, 10 cm	**12** 9 cm
13 29 cm	**14** ㉢
15 나, 다 / 라, 마, 바	**16** 155
17 120°	**18** 12개
19 예각삼각형	**20** 45°

1 두 변의 길이가 같은 삼각형은 ④, ⑤입니다.

2 세 변의 길이가 같은 삼각형을 정삼각형이라고 합니다.

3 정삼각형이므로 세 변의 길이가 모두 3 cm로 같습니다.

4 예각삼각형은 세 각이 모두 예각인 삼각형입니다.

5

$180° - 30° - 30° = 120°$

7 선분의 양 끝점에서 50°인 각을 각각 그린 다음 두 각이 만난 점을 이어 이등변삼각형을 완성합니다.

8 각도기를 이용하거나 컴퍼스를 이용하여 세 변의 길이가 같게 그립니다.

9 ③, ④와 연결하면 예각삼각형
①, ⑤와 연결하면 둔각삼각형
②와 연결하면 직각삼각형

10 세 각의 크기가 모두 같으므로 정삼각형입니다.
세 변의 길이의 합은 $7 \times 3 = 21$(cm)입니다.

11 이등변삼각형은 두 변의 길이가 같아야 하므로 나머지 한 변의 길이는 6 cm 또는 10 cm이어야 합니다.

12 $27 \div 3 = 9$(cm)

13 나머지 한 변의 길이가 11 cm이므로
세 변의 길이의 합은 $11 + 11 + 7 = 29$(cm)입니다.

14 나머지 한 각의 크기를 구해 보면
㉠ 65°   ㉡ 75°   ㉢ 100°   ㉣ 65°
따라서 한 각이 둔각인 삼각형은 ㉢입니다.

15 예각삼각형: 나, 다
직각삼각형: 가, 사
둔각삼각형: 라, 마, 바

16 이등변삼각형은 두 각의 크기가 같으므로 나머지 한 각은 25°입니다.
□ $= 180° - 25° = 155°$

17 정삼각형은 세 각의 크기가 모두 60°이므로
(각 ㄴㄱㄷ)=(각 ㄷㄱㄹ)=60°
(각 ㄴㄱㄹ)=60°+60°=120°

18 모양: 8개
모양: 4개
따라서 크고 작은 둔각삼각형은 모두 12개입니다.

서술형

19 ㉖ 삼각형의 나머지 한 각의 크기는
$180° - 55° - 45° = 80°$입니다.
따라서 세 각이 모두 예각이므로 예각삼각형입니다.

평가 기준	배점(5점)
나머지 한 각의 크기를 구했나요?	3점
어떤 삼각형인지 썼나요?	2점

서술형

20 ㉖ 두 변의 길이가 같으므로 이등변삼각형입니다.
이등변삼각형은 두 각의 크기가 같으므로
(각 ㄱㄴㄷ)+(각 ㄴㄱㄷ)=180°-90°=90°입니다. 45°+45°=90°이므로 각 ㄱㄴㄷ의 크기는 45°입니다.

평가 기준	배점(5점)
이등변삼각형은 두 각의 크기가 같다는 것을 썼나요?	2점
각 ㄱㄴㄷ의 크기를 구했나요?	3점

1 가, 나, 라, 바   **2** 나, 라   **3** ㉡

4 10   **5** 예

6

7 25

8 60°

9 21 cm

10

11 ①, ③

12 70

13 9 cm

14 12 cm

15 예각삼각형, 이등변삼각형

16 13개   **17** 11 cm

18 10 cm, 8 cm / 9 cm, 9 cm

19 ㉣   **20** 130°

1 두 변의 길이가 같은 삼각형을 모두 찾아보면 가, 나, 라, 바입니다.

2 세 변의 길이가 같은 삼각형을 모두 찾아보면 나, 라입니다.

3 두 변의 길이가 같은 삼각형을 찾습니다.

4 두 각의 크기가 같으므로 이등변삼각형입니다.
□=10(cm)

5 컴퍼스나 각도기를 이용하여 두 변의 길이가 같게 그립니다.

6 한 각이 둔각인 삼각형을 2개 만들려면 어떤 꼭짓점끼리 이어야 하는지 알아봅니다.

➡ 둔각삼각형 2개

➡ 예각삼각형 2개

7 이등변삼각형이므로 두 각의 크기는 같습니다.
□+□=180°-130°=50°, 25°+25°=50°이므로
□=25°입니다.

8 세 변의 길이가 모두 9 cm로 같으므로 정삼각형입니다. 정삼각형은 세 각의 크기가 모두 60°입니다.

9 정삼각형은 세 변의 길이가 모두 같으므로 세 변의 길이의 합은 7×3=21(cm)입니다.

10 길이가 2 cm인 선분을 그은 후 선분의 양 끝점에서 반지름이 2 cm인 원을 그려 만난 점과 선분의 양 끝점을 이어 삼각형을 그립니다.

11 ① 두 각의 크기가 같으므로 이등변삼각형입니다.
③ 나머지 한 각의 크기가 180°-50°-50°=80°이므로 예각삼각형입니다.

12 이등변삼각형은 두 각의 크기가 같으므로 ㉠=180°-35°-35°=110°,
□=180°-110°=70°

13 이등변삼각형이므로 변 ㄱㄴ과 변 ㄱㄷ의 길이가 같습니다.
(변 ㄱㄴ)+(변 ㄱㄷ)=23-5=18(cm)
(변 ㄱㄴ)=18÷2=9(cm)

14 36÷3=12(cm)

15 삼각형의 나머지 한 각의 크기가
180°-70°-55°=55°이므로 세 각이 예각인 예각삼각형이고, 두 각의 크기가 같으므로 이등변삼각형입니다.

16 △ 모양: 9개, ▲ 모양: 3개, ◬ 모양: 1개
따라서 예각삼각형은 모두 9+3+1=13(개)입니다.

17 이등변삼각형의 세 변의 길이의 합이
12+12+9=33(cm)이므로 만든 정삼각형의 세 변의 길이의 합도 33 cm입니다.
따라서 만든 정삼각형의 한 변의 길이는
33÷3=11(cm)입니다.

18 10 cm와 다른 한 변의 길이가 같을 때:
10 cm, 10 cm, 28-10-10=8(cm)
10 cm와 다른 두 변의 길이가 다를 때:
28-10=18, 18÷2=9(cm)이므로
10 cm, 9 cm, 9 cm

서술형
19 ㉔ 나머지 한 각의 크기를 구합니다.

㉠ $180° - 60° - 95° = 25°$

㉡ $180° - 90° - 50° = 40°$

㉢ $180° - 40° - 45° = 95°$

㉣ $180° - 65° - 60° = 55°$

따라서 예각삼각형의 두 각의 크기가 될 수 있는 것은 ㉣입니다.

평가 기준	배점(5점)
나머지 한 각의 크기를 구했나요?	2점
예각삼각형의 두 각의 크기가 될 수 있는 것을 구했나요?	3점

서술형
20 ㉔ (각 ㄱㄴㄷ) = (각 ㄱㄷㄴ) = 70°이므로

(각 ㄹㄴㅁ) = $90° - 70° = 20°$

삼각형 ㄹㄴㅁ에서

(각 ㄴㄹㅁ) = $180° - 20° - 30° = 130°$

평가 기준	배점(5점)
각 ㄹㄴㅁ의 크기를 구했나요?	3점
각 ㄴㄹㅁ의 크기를 구했나요?	2점

3 소수의 덧셈과 뺄셈

다시 점검하는 수시 평가 대비 Level ❶
14~16쪽

1 (1) 0.52 / 영 점 오이 (2) 2.037 / 이 점 영삼칠

2 (1) 5.97 (2) 3.208   **3** 0.526, 0.535

4 (위에서부터) 78 / 65 / 0.13, 13

5 (1) 0.6 (2) 24.54 (3) 0.35 (4) 4.3

6 4, 0.4, 0.04   **7** (1) 10 (2) 100

8 ㉡   **9** 2.21 kg

10 <

11
$$\begin{array}{r} \overset{3\ 10}{\cancel{4}1.3\,5} \\ -\ \ 2.1\,2 \\ \hline 3\,9.2\,3 \end{array}$$
12 1000배

13 85.926 / 팔십오 점 구이육

14 3.72   **15** (위에서부터) 5, 2

16 4.28   **17** 3.85 L

18 13.12   **19** 0.05

20 5.3

---

1 $\dfrac{\blacksquare}{100}$ 는 소수 두 자리 수로, $\dfrac{\blacksquare}{1000}$ 는 소수 세 자리 수로 나타냅니다.

(1) $\dfrac{52}{100}$ ➡ $\dfrac{1}{100}$ 이 52개 ➡ 0.52

(2) $\dfrac{2037}{1000}$ ➡ $\dfrac{1}{1000}$ 이 2037개 ➡ 2.037

2 (1) $1\,cm = 0.01\,m$이므로 $597\,cm = 5.97\,m$입니다.

(2) $1\,m = 0.001\,km$이므로 $3208\,m = 3.208\,km$입니다.

3 0.01을 똑같이 10칸으로 나누었으므로 작은 눈금 한 칸의 크기는 0.001입니다. 0.52에서 작은 눈금 6칸만큼 더 간 곳은 0.526이고, 0.53에서 작은 눈금 5칸만큼 더 간 곳은 0.535입니다.

4 0.78은 0.01이 78개이고, 0.65는 0.01이 65개입니다. 0.78 - 0.65는 0.01이 78 - 65 = 13(개)이므로 0.13입니다.

5 (1)
$$\begin{array}{r} 0.5 \\ +\,0.1 \\ \hline 0.6 \end{array}$$

(2)
$$\begin{array}{r} \overset{1}{}\overset{1}{6}.47 \\ +\,8.07 \\ \hline 24.54 \end{array}$$

(3)
$$\begin{array}{r} \overset{5\ 10}{0.\cancel{6}} \\ -\,0.25 \\ \hline 0.35 \end{array}$$

(4)
$$\begin{array}{r} \overset{6\ 10}{7.2} \\ -\,2.9 \\ \hline 4.3 \end{array}$$

6 어떤 수의 $\dfrac{1}{10}$ 은 소수점을 기준으로 수가 오른쪽으로 한 자리 이동합니다.

7 (1) 0.5에서 소수점을 기준으로 수를 왼쪽으로 한 자리 이동하면 5이므로 5는 0.5의 10배입니다.
(2) 0.068에서 소수점을 기준으로 수를 왼쪽으로 2자리 이동하면 6.8이므로 6.8은 0.068의 100배입니다.

8 숫자 3이 나타내는 수가 0.03인 것은 소수 둘째 자리 숫자가 3인 수입니다.
㉠ 소수 첫째 자리　㉡ 소수 둘째 자리
㉢ 일의 자리　　　㉣ 소수 셋째 자리

9 (옥수수가 담긴 바구니의 무게)
＝(바구니의 무게)＋(옥수수의 무게)
＝0.45＋1.76＝2.21(kg)

10 0.9＋5.41＝6.31, 7－0.65＝6.35
➡ 6.31＜6.35
　　 1＜5

11 소수점의 자리를 잘못 맞추어 계산하였습니다.

12 ㉠은 일의 자리 숫자이므로 7을 나타내고, ㉡은 소수 셋째 자리 숫자이므로 0.007을 나타냅니다.
따라서 ㉠은 ㉡의 1000배입니다.

13 10이 8개이면 80, 1이 5개이면 5, 0.1이 9개이면 0.9, 0.001이 26개이면 0.026이므로
80＋5＋0.9＋0.026＝85.926입니다.

14 6.5＞3.09＞2.9＞2.78이므로 가장 큰 수는 6.5이고, 가장 작은 수는 2.78입니다.
➡ 6.5－2.78＝3.72

15 소수 둘째 자리: □＋7＝12 ➡ □＝5
일의 자리: 1＋4＋□＝7 ➡ □＝2

16 ㉠ 1.5, ㉡ 2.78
➡ ㉠＋㉡＝1.5＋2.78＝4.28

17 1350 mL＝1.35 L
➡ 5.2－1.35＝3.85 (L)

18 만들 수 있는 소수 두 자리 수 중에서 가장 큰 수는 9.53이고, 가장 작은 수는 3.59입니다.
➡ 9.53＋3.59＝13.12

19 예 0.01이 865개인 수는 8.65입니다. 8.65에서 숫자 5는 소수 둘째 자리 숫자이므로 0.05를 나타냅니다.

평가 기준	배점(5점)
0.01이 865개인 수를 구했나요?	2점
숫자 5가 나타내는 값을 구했나요?	3점

서술형
20 예 (어떤 수)－0.36＝4.58
(어떤 수)＝4.58＋0.36＝4.94
따라서 바르게 계산한 값은 4.94＋0.36＝5.3입니다.

평가 기준	배점(5점)
어떤 수를 구했나요?	3점
바르게 계산한 값을 구했나요?	2점

다시 점검하는 **수시 평가 대비** Level ❷　17~19쪽

1 2개		**2** (1) ＞　(2) ＜	
3 3.708 / 삼 점 칠영팔		**4** (1) 5.17　(2) 8.71	
5 ㉡, ㉢, ㉣, ㉠		**6** 4.71	
7 ③		**8** 지현, 0.16 cm	
9 2.08, 4.4	**10** 0.93 kg	**11** 0.268 L	
12 ㉣	**13** 2.03 km	**14** 4개	
15 (위에서부터) 3, 7		**16** 1.54 cm	
17 ㉠	**18** 10.8	**19** 7.524	
20 0.01 cm			

1 소수점 아래 끝자리 숫자 0은 생략할 수 있습니다.
$0.9\emptyset \Rightarrow 0.9$, $0.68\emptyset \Rightarrow 0.68$

2 (1) 소수 첫째 자리 숫자를 비교하면 $7>6$이므로
$0.769>0.698$입니다.
(2) 소수 둘째 자리 숫자를 비교하면 $4<7$이므로
$12.94<12.97$입니다.

3

일의 자리	.	소수 첫째 자리	소수 둘째 자리	소수 셋째 자리
3	.	7	0	8

4 (1)
$$\begin{array}{r} 1 \\ 1.67 \\ +\ 3.5 \\ \hline 5.17 \end{array}$$
(2)
$$\begin{array}{r} 8\ \ 10 \\ \emptyset.15 \\ -\ 0.44 \\ \hline 8.71 \end{array}$$

5 숫자 7이 나타내는 값은
㉠ $3.0\underline{8}7 \Rightarrow 0.007$ ㉡ $2\underline{7}.56 \Rightarrow 7$
㉢ $12.\underline{7}5 \Rightarrow 0.7$ ㉣ $5.3\underline{7}2 \Rightarrow 0.07$
따라서 숫자 7이 나타내는 수의 크기를 비교하면
㉡ $7>$㉢ $0.7>$㉣ $0.07>$㉠ 0.007입니다.

6 □$=8.17-3.46=4.71$

7 ③ $1000 \text{ m}=1 \text{ km}$이므로 $1 \text{ m}=0.001 \text{ km}$입니다.
$\Rightarrow 84 \text{ m}=0.084 \text{ km}$

8 $118.85>118.69$이므로 지현이의 키가 더 큽니다.
$\Rightarrow 118.85-118.69=0.16(\text{cm})$

9 3.51보다 1.43만큼 더 작은 수: $3.51-1.43=2.08$
3.51보다 0.89만큼 더 큰 수: $3.51+0.89=4.4$

10 (물의 무게)
$=$(물이 들어 있는 병의 무게)$-$(빈 병의 무게)
$=1.74-0.81=0.93(\text{kg})$

11 26.8의 $\dfrac{1}{100}$은 소수점을 기준으로 수를 오른쪽으로 두 자리 이동하면 되므로 0.268입니다.

12 ㉠ 5의 $\dfrac{1}{100} \Rightarrow 0.05$
㉡ 0.05의 100배 $\Rightarrow 5$
㉢ 0.5의 $\dfrac{1}{10} \Rightarrow 0.05$
㉣ 0.5의 $\dfrac{1}{100} \Rightarrow 0.005$

13 $750 \text{ m}=0.75\emptyset \text{ km}$
(집에서 병원을 지나 약국까지의 거리)
$=$(집에서 병원까지의 거리)$+$(병원에서 약국까지의 거리)
$=1.28+0.75=2.03 (\text{km})$

14 소수 셋째 자리 숫자를 비교하면 $1<4$이므로
□는 5보다 커야 합니다.
따라서 □ 안에 들어갈 수 있는 수는 6, 7, 8, 9로 모두 4개입니다.

15
$$\begin{array}{r} 8.5 \\ -\ ㉠.83 \\ \hline 4.6㉡ \end{array}$$
• $10-3=㉡$, $㉡=7$
• $8-1-㉠=4$, $㉠=3$

16 (겹쳐진 부분의 길이)
$=$(노란색 테이프의 길이)$+$(초록색 테이프의 길이)
$\quad-$(이어 붙인 전체 길이)
$=13.67+9.42-21.55$
$=23.09-21.55=1.54(\text{cm})$

17 $27.3-㉠=15.64$,
$㉠=27.3-15.64=11.66$
$㉡+1.99=13.5$, $㉡=13.5-1.99=11.51$
$\Rightarrow 11.66>11.51$이므로 더 큰 것은 ㉠입니다.

18 3.8와 3.9 사이를 10등분했으므로 작은 눈금 한 칸의 크기는 0.01입니다. $\Rightarrow$ 가$=3.83$
6.9와 7.0 사이를 10등분했으므로 작은 눈금 한 칸의 크기는 0.01입니다. $\Rightarrow$ 나$=6.97$
$\Rightarrow$ 가$+$나$=3.83+6.97=10.8$

서술형
19 예 $7>5>4>2$이므로 만들 수 있는 가장 큰 소수 세 자리 수는 7.542이고, 두 번째로 큰 소수 세 자리 수는 7.524입니다.

평가 기준	배점(5점)
가장 큰 소수 세 자리 수를 구했나요?	3점
두 번째로 큰 소수 세 자리 수를 구했나요?	2점

서술형
20 예 종이 600장을 쌓은 높이가 6 cm이면 100장일 때 1 cm, 10장일 때 0.1 cm, 1장일 때 0.01 cm입니다.

평가 기준	배점(5점)
종이 100장을 쌓은 높이를 구했나요?	2점
종이 1장의 높이를 구했나요?	3점

1 3, 1, 4, 3 / 2, 1, 2, 1   **2**

3 (1) 0.7 (2) 2.5 (3) 7.68 (4) 4.24

4 (1) > (2) <   **5** $5\frac{1}{15}$

6   **7** 3.12

8 ㉠   **9** 10개   **10** 70°

11 14   **12** 1000배

13 둔각삼각형, 이등변삼각형에 ○표

14 $\frac{8}{13}$ **15** 55°, 70°   **16** $2\frac{3}{11}$

17 10.16 kg   **18** 22 cm   **19** 4개

20 1.3

---

2 이등변삼각형은 두 변의 길이가 같고, 두 각의 크기가 같습니다.

3 가로셈을 계산할 때에는 받아올림과 받아내림이 있을 경우 실수할 수 있으므로 세로셈으로 바꿔 계산하면 편리합니다.

4 (1) 3.593 > 3.567 (2) 4.012 < 4.015
       9 > 6   2 < 5

5 ⑩ $4\frac{9}{15}$보다 $\frac{7}{15}$만큼 더 큰 수는 $4\frac{9}{15}$에 $\frac{7}{15}$을 더하여 구합니다.

따라서 $4\frac{9}{15}+\frac{7}{15}=4\frac{16}{15}=5\frac{1}{15}$입니다.

평가 기준	배점(5점)
$4\frac{9}{15}$보다 $\frac{7}{15}$만큼 더 큰 수를 구하는 식을 썼나요?	3점
$4\frac{9}{15}$보다 $\frac{7}{15}$만큼 더 큰 수를 구했나요?	2점

6 한 각이 둔각인 삼각형과 세 각이 모두 예각인 삼각형이 만들어지도록 선분을 긋습니다.

7 ⑩ 자연수 부분이 다른 소수의 크기 비교는 자연수 부분이 클수록 큰 수이므로 가장 큰 수는 5.09이고 가장 작은 수는 1.97입니다.
따라서 가장 큰 수와 가장 작은 수의 차는
5.09 − 1.97 = 3.12입니다.

평가 기준	배점(5점)
가장 큰 수와 가장 작은 수를 각각 찾았나요?	3점
가장 큰 수와 가장 작은 수의 차를 구했나요?	2점

8 ⑩ 10배는 소수점을 기준으로 수가 왼쪽으로 한 자리 이동하므로 ㉠ 5.634의 10배는 56.34입니다.
$\frac{1}{10}$과 $\frac{1}{100}$은 소수점을 기준으로 수가 오른쪽으로 각각 한 자리, 두 자리 이동하므로 ㉡ 56.34의 $\frac{1}{10}$은 5.634, ㉢ 563.4의 $\frac{1}{100}$은 5.634입니다.
따라서 나타내는 수가 다른 하나는 ㉠입니다.

평가 기준	배점(5점)
㉠, ㉡, ㉢이 나타내는 수를 각각 구했나요?	3점
나타내는 수가 다른 하나를 찾았나요?	2점

9 정삼각형, 예각삼각형은 세 각이 모두 예각입니다.
직각삼각형은 한 각이 직각이고, 두 각이 예각입니다.
둔각삼각형은 한 각이 둔각이고, 두 각이 예각입니다.
따라서 예각은 모두 3+3+2+2=10(개)입니다.

10 ⑩ 이등변삼각형은 두 각의 크기가 같으므로
(각 ㄷㄴㄱ)=(각 ㄷㄱㄴ)=35°입니다.
(각 ㄱㄷㄴ)=180°−35°−35°=110°
따라서 (각 ㄴㄷㄹ)=180°−110°=70°입니다.

평가 기준	배점(5점)
이등변삼각형의 성질을 이용하여 각 ㄱㄷㄴ의 크기를 구했나요?	2점
직선은 180°임을 이용하여 각 ㄴㄷㄹ의 크기를 구했나요?	3점

11 3보다 크고 4보다 작은 분수 중에서 분모가 5인 분수는
$3\frac{1}{5}$, $3\frac{2}{5}$, $3\frac{3}{5}$, $3\frac{4}{5}$입니다.
따라서 조건을 모두 만족하는 분수들의 합은
$3\frac{1}{5}+3\frac{2}{5}+3\frac{3}{5}+3\frac{4}{5}=12+\frac{10}{5}=12+2=14$입니다.

12 ㉠이 나타내는 수는 40이고, ㉡이 나타내는 수는 0.04입니다. 따라서 ㉠이 나타내는 수는 ㉡이 나타내는 수의 1000배입니다.

13 (변 ㄱㄴ)=(변 ㄱㄷ)이므로 이등변삼각형입니다.
(각 ㄱㄷㄴ)=(각 ㄱㄴㄷ)=180°−150°=30°이고,
(각 ㄴㄱㄷ)=180°−30°−30°=120°입니다.
따라서 한 각이 둔각이므로 둔각삼각형입니다

14 수 카드 2장으로 만들 수 있는 가장 큰 진분수는 $\frac{10}{13}$이고 가장 작은 진분수는 $\frac{2}{13}$이므로 차는
$\frac{10}{13}-\frac{2}{13}=\frac{8}{13}$입니다.

15 ⑩ 삼각형의 세 각의 크기의 합은 180°이므로 나머지 한 각의 크기를 구해 봅니다.
180°−35°−45°=100°,
180°−55°−70°=55°,
180°−35°−105°=40°이므로 두 각의 크기가 같은 것은 55°, 70°입니다.

평가 기준	배점(5점)
각각 삼각형에서 나머지 한 각의 크기를 구했나요?	3점
이등변삼각형이 될 수 있는 것을 찾았나요?	2점

16 ⑩ 어떤 수를 □라고 하면 잘못 계산한 식은
$□+\frac{5}{11}=3\frac{2}{11}$입니다.
$□=3\frac{2}{11}-\frac{5}{11}=2\frac{13}{11}-\frac{5}{11}=2\frac{8}{11}$
따라서 어떤 수는 $2\frac{8}{11}$이므로 바르게 계산하면
$2\frac{8}{11}-\frac{5}{11}=2\frac{3}{11}$입니다.

평가 기준	배점(5점)
잘못 계산한 식을 세워 어떤 수를 구했나요?	3점
바르게 계산한 값을 구했나요?	2점

17 ⑩ 형이 딴 귤의 무게는
3.65+2.86=6.51(kg)입니다.
따라서 두 사람이 딴 귤의 무게는
3.65+6.51=10.16(kg)입니다.

평가 기준	배점(5점)
형이 딴 귤의 무게를 구했나요?	3점
두 사람이 딴 귤의 무게를 구했나요?	2점

18 ⑩ 이등변삼각형의 세 변의 길이의 합은
24+24+18=66(cm)입니다.
따라서 만든 정삼각형의 한 변의 길이는
66÷3=22(cm)입니다.

평가 기준	배점(5점)
이등변삼각형의 세 변의 길이의 합을 구했나요?	3점
정삼각형의 한 변의 길이를 구했나요?	2점

19 ⑩ $\frac{9}{14}+\frac{□}{14}=\frac{9+□}{14}$이고, 진분수가 되려면 분자가 분모보다 작아야 하므로 9+□<14입니다.
□=5이면 9+5=14이므로 □는 5보다 작아야 합니다.
따라서 □ 안에 들어갈 수 있는 수는 1, 2, 3, 4로 모두 4개입니다.

평가 기준	배점(5점)
진분수는 분자가 분모보다 작은 것을 이용하여 □를 구하는 식을 세웠나요?	3점
□ 안에 들어갈 수 있는 자연수는 모두 몇 개인지 구했나요?	2점

20 ⑩ 자연수로 생각하면 ■+■+■=39,
■×3=39, 13×3=39이므로 ■=13입니다.
따라서 ■를 소수로 바꾸면 ■=1.3입니다.

평가 기준	배점(5점)
자연수로 생각하여 ■를 구했나요?	3점
■를 소수로 바꾸어 구했나요?	2점

4 사각형

1 ③　　　　**2** 나　　　　**3** 직선 다

4 직선 나와 직선 라　　**5**

6 ③, ⑤　　　　**7** 2개

8

9 변 ㄴㄷ과 변 ㅁㄹ

10 선분 ㄱㄹ

11 2 cm

12 36 cm

13 예 (1)　　　　(2)

14 12 cm　　**15** 3개　　**16** 50°

17 9개　　**18** 65°

19 18 cm　　**20** 13 cm

---

1 두 직선이 만나서 이루는 각이 직각인 것을 찾습니다.

2 평행한 변이 한 쌍이라도 있는 사각형을 찾습니다.

3 직선 가에 대한 수선은 직선 가와 수직으로 만나는 직선 다입니다.

4 아무리 길게 늘여도 서로 만나지 않는 두 직선을 찾으면 직선 나와 직선 라입니다.

5 평행사변형은 마주 보는 두 변의 길이가 같고, 마주 보는 두 각의 크기가 같습니다.

6 ③　⑤

7 변 ㄱㄴ과 수직인 변은 변 ㄱㄹ, 변 ㄴㄷ으로 모두 2개입니다.

8 삼각자의 직각 부분의 한 변을 직선 가에 맞추고, 다른 변은 점 ㄱ을 지나도록 맞춘 다음 수직인 직선을 긋습니다.

9 한 직선에 수직인 두 직선은 만나지 않습니다. 서로 만나지 않는 두 변, 변 ㄴㄷ과 변 ㅁㄹ은 서로 평행합니다.

10 직선 가와 직선 나 사이에 그은 수직인 선분을 찾으면 선분 ㄱㄹ입니다.

11 평행선 사이에 수직인 선분을 긋고 그 선분의 길이를 잽니다.

12 마름모는 네 변의 길이가 모두 같으므로
(네 변의 길이의 합)=9×4=36(cm)입니다.

13 (1) 마주 보는 두 쌍의 변이 서로 평행한 사각형을 그립니다.

(2) 네 변의 길이가 모두 같고 네 각이 모두 직각인 사각형을 그립니다.

14 정사각형은 네 변의 길이가 모두 같으므로
(한 변)=48÷4=12(cm)입니다.

15 수선이 있는 문자: ㄱ, ㅂ, ㅜ, ㄹ, ㅐ
평행선이 있는 문자: ㅂ, ㅋ, ㄹ, ㅐ
수선도 있고 평행선도 있는 문자: ㅂ, ㄹ, ㅐ ➡ 3개

16 직선 가와 직선 나가 만나서 이루는 각의 크기는 90°이므로 ㉠=90°-40°=50°입니다.

17

①	④
②	③

사각형 1개로 이루어진 사다리꼴: ①, ②, ③, ④ ➡ 4개
사각형 2개로 이루어진 사다리꼴: ①+②, ②+③, ③+④, ①+④ ➡ 4개
사각형 4개로 이루어진 사다리꼴: ①+②+③+④
➡ 1개
➡ 4+4+1=9(개)

18

평행선 사이에 점 ㄱ을 지나는 수직인 선분을 긋습니다.
ㄴ $=90°-25°=65°$
직선이 이루는 각도는 $180°$이므로
ㄷ $=180°-40°=140°$이고
사각형의 네 각의 크기의 합은 $360°$이므로
ㄱ $=360°-65°-90°-140°=65°$입니다.

서술형
19 예 직선 가와 직선 나 사이의 거리는 $8 \, cm$이고 직선 나
와 직선 다 사이의 거리는 $10 \, cm$입니다.
따라서 직선 가와 직선 다 사이의 거리는
$8+10=18(cm)$입니다.

평가 기준	배점(5점)
직선 가와 직선 나 사이의 거리를 구했나요?	2점
직선 나와 직선 다 사이의 거리를 구했나요?	2점
직선 가와 직선 다 사이의 거리를 구했나요?	1점

서술형
20 예 마름모는 네 변의 길이가 모두 같으므로
(사각형 ㅁㅂㅅㅇ의 네 변의 길이의 합)
$=10×4=40(cm)$이고 사각형 ㄱㄴㄷㄹ의 네 변
의 길이의 합도 $40 \, cm$입니다. 평행사변형은 마주 보
는 두 변의 길이가 같으므로
(변 ㄱㄹ)+(변 ㄹㄷ)$=40÷2=20(cm)$,
(변 ㄱㄹ)$=20-7=13(cm)$입니다.

평가 기준	배점(5점)
사각형 ㅁㅂㅅㅇ의 네 변의 길이의 합을 구했나요?	2점
사각형 ㄱㄴㄷㄹ의 네 변의 길이의 합을 구했나요?	1점
변 ㄱㄹ의 길이를 구했나요?	2점

다시 점검하는 **수시 평가 대비** Level ❷   27~29쪽

1

2 가, 다, 마   **3** 3개

4 5 cm

5

6 선분 ㅁㅇ   **7** ④

8 예

9 변 ㄱㄴ   **10** ⑤

11   **12**

13 예 네 각이 모두 직각이 아니기 때문입니다.

14 재우   **15** 55°

16 150°   **17** 8 cm

18 25°   **19** 26 cm

20 2쌍

---

1 각도기나 삼각자의 직각 부분을 이용하여 찾습니다.

2

3 가, 라, 바 ➡ 3개

4 평행선 사이의 거리는 평행선 사이에 수직인 선분의 길이
입니다.

5 직사각형은 네 각이 모두 직각이고, 마주 보는 두 변의 길
이가 같습니다.

6 선분 ㄱㅇ에 대한 수선은 선분 ㄱㅇ과 수직으로 만나는
선분 ㅁㅇ입니다.

7 ④ 직사각형은 네 각의 크기는 모두 같지만 네 변의 길이가 모두 같은 것은 아니므로 정사각형이라고 할 수 없습니다.

8 마주 보는 두 쌍의 변이 서로 평행하도록 한 꼭짓점을 옮깁니다.

9 변 ㄱㄹ과 변 ㄴㄷ이 서로 평행하므로 평행선 사이의 거리는 두 변 사이의 수직인 선분인 변 ㄱㄴ의 길이입니다.

10

➡ 셀 수 없이 많이 그을 수 있습니다.

11 한 선분에 평행한 선분을 긋고, 다른 선분에 평행한 선분을 그어 사각형을 완성합니다.

12

13 마름모는 네 변의 길이가 모두 같고 마주 보는 두 각의 크기가 같습니다.
정사각형은 네 변의 길이가 모두 같고, 네 각의 크기가 모두 같습니다.

14 재우: 한 직선에 평행한 두 직선은 서로 평행합니다.

15 평행사변형은 이웃하는 두 각의 크기의 합이 180°이므로
(각 ㄴㄷㄹ)=180°−55°=125°입니다.
직선이 이루는 각도는 180°이므로
(각 ㄹㄷㅁ)=180°−125°=55°입니다.

16

ⓒ=90°÷3=30°,
ⓐ=180°−ⓒ=180°−30°=150°

17 (평행선 사이의 거리)
=(변 ㅂㅁ)+(변 ㄹㄷ)=3+5=8(cm)

18

(변 ㅁㅂ)=(변 ㅂㅅ)이므로
삼각형 ㅁㅂㅅ은 이등변삼각형입니다.
(각 ㅂㅅㅁ)+(각 ㅂㅁㅅ)=180°−50°=130°
(각 ㅂㅅㅁ)=130°÷2=65°
(각 ㅂㅅㄴ)=90°−65°=25°

서술형
19 예 평행사변형은 마주 보는 두 변의 길이가 같으므로
(변 ㄱㄹ)=(변 ㄴㄷ)=9 cm,
(변 ㄱㄴ)=(변 ㄹㄷ)=4 cm입니다.
따라서 네 변의 길이의 합은
9+4+9+4=26(cm)입니다.

평가 기준	배점(5점)
변 ㄱㄹ의 길이를 구했나요?	2점
변 ㄱㄴ의 길이를 구했나요?	2점
네 변의 길이의 합을 구했나요?	1점

서술형
20 예 아무리 늘여도 서로 만나지 않는 두 직선은 서로 평행하므로 서로 평행한 직선은 직선 가와 직선 나, 직선 라와 직선 사입니다.
따라서 서로 평행한 직선은 모두 2쌍입니다.

평가 기준	배점(5점)
서로 평행한 직선을 모두 구했나요?	3점
서로 평행한 직선은 모두 몇 쌍인지 구했나요?	2점

5 꺾은선그래프

다시 점검하는 **수시 평가 대비** Level ❶ 30~32쪽

1 꺾은선그래프   **2** 월 / 책 수   **3** 1권

4 13권   **5** 예 ⓜ, ⓒ, ⓛ, ⓔ, ⓙ

6

50 m 달리기 기록

7 3일   **8** 10, 11, 13, 11, 15

9 5월   **10** 2 kg   **11** 예 13 kg

12 7월   **13** 31.1 kg   **14** 8월과 9월 사이

15 ⓛ   **16** 꺾은선그래프

17

월별 강수량

18 4월, 0.3 cm   **19** 예 37.2 ℃

20 예 2022년에는 2021년보다 더 줄어들 것이라고 예상할 수 있습니다. / 예 2017년부터 마을의 주민 수가 줄어들고 있기 때문입니다.

1 연속적으로 변화하는 양을 점으로 표시하고 그 점들을 선분으로 이어 그린 그래프를 꺾은선그래프라고 합니다.

2 그래프에서 가로는 3월, 4월, 5월, 6월, 7월의 월을 나타내고, 세로는 0권에서 17권까지 읽은 책 수를 나타냅니다.

3 세로 눈금 5칸은 5권을 나타내므로
세로 눈금 한 칸은 5÷5=1(권)을 나타냅니다.

4 7월의 세로 눈금을 세어 보면 13칸이므로 성현이가 7월에 읽은 책은 13권입니다.

5 제목을 먼저 써도 됩니다.

6 가로 눈금과 세로 눈금이 만나는 곳에 점을 찍고 선분으로 잇습니다.

7 달리기 기록이 빠를수록 좋은 것이므로 점이 가장 아래에 있는 3일의 기록이 가장 좋습니다.

9 5월에 고양이의 무게는 13 kg입니다.

10 고양이의 무게가 전월에 비해 줄어든 때는 선분이 오른쪽 아래로 내려간 때이므로 6월이고, 2 kg 줄었습니다.

11 6월에 무게는 11 kg이고 7월에 무게는 15 kg이므로 6월 15일에 고양이의 무게는 11 kg과 15 kg의 중간인 13 kg였을 것 같습니다.

12 점이 가장 아래에 찍힌 때는 7월입니다.

13 점이 가장 위에 찍힌 때는 11월이고, 11월의 몸무게는 31.1 kg입니다.

14 몸무게의 변화가 없는 때는 선분이 기울어지지 않은 8월과 9월 사이입니다.

15 ㉠, ㉢: 왼쪽에 있는 점부터 순서대로 선분으로 이어야 합니다.
㉣: 필요 없는 부분을 물결선으로 나타낼 때 꺾은선이 잘리지 않아야 합니다.

16 시간이 지남에 따라 연속적인 변화를 알아보는 것이므로 꺾은선그래프로 나타내는 것이 좋습니다.

17 꺾은선그래프를 그리는 데 꼭 필요한 부분은 21 mm부터 32 mm까지이므로 필요 없는 부분인 0 mm부터 21 mm 밑 부분까지를 물결선으로 줄여 꺾은선그래프로 나타냅니다.

18 두 점 사이의 간격이 가장 넓은 때는 4월입니다. 세로 눈금 한 칸은 0.1 cm이고 세로 눈금이 3칸 차이가 나므로 두 사람의 키의 차는 0.3 cm입니다.

서술형
19 예 오후 4시에 체온은 36.6 ℃이고, 오후 6시에 체온은 37.8 ℃이므로 오후 5시에 체온은 36.6 ℃와 37.8 ℃의 중간인 37.2 ℃일 것입니다.

평가 기준	배점(5점)
오후 4시에 체온을 구했나요?	1점
오후 6시에 체온을 구했나요?	1점
오후 5시에 체온을 구했나요?	3점

20

평가 기준	배점(5점)
2022년에 마을의 주민 수는 어떻게 변할지 예상했나요?	2점
이유를 설명했나요?	3점

다시 점검하는 **수시 평가 대비** Level ❷

33~35쪽

1 1℃　　**2** 오후 1시　　**3** 오전 11시

4 ⑩ 17℃　　**5** 8.4 m부터 9.5 m까지

6 8.4 m　　**7** ⑩ 0.1 m

8

수면의 높이

9 (1) 꺾 (2) 막　　**10** 꺾은선그래프

11 ⑩

책상 판매량

12 240명　　**13** 260명　　**14** 금요일

15 20명　　**16** 수확량

17 ⑩

고구마 수확량

18 16만 원　　**19** 3800대　　**20** 900대

1 세로 눈금 5칸이 5℃를 나타내므로 세로 눈금 한 칸은 1℃를 나타냅니다.

2 오후 1시가 18℃로 가장 높습니다.

3 세로 눈금이 8℃를 나타낼 때의 가로 눈금을 찾으면 오전 11시입니다.

4 오후 1시에 온도는 18℃이고, 오후 2시에 온도는 16℃이므로 오후 1시 30분에 온도는 18℃와 16℃의 중간인 17℃였을 것 같습니다.

5 가장 낮은 수면의 높이: 8.4 m
가장 높은 수면의 높이: 9.5 m

6 수면의 높이가 8.4 m부터 있으므로 그 밑 부분은 줄여서 나타낼 수 있습니다.

7 저수지의 수면의 높이를 0.1 m까지 조사하였으므로 세로 눈금 한 칸을 0.1 m로 하는 것이 좋습니다.

8 가로 눈금과 세로 눈금이 만나는 곳에 점을 찍고, 점들을 차례로 선분으로 잇습니다.

9 (1) 시간이 지남에 따라 연속적인 변화를 나타내는 것이므로 꺾은선그래프로 나타내는 것이 좋습니다.
(2) 각 항목의 크기를 비교하는 것이므로 막대그래프로 나타내는 것이 좋습니다.

10 시간이 지남에 따라 연속적인 변화를 나타내는 것이므로 꺾은선그래프로 나타내는 것이 좋습니다.

11 가로 눈금과 세로 눈금이 만나는 곳에 점을 찍고, 점들을 차례로 선분으로 잇습니다.

12 세로 눈금 5칸이 100명을 나타내므로 세로 눈금 한 칸은 100÷5=20(명)을 나타냅니다. 따라서 수요일 관객은 240명입니다.

13 관객이 가장 많은 요일은 토요일로 380명이고,
가장 적은 요일은 월요일로 120명입니다.
➡ 380−120=260(명)

14 관객 수의 변화가 가장 큰 때는 선분이 가장 많이 기울어진 때이므로 목요일과 금요일 사이입니다.

15 관객 수의 변화가 가장 적은 때는 선분이 가장 적게 기울어진 토요일과 일요일 사이입니다. 토요일은 380명이고, 일요일은 360명입니다.
➡ (관객 수의 차)=380−360=20(명)

17 생략된 부분에 물결선을 그립니다.

표를 보고 연도는 가로 눈금에서 찾고, 수확량은 세로 눈금에서 찾아 만나는 자리에 점을 찍어 점들을 차례로 선분으로 잇습니다.

18 고구마를 팔아서 번 돈이 가장 많은 때는 2021년이고 가장 적을 때는 2017년입니다. 2021년과 2017년의 고구마 수확량은 세로 눈금의 차가 8칸이므로 고구마를 팔아서 번 돈의 차는 $2 \times 8 = 16$(만 원)입니다.

서술형
19 ㉠ 10월에 자동차 판매량은 가 회사는 1800대, 나 회사는 2000대입니다.

따라서 10월에 두 회사의 자동차 판매량의 합은 $1800 + 2000 = 3800$(대)입니다.

평가 기준	배점(5점)
가 회사의 자동차 판매량을 구했나요?	2점
나 회사의 자동차 판매량을 구했나요?	2점
10월에 두 회사의 자동차 판매량의 합을 구했나요?	1점

서술형
20 ㉠ 두 회사의 판매량의 차가 가장 큰 때는 두 점 사이의 간격이 가장 넓은 9월입니다. 9월의 두 점의 세로 눈금의 차는 9칸이고, 세로 눈금 한 칸은 100대를 나타내므로 판매량의 차는 900대입니다.

평가 기준	배점(5점)
판매량의 차가 가장 큰 때를 구했나요?	2점
판매량의 차가 가장 큰 때의 판매량의 차를 구했나요?	3점

6 다각형

다시 점검하는 **수시 평가 대비** Level ❶
36~38쪽

1 가, 나, 라, 바   **2** 바, 정오각형

3 ⑤   **4** 정육각형

5 ㉠ 선분으로 되어 있지만 둘러싸여 있지 않으므로 다각형이 아닙니다.

6 90°   **7**

8 선분 ㄴㄹ   **9** ㉠ 사각형

10 (1) ㉠   (2) ㉠

11 ㉠

12 6개   **13** 24 cm

14 1080°   **15** 30 cm

16 3 cm   **17** 12 cm

18 108° / 72°   **19** 5개

20 50°

1 선분으로만 둘러싸인 도형을 모두 찾습니다.

2 다각형 중에서 변의 길이가 모두 같고 각의 크기가 모두 같은 도형을 찾습니다.
바는 변이 5개인 정다각형이므로 정오각형입니다.

3 두 대각선이 서로 수직으로 만나는 사각형은 마름모와 정사각형입니다.

4 6개의 변의 길이와 각의 크기가 모두 같으므로 정육각형입니다.

6 정사각형은 두 대각선이 서로 수직으로 만나므로 각 ㄱㅁㄹ의 크기는 90°입니다.

7 이웃하지 않는 두 꼭짓점을 모두 이어 보면 선분이 5개이므로 대각선은 모두 5개입니다.

8 직사각형은 두 대각선의 길이가 같습니다.
➡ (선분 ㄱㄷ)=(선분 ㄴㄹ)

13 정육각형은 6개의 변의 길이가 모두 같으므로 모든 변의 길이의 합은 $4 \times 6 = 24$(cm)입니다.

14 정팔각형에는 각이 8개 있고 그 각의 크기는 모두 같으므로 (모든 각의 크기의 합)$=135° \times 8 = 1080°$입니다.

15 평행사변형은 한 대각선이 다른 대각선을 반으로 나누므로
(선분 ㄱㄷ)$=9 \times 2 = 18$(cm),
(선분 ㄴㄹ)$=6 \times 2 = 12$(cm)입니다.
➡ $18 + 12 = 30$(cm)

16 직사각형과 정사각형은 두 대각선의 길이가 같으므로
(선분 ㄴㄹ)$=8$ cm, (선분 ㅁㅅ)$=5$ cm입니다.
➡ $8 - 5 = 3$(cm)

17 사각형 ㄱㄴㄷㄹ은 직사각형이므로
(변 ㄱㄴ)=(변 ㄹㄷ)$=6$ cm입니다.
삼각형 ㄱㄴㅁ은 정삼각형이므로
(선분 ㄱㅁ)=(선분 ㄴㅁ)=(변 ㄱㄴ)$=6$ cm입니다.
직사각형은 한 대각선이 다른 대각선을 반으로 나누므로
(선분 ㄱㄷ)=(선분 ㄱㅁ)$\times 2 = 6 \times 2 = 12$(cm)입니다.

18 정오각형은 삼각형 3개로 나눌 수 있으므로
모든 각의 크기의 합은 $180° \times 3 = 540°$입니다.
정오각형은 5개의 각의 크기가 모두 같으므로
㉠$=540° \div 5 = 108°$이고
직선이 이루는 각도는 $180°$이므로
㉡$=180° - 108° = 72°$입니다.

19 예

➡ 0개   ➡ 5개

따라서 대각선은 모두 $0 + 5 = 5$(개)입니다.

평가 기준	배점(5점)
삼각형의 대각선의 수를 구했나요?	2점
오각형의 대각선의 수를 구했나요?	2점
삼각형과 오각형의 대각선의 수의 합을 구했나요?	1점

서술형
20 예 (각 ㄱㅁㄴ)$=180° - 100° = 80°$
직사각형의 두 대각선의 길이는 서로 같고 한 대각선은 다른 대각선을 반으로 나누므로 선분 ㄱㅁ과 선분 ㄴㅁ의 길이는 같습니다.
삼각형 ㄱㄴㅁ은 이등변삼각형이므로
(각 ㄱㄴㅁ)+(각 ㄴㄱㅁ)$=180° - 80° = 100°$,
(각 ㄱㄴㅁ)$=100° \div 2 = 50°$입니다.

평가 기준	배점(5점)
각 ㄱㅁㄴ의 크기를 구했나요?	1점
삼각형 ㄱㄴㅁ은 어떤 삼각형인지 구했나요?	2점
각 ㄱㄴㅁ의 크기를 구했나요?	2점

다시 점검하는 수시 평가 대비 Level ❷   39~41쪽

1 정다각형

2 ①, ⑤

3 (1) / 2개 (2) / 5개

4 예

5

6 라, 바

7 마, 바

8 예 사다리꼴 / 예 평행한 변이 한 쌍이라도 있습니다.

9 가, 다, 라

10 예

11 예

12 팔각형

13 13 cm

14 7개

15 24 cm

16 720°

17 정십각형

18 정십이각형

19 32 cm

20 135°

2 선분으로만 둘러싸인 도형을 다각형이라고 합니다.
① 곡선이 있으므로 다각형이 아닙니다.
⑤ 선분으로 둘러싸여 있지 않습니다.

3 대각선은 이웃하지 않는 두 꼭짓점을 이은 선분입니다.

5 변이 □개인 다각형의 이름은 □각형입니다.

6 두 대각선의 길이가 같은 사각형은 직사각형, 정사각형이므로 라와 바입니다.

7 두 대각선이 서로 수직으로 만나는 사각형은 마름모, 정사각형이므로 마와 바입니다.

9 변의 길이가 모두 같고 각의 크기가 모두 같은 도형을 찾습니다.
가는 정육각형, 다는 정삼각형, 라는 정사각형입니다.

12 변이 8개인 다각형이므로 팔각형입니다.

> **참고** 변의 길이가 모두 같으므로 정팔각형이라고 써도 정답입니다.

13 (선분 ㅁㄴ)=26÷2=13(cm)

14 가: 2개, 나: 9개 ➡ 9-2=7(개)

15 정다각형은 변의 길이가 모두 같고, 정팔각형의 변은 8개이므로 필요한 철사의 길이는 3×8=24(cm)입니다.

16 정육각형에는 각이 6개 있고 그 각의 크기는 모두 같으므로
(모든 각의 크기의 합)=120°×6=720°입니다.

17 10개의 선분으로 둘러싸인 도형은 십각형이고, 변의 길이가 모두 같고 각의 크기가 모두 같은 도형이므로 정십각형입니다.

18 정다각형은 변의 길이가 모두 같으므로 변은
60÷5=12(개)입니다.
변이 12개인 정다각형은 정십이각형입니다.

서술형
19 예 (변 ㄹㄷ)=(변 ㄱㄹ)-4=16-4=12(cm)
직사각형은 두 대각선의 길이가 같고 한 대각선이 다른 대각선을 반으로 나누므로
(선분 ㄹㅁ)=(선분 ㄷㅁ)=20÷2=10(cm)입니다. 따라서 삼각형 ㄹㅁㄷ의 세 변의 길이의 합은
10+10+12=32(cm)입니다.

평가 기준	배점(5점)
변 ㄹㄷ의 길이를 구했나요?	1점
선분 ㄹㅁ과 선분 ㄷㅁ의 길이를 구했나요?	2점
삼각형 ㄹㅁㄷ의 세 변의 길이의 합을 구했나요?	2점

서술형
20 예

정팔각형은 사각형 3개로 나눌 수 있으므로 정팔각형의 모든 각의 크기의 합은 360°×3=1080°입니다.
정팔각형은 8개의 각의 크기가 모두 같으므로 한 각의 크기는 1080°÷8=135°입니다.

평가 기준	배점(5점)
정팔각형의 모든 각의 크기의 합을 구했나요?	3점
정팔각형의 한 각의 크기를 구했나요?	2점

1 ㉣

2 (1)

    (2)

3 예 직선 가는 직선 다에 대한 수선입니다.
예 직선 다와 직선 라는 직선 가에 수직이므로 두 직선은 평행합니다.

4 24 cm   **5** 예 0 cm와 15 cm 사이

6 (1) 3 cm (2) 2 cm   **7** 정팔각형

8 2개

9

줄넘기 횟수

10 예 150회   **11** 예 125마리

12 2칸   **13** 110°   **14** 정십사각형

15 5.1 cm   **16** 5 cm   **17** 12점

18 70°   **19** 30°   **20** 90°

1 선분으로 둘러싸인 도형을 찾으면 ㉣입니다.

2 정다각형은 모든 변의 길이가 같고, 모든 각의 크기가 같습니다.

3

평가 기준	배점(5점)
수직이나 평행을 찾았나요?	5점

4 세로 눈금 한 칸의 크기는 $10 \div 5 = 2$(cm)입니다. 따라서 16일에 식물의 키는 24 cm입니다.

5 예 필요한 부분은 16 cm부터 24 cm이므로 물결선은 0 cm와 15 cm 사이에 넣는 것이 좋겠습니다.

평가 기준	배점(5점)
꺾은선그래프에서 필요한 부분을 찾았나요?	2점
물결선을 몇 cm와 몇 cm 사이에 넣으면 좋을지 찾았나요?	3점

6 사다리꼴에서 평행선을 찾아 평행선 사이에 수직인 선분의 길이를 재어 봅니다.
(1)   (2)

8 잘라 낸 사각형 중 마주 보는 두 쌍의 변이 서로 평행한 사각형은 ▨, ▱입니다.

9 110회부터 140회까지 필요하므로 0회와 110회 사이에 물결선을 넣습니다.
가로 눈금과 세로 눈금이 만나는 자리에 점을 찍고 그 점들을 선분으로 이어 꺾은선그래프로 나타냅니다.

10 예 서진이의 줄넘기 횟수는 매일 10회씩 늘어나고 있으므로 금요일에 서진이의 줄넘기 횟수는 $140 + 10 = 150$(회)로 예상할 수 있습니다.

평가 기준	배점(5점)
서진이의 줄넘기 횟수가 매일 몇 회씩 늘어나고 있는지 구했나요?	3점
이번 주 금요일에 서진이의 줄넘기 횟수를 구했나요?	2점

11 예 3월에 물고기의 수는 120마리, 5월에 물고기의 수는 130마리이므로 4월에 물고기의 수는 120마리와 130마리의 중간인 125마리였을 것 같습니다.

평가 기준	배점(5점)
3월과 5월에 물고기의 수를 각각 구했나요?	3점
4월에 물고기의 수를 구했나요?	2점

12 세로 눈금 5칸은 25마리를 나타내므로 세로 눈금 한 칸은 $25 \div 5 = 5$(마리)를 나타냅니다. 1월에는 100마리, 3월에는 120마리이므로
(물고기 수의 차)$= 120 - 100 = 20$(마리)입니다.
따라서 세로 눈금 한 칸의 크기를 10마리로 하여 다시 그린다면 $20 \div 10 = 2$칸 차이가 납니다.

13

마름모는 이웃하는 두 각의 크기의 합이 180°이므로 ㉡$= 180° - 70° = 110°$입니다. 직선이 이루는 각도는 180°이므로 ㉢$= 180° - 110° = 70°$입니다.
따라서 ㉠$= 180° - 70° = 110°$입니다.

14 ㉔ 정다각형은 모든 변의 길이가 같으므로
(변의 수)=42÷3=14(개)입니다.
따라서 변이 14개인 정다각형은 정십사각형입니다.

평가 기준	배점(5점)
변의 수를 구했나요?	4점
정다각형의 이름을 썼나요?	1점

15 직선 가와 직선 나 사이의 거리는 4 cm, 직선 나와 직선 다 사이의 거리는 1.1 cm이므로 직선 가와 직선 다 사이의 거리는 4+1.1=5.1(cm)입니다.

16 ㉔ 가는 정오각형이므로 가의 모든 변의 길이의 합은
6×5=30(cm)입니다.
나는 정육각형이므로 나의 한 변의 길이는
30÷6=5(cm)입니다.

평가 기준	배점(5점)
가의 모든 변의 길이의 합을 구했나요?	2점
나의 한 변의 길이를 구했나요?	3점

17 ㉔ 수학 점수와 영어 점수의 차가 가장 클 때는 두 점 사이의 간격이 가장 넓은 3월입니다. 세로 눈금 한 칸의 크기는 2점이므로 6칸 차이가 나는 수학 점수와 영어 점수의 차는 6×2=12(점)입니다.

평가 기준	배점(5점)
수학 점수와 영어 점수의 차가 가장 클 때를 구했나요?	2점
위에서 구한 때의 점수의 차를 구했나요?	3점

18

㉔ 평행사변형은 마주 보는 두 각의 크기가 같고 이웃하는 두 각의 크기의 합이 180°이므로 ⓛ=45°,
ⓒ=180°-115°=65°입니다.
따라서 ㉠=180°-45°-65°=70°입니다.

평가 기준	배점(5점)
ⓛ과 ⓒ의 각도를 구했나요?	2점
㉠의 각도를 구했나요?	3점

19

㉔ (정육각형의 모든 각의 크기의 합)
=(삼각형의 세 각의 크기의 합)×4=720°

(정육각형의 한 각의 크기)=720°÷6=120°,
정육각형은 변의 길이가 모두 같으므로
삼각형 ㄱㄴㄷ은 이등변삼각형입니다.
㉠+(각 ㄴㄷㄱ)=180°-120°=60°,
㉠=60°÷2=30°입니다.

평가 기준	배점(5점)
정육각형의 모든 각의 크기의 합을 구했나요?	1점
정육각형의 한 각의 크기를 구했나요?	2점
㉠의 각도를 구했나요?	2점

20

㉔ 점 ㄷ에서 직선 가에 수직인 선분을 그으면 사각형 ㄱㄴㄷㄹ이 만들어집니다.
(각 ㄹㄷㄴ)=180°-30°-90°=60°이고 사각형 네 각의 크기의 합은 360°이므로
㉠=360°-90°-120°-60°=90°입니다.

평가 기준	배점(5점)
직선 가에 수직인 선분을 그어 사각형 ㄱㄴㄷㄹ을 만들었나요?	1점
각 ㄹㄷㄴ의 크기를 구했나요?	2점
㉠의 각도를 구했나요?	2점

고등 입학 전 완성하는 독해 과정 전반의 심화 학습!
디딤돌 생각독해 Ⅰ~Ⅴ

· 생각의 확장과 통합을 위한 '빅 아이디어(대주제)' 선정 및 수록
· 대주제 별 다양한 영역의 생각 읽기 및 생각의 구조화 학습

수능국어 실전대비 독해 학습의 완성!
디딤돌 수능독해 Ⅰ~Ⅲ

· 글쓴이의 작문 과정을 추론하며 생각을 읽어내는 구조 학습
· 출제자의 의도를 파악하고 예측하는 기출 속 이슈 및 특별 부록

심화

실전

기초부터
실전까지

독해는

중등

고등(예비고~고2)

다음에는 뭐 풀지?

STEP 4 Book
최상위로 가는 '맞춤 학습 플랜'

다음에 공부할 책을 고르기 어려우시다면, 현재 성취도를 먼저 체크해 보세요.
최상위로 가는 맞춤 학습 플랜만 있다면 내 실력에 꼭 맞는 교재를 선택할 수 있어요!
단계에 따라 내 실력을 진단해 보고, 다음 학습도 야무지게 준비해 봐요!

첫 번째, 단원평가의 맞힌 문제 수 또는 점수를 모두 더해 보세요.

단원		맞힌 문제 수 OR 점수 (문항당 5점)
1단원	1회	
	2회	
2단원	1회	
	2회	
3단원	1회	
	2회	
4단원	1회	
	2회	
5단원	1회	
	2회	
6단원	1회	
	2회	
합계		

※ 단원평가는 각 단원의 마지막 코너에 있는 20문항 문제지입니다.